U0315353

生物技术在矿物加工中的应用

Application of Biotechnology in Minerals Engineering

魏德洲　朱一民　李晓安　著

北　京
冶　金　工　业　出　版　社
2021

内 容 提 要

本书概述了资源微生物处理技术的发展历史、趋势以及与传统矿物加工方法的关系，同时介绍了相关的微生物学基础知识；系统介绍了目前处理矿产资源的主要微生物的种类和特性，以及微生物技术的工艺操作；详细介绍了微生物技术在处理铜矿、难处理金矿、铀矿、锰矿、镍矿、铅锌矿、钼矿、稀有金属矿中的应用及在煤炭脱硫、重金属吸附等具体矿物加工中的应用。

本书可作为矿物加工工程与环境工程专业的研究生教材，也可供从事该领域研究的科研人员参考。

图书在版编目（CIP）数据

生物技术在矿物加工中的应用/魏德洲，朱一民，李晓安著.
—北京：冶金工业出版社，2008.5（2021.1 重印）

ISBN 978-7-5024-4551-5

Ⅰ.生…　Ⅱ.①魏…　②朱…　③李…　Ⅲ.生物技术—应用—选矿　Ⅳ.TD9

中国版本图书馆 CIP 数据核字（2008）第 064082 号

出 版 人　苏长永
地　　址　北京市东城区嵩祝院北巷 39 号　邮编　100009　电话　(010)64027926
网　　址　www.cnmip.com.cn　电子信箱　yjcbs@cnmip.com.cn
责任编辑　高　娜　美术编辑　彭子赫　版式设计　张　青
责任校对　刘　倩　责任印制　禹　蕊
ISBN 978-7-5024-4551-5
冶金工业出版社出版发行；各地新华书店经销；北京中恒海德彩色印刷有限公司印刷
2008 年 5 月第 1 版，2021 年 1 月第 3 次印刷
148mm×210mm；7.5 印张；232 千字；226 页
30.00 元

冶金工业出版社　投稿电话　(010)64027932　投稿信箱　tougao@cnmip.com.cn
冶金工业出版社营销中心　电话　(010)64044283　传真　(010)64027893
冶金工业出版社天猫旗舰店　yjgycbs.tmall.com
（本书如有印装质量问题，本社营销中心负责退换）

前　言

20世纪80年代以来，随着生物技术的飞速发展，矿产资源的微生物处理技术越来越受到人们的重视，利用微生物处理贫、废矿石和难选冶矿石以及治理冶金行业环境污染的研究项目日益增加，新工艺的工业应用实例不断涌现。为了适应这一发展的需要，东北大学于20世纪90年代初开始为矿物加工工程学科的硕士研究生开设“资源微生物技术”课程，并于1996年出版了配套教材《资源微生物技术》（北京：冶金工业出版社，1996）。近年来，生物技术在矿物加工领域的应用又取得了长足的发展，为了满足学科建设和研究生教学的需要，作者在东北大学研究生院的大力支持下，在《资源微生物技术》的基础上，结合课题组的研究工作，吸纳国内外的最新研究成果，完成了本书的书稿。在撰写过程中，东北大学资源与微生物技术课题组的博士、硕士研究生帮助完成了大量的文字输入工作，东北大学研究生院为本书的出版提供了经费资助，作者在此一并向他们表示衷心感谢。

由于作者水平有限，书中难免存在缺点和错误，恳请读者指正。

作　者

2008年3月于沈阳

目　录

第1章 绪　　论

微生物技术在矿物加工工程中的应用，可以说是随着矿业工程的不断发展，特别是特贫、特细或有害元素包裹型矿石的开发利用而问世的。自从浮选和磁选继重选方法之后，于20世纪20年代在矿物加工领域的工业应用获得成功以后，许多种矿产资源的分选问题得到了合理解决。然而，贫、细、杂矿石的开发利用问题，却依然不断地向磁、重、浮3种常规的分选方法提出严峻的挑战，尤其是对于那些矿物共生关系特别密切或有用成分被有害元素或载体矿物所包裹的矿石，不仅3种常规分选方法力所不及，就是普通的化学浸出方法也往往无能为力。针对这一实际问题，从20世纪50年代起，一些学者又相继研究成功了焙烧浸出、热压浸出和微生物浸出3种特殊处理方法，这3种特殊工艺的工业实施，使矿物加工技术达到了一个新水平。尤其是微生物浸出工艺，因具有设备投资少、生产费用低、环境污染轻且容易治理等突出优点，而备受人们的青睐，已成为低品位硫化铜矿石、铀矿石和难处理金矿石的首选工艺。

当然，利用微生物技术处理矿产资源的工艺也并非尽善尽美，反应速度慢、生产流程长是这种工艺的突出缺点。它之所以能受到人们的重视，关键在于能用来处理那些用常规矿物加工方法无法处理或没有经济效益的矿产资源，尤其是对于那些特贫、特细或有用成分被包裹的矿石，采用微生物处理技术已显示出无与伦比的独特优势。

1.1 矿物资源微生物处理技术的历史回顾

中国是世界上最早采用微生物湿法冶金技术的国家。早在公元前2世纪，文献中就记载了用铁自硫酸铜溶液中置换铜的化学作用，而堆浸在当时已成为生产铜的普通做法。到了唐朝末年或五代时期，出现了从含硫酸铜矿坑水中提取铜的生产方法，称为“胆水浸铜”法。到北宋时期，该方法已成为铜的重要生产手段之一，当时有十一处矿场用这种方法生产铜，年产量达百万斤，占全国总产量的15%～25%。1094年，北宋张甲撰在《浸铜要略》一书中写到，用“胆水浸铜”，“以铁投之，铜色立变”。这就是指用细菌法浸出铜以后，加铁就可以置换出海绵铜。

在欧洲，有记载的最早涉及细菌采矿活动的是1670年在西班牙的里奥廷托（Rio Tinto）矿，人们利用酸性矿坑水浸出含铜黄铁矿中的铜。

然而，在所有这些早期的生物冶金和采矿活动中，人们对浸出液中存在大量的微生物且发挥着重要的浸矿作用却一无所知。

客观地讲，有目的地将微生物技术应用于矿物加工生产过程的理论基础是地质微生物学和微生物地球化学。

人们首先认识到，在自然界中，微生物参与了碳、氮、硫、硅、铁、锰等多种元素的循环，从而使67种元素在自然界中的分布与微生物的作用密切相关，地球上许多种元素的迁移和矿床的形成都与微生物有着千丝万缕的联系。随着科学技术的发展，人们对这种关系的研究也不断深入，于是便形成了专门的学科——地质微生物学和微生物地球化学。

微生物成矿作用机理的研究成果，启发了人们对矿石微生物浸出工艺的思考。起初，一些从事矿物加工研究工作的学者注意到有些矿山利用酸性矿坑水从贫矿、废矿堆中浸出铜这一生产实用工艺，推断这类矿坑水中可能存在有某种微生物，于是便开始了矿石微生物处理技术的初期探索研究。

1922年，Rudolf等首次报道了铁、锌的硫化物矿石的细菌浸出。在这些研究中，他们使用了一种未鉴定的能氧化铁和硫的自养土壤细菌。当时他们就提出了一种观点，认为生物浸出可能是从低品位硫化矿物中提取金属的一种经济的方法。遗憾的是，他们的研究没有继续开展下去，在其后的25年间也无人涉足类似的工作。直到1947年，柯尔默（Colmer）首次发现酸性矿坑水中含有一种可以将Fe^{2+}氧化成Fe^{3+}的细菌，认为这种细菌在铜的浸出过程中或矿坑水的进一步酸化过程中起着重要作用。此后，坦波尔（Temple）和幸凯尔（Hinkle）于1951年从煤矿的酸性矿坑水中首次分离出一种能氧化金属硫化物的细菌。同年，柯尔默和坦波尔将这种细菌命名为氧化亚铁硫杆菌（*Thiobacillus ferrooxidans*）。3年后，布莱涅（Bulyner）等人在从废铜矿石堆流出的酸性水中也分离出了氧化亚铁硫杆菌。

用氧化亚铁硫杆菌在实验室中对铜的硫化物矿石进行的浸出实验结果表明，这种细菌对金属硫化物矿物具有明显的氧化作用。基于这些研究结果，美国肯尼柯特（Kennecott）铜矿公司率先利用氧化亚铁硫杆菌进行渗滤浸出含铜硫化物矿石的工业应用试验研究。试验工作进行得非常顺利，不久这种新型的微生物浸铜工艺即在肯尼柯特铜矿公司所属的犹他（Utah）矿获得成功应用，并于1958年申请到了这项技术的专利。这是矿物微生物技术发展历史上获得的第一项技术专利，有力地推动了资源微生物技术的发展。

世界上第一例利用微生物浸出铀矿石的工业应用，于20世纪50年代初期出现在葡萄牙。葡萄牙的镭公司从1953年开始进行铀矿石自然浸出的试验研究。该公司的科技人员利用铀矿石中伴生或人为添加的黄铁矿，在酸性矿坑水和空气的作用下产生 Fe^{3+} 和 SO_4^{2-}，使铀以 UO_2^{2+} 的形式从矿石中溶解出来。在1956年召开的第二届国际和平利用原子能会议上，他们发表了题为《铀的自然浸出方法》的研究报告。此后，葡萄牙的一些公司又利用这种方法开发出了铀矿石的自然浸出工艺，用于从中、小型矿山产出的铀矿石中回收铀。显然，这种铀矿石的浸出工艺并不完全是一个自然过程，而是一个有氧化亚铁硫杆菌参与的微生物浸出过程，只是由于受科学技术发展水平的制约，当时没有被人们所认识。

自从美国获得了微生物浸铜技术的专利以后，人们将葡萄牙的铀矿石自然浸出工艺与之联系起来，勾画出了金属硫化物矿石微生物浸出技术的框架，于是在世界范围内掀起了一个利用微生物浸出贫硫化物矿石的研究热潮，许多国家相继开展了用细菌浸出法从贫矿、废矿及表外矿石中回收铜和铀的研究工作。这一新技术自20世纪60年代起开始用于工业生产。据统计，美国当时利用微生物堆浸工艺从贫、废铜矿石中回收铜的矿山达十多个，产铜量约占美国铜产量的10%。

由于细菌浸出工艺处理贫硫化物铜矿石的生产成本仅为传统工艺的三分之一（包括选矿和冶炼），因而继美国之后，1964年苏联在俄罗斯的第二大铜矿建成了微生物堆浸工艺处理场，处理低品位表外矿石。

与此同时，铀矿石的微生物浸出工艺也得到了迅速发展。加拿大的伊利奥特湖地区是世界上有名的铀产地，位于这一地区的斯坦洛克矿，从1964年起在采空区利用微生物浸出坑道中残存的铀，平均每月回收

U_3O_8 6800 kg 以上，占当时全矿总产量的 7%。其他产铀国家（如美国、南非、苏联、澳大利亚、法国等）也在不同程度上利用微生物浸出一些贫矿石中的铀，并获得了可观的经济效益。

中国将微生物技术用于矿物工程的研究工作始于 20 世纪 60 年代，东北工学院（现东北大学）采矿工程专业的一名研究生在导师的指导下，于 1964 年前后进行了微生物浸出安徽铜官山铜矿残存矿柱中金属铜的试验研究。与此同时，中国科学院微生物研究所也利用氧化亚铁硫杆菌对高砷金矿石进行了氧化预处理研究。

到了 20 世纪 80 年代，东北大学又在成矿过程研究中，系统地研究了硫酸盐的微生物还原机理和金属硫化物矿床的微生物氧化机理，并将这些研究结果移植到高砷金矿石的氧化预处理研究中。

1980 年，中国科学院微生物研究所对广西平南县六岭金矿的含砷浮选金精矿进行了研究，细菌氧化的脱砷率可达 70% ~80%，脱砷后金的浸出率为 87%。

进入 20 世纪 90 年代以后，中国科学院过程工程研究所、吉林冶金研究院、武汉化工学院、中南工业大学、沈阳黄金学院等单位也相继开展了这方面的研究工作。与此同时，东北大学还开始了高磷碳酸锰矿石的微生物氧化富锰脱磷研究，并首次从锰矿坑水中分离出了两种能够氧化锰的微生物。

1993 年，吉林冶金研究院完成了南岔金矿细菌预氧化试验，经 4 ~ 5 d 的细菌氧化处理后，使金的氰化浸出率由 37% 提高到 96%，并于 1996 年在南岔金矿完成了工业试验。

2000 年，烟台黄金冶炼厂建成了我国第一个处理含砷金精矿的生物预氧化氰化浸金生产厂。此后，莱州、丹东等地又相继建成了工艺类似的生产厂。

在铜的生物提取专利技术方面，Zhang Yi（1998）等人在“通过生物浸出从硫化物矿石中提取铜的处理方法”中，介绍了从含铜硫化物矿石做堆到细菌浸出液的萃取分离和电积全流程的工艺技术概况。

20 世纪 90 年代中后期，低品位铜矿生物提取工艺在江西铜业公司德兴铜矿成功用于工业生产，并建成了年产 2000 t 电解铜的堆浸厂；同时，在福建紫金山建成了 1000 t 级的生物提铜堆浸厂。另外，由北京有色金属研究总院与福建紫金山矿业有限公司共同承担的国家十五攻关项目“生物冶金技术工程化”完成后，将在福建紫金山建成10000 t级的生物提铜堆浸厂。

20世纪末和21世纪初，微生物技术在矿物加工中的应用研究更加活跃。1996年，Fan Shoulong等人在“微生物预氧化金矿的堆浸技术及细菌培养装置”的专利中，详细介绍了微生物预氧化氰化浸金的过程：(1) 矿石破碎；(2) 堆的构建；(3) 硫酸溶液喷堆；(4) 氧化亚铁硫杆菌氧化准备；(5) 细菌喷淋预氧化；(6) 氢氧化钠中和；(7) 氰化浸出；(8) 活性炭吸附；(9) 载金活性炭处理。此后，Lindstrom、Borje (2000) 等人报道了“两步法生物浸出含砷载金硫化物矿石”，其过程是：(1) 低pH值、低矿浆浓度、室温下用中温菌种和中等嗜高温菌种脱砷；(2) 低砷矿渣在增高的pH值、60~65℃的条件下，用嗜高温菌种——金属硫化叶菌处理。

在铜的生物提取专利技术方面，Kohr、William J. (2000) 等人在“用高温菌种处理黄铜矿精矿的生物堆浸技术”中，介绍了针对含铜硫化物精矿的生物堆浸工艺。Winby、Richard (2000) 等人在“从黄铜矿或其他硫化物矿物中回收铜的生物处理”中，介绍了不同微生物对铜和铁的生物氧化、浸出液的萃取分离和萃余液的循环浸出等过程。在其他硫化物矿石生物提取方面，Lizamz、Hector M. (2000) 等人申请了“锌的选择性生物浸出”技术专利，该技术可利用能氧化铁和硫的细菌，从含锌硫化物矿石原矿或浮选尾矿中浸出锌。Basson、Petrus (2001) 等人开发了“生物浸出和电积从复杂硫化物矿石中回收锌的技术”，该项技术包括四个过程：(1) 生物浸出精矿，破坏矿相结构；(2) 注入富含氧气的空气和少量二氧化碳；(3) 通过堆浸从固渣中回收锌；(4) 浸出液萃取。Dew和David William (2001) 等人报道了“通过循环生物浸出从浮选精矿中回收镍和铜”的技术专利，其核心是首先用嗜高温菌种在高温下浸出黄铜矿精矿，其次用嗜中温菌种在中温下浸出镍。同年，他们还申请了“通过生物浸出从载镍硫化物矿石中回收镍”的技术专利。2002年，BHP Billition公司和智利的Codelco公司应用嗜酸耐热菌处理含铜精矿，将生物浸出铜精矿的技术用于工业化生产，计划年产阴极铜2万t，实现铜浸出率和硫氧化率均高于95%。澳大利亚Titan公司开发的Bioheap技术，用于处理低品位铜镍硫化物矿石，于2002年成功完成了工业试验，年平均镍浸出率达90%以上，铜浸出率88%以上。

1.2 矿物资源微生物处理技术的研究及应用概况

近20年来，矿产资源微生物技术逐渐成为湿法冶金领域的热门研究课题，研究人员对浸矿用微生物的分离和鉴定、微生物浸出工艺、浸出动力学及浸出机理等都进行了广泛深入的研究，提出了微生物浸出的直接作用、间接作用和电化学作用机理。与此同时，浸矿用微生物的种类也不断增多，除了人们通常熟知的自养菌外，还对有浸矿作用的异养菌、真菌等进行了系统研究。用微生物浸出的金属种类已拓展到铜、铀、镍、钴、锌、锰、金、银等十多种有色金属、贵金属和一些稀有金属。目前，矿物微生物技术已逐渐成为一个新的科学分支，研究领域日益扩大，既包括用微生物从矿石中提取金属，也包括借助于微生物的作用从矿石中除去用其他工艺方法提取金属时的干扰成分，甚至还包括利用微生物对矿物加工过程产出的污水进行处理。

在工业生产上，微生物浸出技术目前主要用于提取铜、铀和难处理金矿石的氧化预处理，作业形式包括堆浸、原位浸出、槽浸和搅拌浸出4种。

迄今为止，矿产资源微生物技术在工业生产中应用最多的是回收铜，所处理的矿石绝大部分是贫矿、废矿或表外矿，矿石中的铜品位一般低于0.05%。由于微生物浸铜工艺的生产成本低廉，才使得这部分废弃矿石得以利用。因此，低品位铜矿石的微生物堆浸工艺目前具有很大的吸引力，对许多老铜矿山的深度开发起着极其重要的作用。

其次是难处理金矿石的微生物氧化预处理工艺。这类难处理金矿石主要是因为金的嵌布粒度极细且被其载体矿物（如黄铁矿、砷黄铁矿、毒砂等）包裹，浸出剂无法与金接触所致。利用微生物对这类金矿石进行氧化预处理，可以将硫化物矿物包裹层破坏，使浸出剂得以与金颗粒接触，从而提高金的氰化浸出率。由于利用微生物进行硫化物矿物氧化的生产成本低、投资少且不污染环境，所以这种工艺被普遍认为是一种很有发展前途的新技术。截至目前，世界上已建成了20多个不同规模的高砷金矿石的微生物氧化－氰化提金试验厂和生产厂，其中位于加纳的一个最大规模的生产厂，日处理浮选精矿达1000 t。

就微生物浸出速度而言，通过多方面的研究，已使其得到了大幅度提高。目前黄铜矿的微生物槽浸速度已达到800 mg/（L·h）以上。为了缩短金矿石的细菌氧化周期，英国的戴维麦基（Davy Mckee）公司与加的夫大学理工学院合作，研究成功了一种新的微生物浸出工艺。这种工艺将微生物繁殖和金矿石的氧化过程分开进行，从而避免了两个过程所需要的最佳工艺条件之间发生矛盾，使金矿石的氧化脱砷周期由7～10 d缩短到3～4 d。

与此同时，为了克服金属硫化物矿物氧化过程中释放出的热量对微生物的浸矿过程产生不利影响，近年来，一些研究者在设法提高氧化亚铁硫杆菌耐热性的同时，又分离、培育出了一种嗜热硫杆菌和一种中等耐热菌，前者可耐60～80℃的高温，后者是混合培养菌，可耐40～50℃的温度。试验结果表明，处理高砷、高硫金矿石时，这两种菌的作用效果均优于氧化亚铁硫杆菌。

此外，为了进一步加快微生物的浸出速度，最近又有人利用某些金属离子（如Cu^{2+}、Co^{2+}、Ag^{+}等）作催化剂来加快微生物氧化的反应速度，取得了很好的效果。研究者认为，这些金属离子之所以能催化金属硫化物矿物的氧化反应，主要是由于它们取代了矿物颗粒表面硫化物晶格中原来的金属离子（如Fe^{2+}、Cu^{2+}等），从而提高了硫化物矿物的导电性，加快了硫化物矿物的电化学氧化反应速度。

在机理研究方面，人们根据氧化亚铁硫杆菌等能从硫化物矿物中浸出金属这一现象，提出了细菌浸出的直接作用和间接作用机理。直接作用指附着在矿物颗粒表面的细菌直接催化矿物氧化分解，从中得到能源和其他营养元素。间接作用指依靠细菌的代谢产物——硫酸铁的氧化作用，细菌间接地从硫化物矿物的氧化过程中获得生长所需的能源。在微生物催化的硫化物矿物氧化过程中，所涉及的化学反应主要有：

$$MS + 2O_2 = M^{2+} + SO_4^{2-} \quad (1-1)$$

$$MS + 2Fe^{3+} = M^{2+} + 2Fe^{2+} + S^0 \quad (1-2)$$

$$4Fe^{2+} + 4H^+ = 4Fe^{3+} + 2H_2O \quad (1-3)$$

$$2S^0 + 3O_2 + 2H_2O = 2H_2SO_4 \quad (1-4)$$

有些研究者把依靠细菌参与的氧化反应都当成是直接作用，如认为化学反应方程式（1－3）和（1－4）也是直接作用，而仅把三价铁的化学氧化反应式（1－2）认为是间接作用，这样在描述矿物浸出机理时，容易引起概念混淆。我们在此只以矿物为对象，以氧化方式来区分直接作用和间接作用，化学反应方程式（1－3）和（1－4）归类至间接作用，主要是实现氧化剂的再生和循环利用。这样一来，无论是直接作用还是间接作用，都必须有细菌存在。

黄铁矿和黄铜矿是细菌浸出比较困难的两种硫化物矿物，其浸出过程的作用机理在整个硫化物矿物细菌浸出机理中也是最关键的，因此关于它们的研究报道比较多，争议也较多。一般通过细菌的吸附研究、表面分析及模拟实验来研究硫化物矿物细菌浸出的直接作用和间接作用机理。

细菌吸附是直接作用发生的第一步。K. S. N. Murthy 和 K. A. Natarajan 等人研究了细菌浸出率与细菌吸附量的关系，表明增加细菌吸附量促进了铁的溶解。M. I. Sampson 等人用氧化亚铁硫杆菌和中等嗜温菌——嗜温氧化硫硫杆菌（*Sulfobacillus thermosulfido - oxidans*），研究了不同培养条件下，微生物在矿物表面的吸附情况。结果表明，嗜温细菌具有更大的吸附活性，这一结果与细菌浸出的结果一致。

关于细菌吸附后的直接作用机理，人们普遍接受的是酶催化作用以及 Jordan（1993）提出的电化学作用。K. A. Third 等人的研究结果表明，黄铜矿的浸出率与浸出液中的氧化还原电位（*Eh*）密切相关，氧化还原电位对浸出过程的影响比细菌数量或活性的影响更显著。当细菌浸出液中 Fe^{2+} 的浓度达到 0.1 mol/L 时，可以明显提高浸出速度；而当浸出液中 Fe^{3+} 的浓度达到 0.1 mol/L 时，却使细菌浸出受到显著抑制，因此细菌的促进作用仅当电化学条件有利时才发生。虽然细菌作用在硫化物矿物表面的电化学过程仍未完全弄清，但已证明细菌吸附到矿物表面，趋向于改变电极电位，通过氧化 S^{2-} 和 Fe^{2+} 极化矿物表面。细菌吸附作用虽然其机理还没有完全弄清，但是大量的试验结果表明，细菌与矿物表面的互相作用与物理和生物化学参数密切相关。

研究表明，细菌通过多种途径吸附到矿物表面：黏液的分泌（Golovacheva，1978）；蛋白质受体（Sakamota et al.，1989，Ohumra and Blake，1997）；物理吸附（Takakuwa et al.，1979）等。Renato Arredondo 等人通过试验证明，嗜酸细菌表面的脂多糖和外层膜蛋白在物理吸附中起着重要的作用。

细菌浸出硫化物矿物的作用机理是研究者极其关心的问题，进行的研究工作非常多，其中一些研究者通过不同模拟实验条件下金属浸出量的比较来讨论作用机理，这方面的典型代表有：

（1）不同含铁条件下的比较研究。日本小西康裕用嗜高温菌种布氏酸菌（*Acidianus brierleyi*）浸出黄铜矿精矿，结果表明在添加亚铁或高铁的情况下，均对细菌浸出没有影响，表明该菌是以直接作用为主。关晓辉等人和张维庆等人通过直接作用（加菌不加铁）、间接作用（不加菌加铁）和联合作用（加菌加铁）试验研究工作，报道了黄铜矿的细菌氧化以直接作用为主。Shrihari 等人的研究表明，对于硫钴矿，即使在有三价铁存在的条件下，也主要是直接作用；黄铜矿的细菌浸出也是如此。

（2）不同 pH 值或不同粒度的比较研究。M. Taxiarchou 等人的研究表明，高铁离子增加了砷黄铁矿的氧化速度，却降低了黄铁矿的氧化速度；并且当 pH 值为 1.0～1.2 时，砷黄铁矿被选择性氧化，当 pH 值为 1.5 时，黄铁矿开始被氧化，因此认为黄铁矿氧化机理是直接作用，砷黄铁矿氧化机理是间接作用。另外，Shrihari 等人研究发现，在较高矿浆浓度条件下，氧化亚铁硫杆菌浸出粗粒黄铁矿时，主要是通过直接作用而浸出，此时主要产物是硫酸亚铁和硫酸，亚铁的细菌氧化反应可以忽略。

另一些研究则是通过矿物表面分析讨论细菌作用机理。例如，E. Gomez等人在无菌无铁、无菌有铁和有菌无铁条件下，用一种新的嗜高温菌种（*Sulfolobus rivotincti*）浸出黄铜矿精矿，用扫描电子显微镜和非分散 X 射线分析表明，有菌时矿物受到浸蚀最剧烈，表明在实验条件下该菌种主要是直接作用。C. C. Bartels 用扫描电子显微镜观察到细菌氧化所留下的小坑，其形状同细菌在坑中生长方式一致。G. I. Karavaiko 等人的研究表明，黄铁矿表面的 S^{2-}、Fe^{2+} 同时被氧化，其比为 2.7。而当用嗜热硫杆菌时，硫优先被浸出，其比降到 1.0，而且前者保持了黄铁矿的 p 型导电性，后者改变了其导电性，直到完全转型。K. Blight 等人研究发现在有菌的溶液中，黄铁矿表面产生了深度超过 4 μm 的被氧化的相，而在无菌的硫酸溶液、亚铁或高铁硫酸溶液中，没有这么深的氧化物层。笹木圭子等人通过测定溶液中氧化还原电位（*Eh*），分析了浸出溶液和黄铁矿表面等，认为氧化亚铁硫杆菌对黄铁矿的浸出主要按照间接机理进行。

此外，M. Boon 等人进行的氧化亚铁微螺菌对黄铁矿的氧化浸出动力学研究结果表明，氧化过程以间接作用为主，因为所有氧都在溶液中消耗完。他们同时还指出，在这一过程中，细菌间接氧化与高铁化学氧化有差异，在同样条件下前者氧化率是后者的10～20倍，因为它可以保持相当高的 $[Fe^{3+}]/[Fe^{2+}]$ 比（2×10^4），而化学氧化由于亚铁的产生急剧降低了这一比例。而张冬艳的研究结果认为，在黄铁矿的细菌氧化过程中同时存在直接作用和间接作用，而黄铜矿的细菌氧化过程中则是以直接作用进行，黄铁矿的存在对黄铜矿的氧化有抑制作用（与多数报道相反），并以此解释两种矿石的浸出差异。

1.3　矿物资源微生物处理技术的发展趋势

近几十年来，随着科学技术的发展，生物技术越来越受到人们的普遍重视，利用生物技术开发的新工艺、新产品层出不穷。生物技术在各个科学研究领域中的应用都已取得了巨大的经济效益和社会效益。

在矿物资源的开发利用领域，微生物技术的地位同样是越来越重要，相关的研究工作也日益深入。

1.3.1　浸矿用微生物的能量代谢机理及菌种改良

氧化亚铁硫杆菌生长速度缓慢是影响矿物资源微生物浸出过程中的主要因素之一，对于硫化物矿石浮选精矿的浸出过程（如硫化铜精矿浸出和难处理金矿石的细菌预氧化），其影响更为显著。因此，深入研究浸矿用微生物的最佳培养条件（如通气量、浸出矿浆中 CO_2 和 O_2 的浓度、温度、pH 值，以及氮、磷等营养源），了解细菌的化能自养生存方式和能量产生机理，以提高细菌的生长繁殖速率，极为重要。这些工作包括遗传体系所需的某些生态学的研究和基因控制工程菌的开发。

20世纪80年代以来，许多研究者着手对浸矿微生物基因操纵进行研究，其目的在于开发具有特殊性能的浸矿用微生物，以保证它们在浸矿过程中具有较快的代谢反应速度，同时还能耐受较高浓度的有毒物质。

W. J. Ingledew 等认为，氧化亚铁硫杆菌在氧化 Fe^{2+} 为 Fe^{3+} 的过程中取得能量的途径为：二价铁失去的电子首先传递给外周胞质中的细胞色素氧化酶及细胞色素 C，然后再传递给铜蛋白质 R 及细胞膜内的细胞色素 A1，最后沿呼吸链传递给细胞质中的氧。氧的还原发生在细胞质膜的里侧，电子转移后所生成的 Fe^{3+} 借助于它形成螯合物的有机化合物（如蛋白质等）渗出细胞壁。两个电子和两个质子传递给细胞质膜时，共产生 330 mV 的电位，确保 ADP 合成一个腺苷三磷酸分子，以取得能量。

1.3.2 矿物资源微生物技术的未来发展方向

近年来，除了进一步研究铜矿石、铀矿石和砷包裹型难处理金矿石的氧化亚铁硫杆菌浸出工艺的作用机理和最佳应用条件之外，还就矿物资源微生物技术的广泛应用开展了多方面的研究工作。例如，开发更经济的、更有效的低品位铜矿石的微生物堆浸工艺；利用一些真菌的代谢产物——柠檬酸溶解脱除石英砂中的铁，为玻璃制造工业提供高质量原料（这项技术在保加利亚已用于工业生产）；利用微生物技术脱除含锰银矿石中的锰，以提高银的回收率，这项技术包括两个方面，其一是利用锰还原细菌，还原高价锰，使之从矿石中溶解出来，其二是利用真菌的代谢产物直接溶解低价锰矿物（如菱锰矿）；在煤炭脱硫方面，不仅利用氧化亚铁硫杆菌等嗜酸细菌，通过搅拌浸出脱除细粒煤中的黄铁矿正在向工业生产过渡，一些研究者还利用氧化亚铁硫杆菌能快速附着在黄铁矿表面的特性，在煤泥浮选过程中（浮选柱），用这种微生物对入选原料进行预处理，借以增加黄铁矿颗粒表面的亲水性，从而大大地降低了浮选精煤的硫含量。

矿物资源微生物技术的未来发展方向大致可概括为以下几方面：

（1）开发更经济的、有效的低品位铜矿石的微生物堆浸工艺，以提高技术指标和经济效益。

（2）深入系统地研究金属硫化物矿石微生物浸出过程中的基础理论，特别是细菌与矿物颗粒间的作用机制。

（3）燃煤微生物脱硫研究工作的进一步深化，无论是采用微生物堆浸、微生物搅拌浸出脱硫工艺，还是采用微生物预处理－浮选脱硫工艺，在实现工业化应用之前，都需要进行大量的、深入细致的试验研究工作。

（4）采用生物吸附技术从工业废水中脱除重金属、镭、铀等有毒物质，集环境污染治理与资源综合利用为一体，将会受到广泛关注。

（5）针对不同矿种，寻找、分离和驯化新的浸矿用工程菌，拓宽矿物资源微生物处理技术的应用范围，将进一步受到重视。

（6）运用基因操纵与微生物工程技术修饰构建浸矿工程菌株将引起人们的更多关注，用蛋白质定量分析、特定酶基因分析、基因克隆及定点突变等一系列与“新工程菌”构建相关的研究工作将逐渐开展。

综上所述，可以看出矿物资源微生物技术的应用范围正在日益扩大，研究工作正在日益深入，所取得的经济效益和社会效益也正在日益增加。尽管微生物方面的研究已取得长足的进步，但仍滞后于工程技术研究的进展。随着人们保护环境的意识和对环境质量要求的不断提高，可以预见，微生物技术在矿物加工工程中的应用前景将会越来越广阔。

参考文献

1 Murr L E. Theory and Practice of Copper Sulphide Leaching in Dumps and In – Situ. Mine. Sci. Eng. , 1980, 12 (3), 121 ~ 189

2 Holmes D S, Debus K A. Opportunities for biological metal recovery. Mineral Bioprocessing, Edited by Ross Smith W and Manoranjan Misra. 1991, 57 ~ 78

3 Taylor J H, Whelan P F. The Leaching of Cuprous Pyrite and the Precipitation of Copper at Rio Tinto, Spain. Trans. Inst. Min. Metal. , 1943, 52, 35 ~ 71

4 Rudolfs W. Oxidation of Pyrites by Microorganisms and Their Use for Making Mineral Phosphates Available. Soil Sci. , 1922, 14, 135 ~ 147

5 Rudolfs W, Helbronner A. Oxidation of Zinc Sulfides by Microorganisms. Soil Sci. , 14 (1922) 459 ~ 464

6 Temple K L, Delchamps E W. Autotrophic Bacteria and the Formation of Acid in Bituminous Coal Mines. Applied Microbiology, 1953, 1: 255 ~ 258

7 Bryner L C et al. , Microorganisms in Leaching of Sulfide Minerals. Industrial and Engineering Chemistry, 1954, 46: 2587 ~ 2592

8 Bryner L C, Anderson R. Industrial and Engineering Chemistry, 1957, 49: 1721

9 Silverman M P, Lundgren D G. Studies on the Chemoautotrophic Iron Bacterium Ferrobacillus ferrooxidans. I. An Improved Medium and a Harvesting Procedure for Securing High Cell Yields. J. Bacteriol, 1959, 77: 642 ~ 647

10 Zimmerly S R, Wilson D G, Prater D J. Cyclic Leaching Process Employing Iron Oxidizing Bacteria. U. S. Patent 2829964. 1958

11 Dugan P R, Lundgren C C. J. Bacteriol. , 1965, 89: 325

12 Sinha D B, Walden C C. J. Microbiol. , 1966, 12: 1041

13 Peck H D. Bacteriol. Rew. , 1962, 26: 67

14 Silverman M P, Ehrlich H L. Microbial Formation and Degradation of Minerals. Advances in Applied Microbiolohy, 1964, 6: 153 ~206

15 Malouf E E, Prater J D. Role of bacterial Oxidation in Leaching Processes, J. Metals, 1961, 13: 353 ~356

16 Spedden H R, Malouf E E, Prater J D. Cone – Type Precipitators for Improved Copper Recovery, J. Metals, 1966, 18: 1137 ~1141

17 Woodcock J T. Copper Dump Leaching, Proc. Austral. Inst. Min. Met. , 1967, 224: 47 ~66

18 Shoemaker R S, Darrah R M. The Economics of Heap Leaching, Mining Engineering, 1968, 20 (12) : 90 ~92

19 Fisher J R. Bacterial Leaching of Elliot Lake Uranium Ore. Trans. Can. Min. Met. Bull, 1966, 69: 167 ~171

20 McGregor R A. The Bacterial Leaching of Uranium. Nuclear Applications, 1969, 6

21 Gow W A, Ritcey G M. The Treatment of Canadian Uranium Ores. A Review, Can. Min. Met. Bull. , No. 6, 92 (1969) 1330 ~1339

22 Silverman M P. Mechanism of Bacterial Pyrite Oxidation. J. Bacteriol. , 1967, 94: 1046 ~1051

23 Brock T D, et al. Thermophilic Microorganisms and Life at High Temperatures. Arch Microbiol. , 1972, 84: 54

24 Brierley C L, Brierley J A. A Chemoautotrophic and Thermophilic Microorganism Isolated from an Acid Hot Spring. Canadian J. Microbiol. , 1973, 19: 183 ~188

25 Golocheva R S, Karavaiko G I. A New Genus of Thermophilic Spore – Forming Bacteria. Microbiology, 1978, 47: 658 ~665

26 Markosyan G E. A New Acidophilic Iron Bacterium *Leptospirillum ferrooxidans*. Biol. Zh. Arm. , 1972, 25: 26 ~33

27 Torma A E et al. Effects of Carbon Dioxide and Particle Surface Area on the Microbiological Leaching of a Zinc Sulfide Concentrate. Biotechnol. Bioeng. , 1977, 6: 1 ~37

28 Torma A E et al. Effects of Carbon Dioxide and Particle Surface Area on the Microbiological Leaching of a Zinc Sulfide Concentrate. Biotechnol. Bioeng. , 1972, 14: 777 ~786

29 McElroy R O, Bruynesteyn A. Continuous Leaching of Chalcopyrite Concentrates: Demonstration and Economic Analysis, Metallurgical Applications of Bacterial Leaching and Related Microbiological Phenomena. eds. Murr L E, Torma A E, Brierley J A. New York: Academic Press, 1978. 441 ~472

30 Torma A E. Microbiological Extraction of Cobalt and Nickel from Sulfide Ores and Concentrates. Canadian Patent No. 960463. 1975

31 Schwartz W. Conferenc Bacterial Leaching. Weinheim, Germany: Verlag Chemie, 1977. 1 ~270

32 Murr L E, Torma A E, Brierley J A, eds. , Metallurgical Applications of Bacterial Leaching and

Related Microbiological Phenomena. New York: Acaedmic Press, 1978. 1 ~ 526

33 Trudinger P A, Walter M R, Ralph B J. Biogeochemistry of Ancient and Modern Enviro ments. Canberra, Australia: Australian Academy of Science, 1980. 1 ~ 723

34 Anonymous. Use of Microorganisms in Hydrometallurgy. pecs, Hungary: Hungarian Acaedmy of Sciences, 1980. 1 ~ 220

35 Rossi G, Torma A E. Recent Progress in Biohydrometallurgy. Iglesias, Italy: Associazione Mineraria Sarda, 1983. 1 ~ 752

36 Lawrence R W, Branion R M R, Ebner H G . Fundamental and Appliedd Biohydrometallurgy. Amsterdam, The Netherlands: Elsevier, 1986. 1 ~ 501

37 Norris P R, Kelly D P. Biohydrometallurgy. Kew Surrey, Great Britain: 1988. 1 ~ 578

38 Salley J , McCready R G, Wichlacz P L. Biohydrometallurgy. Ottawa, Ontario, Canada: CANMET Publication SP89 – 10, 1989. 1 ~ 771

39 Rawlings D E, Kusano T. Molecular Genetics of *Thiobacillus ferrooxidans*, Microbiological Reviews. 1994, 58 (1): 39 ~ 55

40 Holmes D S. Genetic Engineering. Biotechnology, 1984, A64 ~ A81

41 Rawlings D E et al. Characterization of Plaxmids and Potential Genetic Markers in *Thiobacillus ferrooxidans.* Recent Progress in Biohydrometallurgy, eds. , Rossi G, Torma A E. Iglesias, Italy: Associazione Mineraria Sarda, 1983. 555 ~ 570

42 Ingledew W J. Ferrous Iron Oxidation by *Thiobacillus ferrooxidans.* Biotechnol. Bioeng. Symp. , 1986, 16: 23 ~ 33

43 Barrett J, Hughes M N, Karavaiko G I, et al. Metal Extraction by Bacterial Oxidation of Minerals. Ellis Horwood Limited, 1993

44 Lawrence R W, Bruynesteyn A. Biological Preoxidation to Enhance Gold and Silver Recovery from Refractory Pyritic Ores and Concentrates. CIM Bull. , 67 (1983) 107 ~ 110

45 Livesey – Goldblatt E, Norman P, Livesey – Goldblatt D R. Gold Recovery from Arsenopyrite/Pyrite Ore by Bacterial Leaching and Cyanidation. Recent Progress in Biohydrometallurgy, eds. , Rossi G, Torma A E. Iglesias, Italy: Associazione Mineraria Sarda, 1983. 627 ~ 641

46 Torma A E. A Review of Gold Biohydrometallurgy. Proceedings of the 8th International Biotechmology Symosium, eds. , Durand G, Bobichon L, Florent J Paris: Societe Francaise de Microbiologie, 1988. 1158 ~ 1168

47 Torma A E, Gundiler I H. Precious and Rare Metal Technologies. Amsterdam, The Netherlands: Elsevier, 1989

48 Hackl R P, Wright F, Bruynesteny A. A New Biotech Process for Refractory Gold – Silver Concentrates. Proceedings of the Third Annual General Meeting of BIOMINET, ed. , McCready R G L Ottawa, Ontario, Canada: CANMET Special Publication SP86 – 9, 1986. 71 ~ 90

49 Volesky B. Biosorbent Materials. Biotechnol. Bioeng. Symp. , 1986, 16: 121 ~ 126

50 Gadd G M. Accumulation of Metals by Microorganisms and Algae. Biltechnology, de. , Rehm H J. Weinheim, Germany: VCH Verlagsaesellschaft, 1988. 4401 ~ 4433

51 Brierley J A, Brierly C L, Goyak G M. AMT – BIOCLAIMTM: A New Wastewater Treatment and Metal Recovery Technology. Fundamental and Applied Bilhydrometallurgy, eds. , Lawrence R W, Branion R M R, Ebner H G Amsterdam, The Netherlands: Elsevier, 1986. 291 ~ 304

52 Tsezos M . The Performance of a New Biological Adsorbent for Metal Recovery. Modeling and Experimental Results, Biohydrometallurgy, eds. , Norris P R, Kelly D P. Kew Surrey, U. K. : Science and Technology letters, 1987. 465 ~ 475

53 Jeffers T H, Ferguson C R, Seidel D C. Biosorption of Contaminants Using Immobilized Biomass, Bioydrometallurgy, eds. , Salley J, McCready R G L, Wichlacz P L Ottawa, Ontario, Canada: CANMET Special Publication SP89 – 10, 1989. 317 ~ 327

54 Gomez V. The use of Catalytic in Bioleaching Hydrometallurgy. 1992, 29: 145 ~ 160

55 Escudero M E, Gonzalez F, Blazquca M L et al. The catalytic effect of some cations on the biological leaching of a Spanish complex sulphide. Hydrometallurgy, 1993, 34: 151 ~ 169

56 Natarajan K A. Electrochemical Aspects of Bioleaching of Base – Metal Sulfides. Microbial Mineral Recovery, eds. , Ehrlich H L, Brierley C L New York: McGraw – Hill Publishing Company, 1990. 79 ~ 106

57 Choi W K, Torma A E. Electrochemical Characterization of a Semiconductory ZnS Concentrate During Oxidative Leaching. Advanced Materials – Application of Mineral and Metallurgical Principles, eds. , Lakshmanan V I. Littleton, CO, Society for Mining, Metallurgy and Exploration, Inc. , 1990. 95 ~ 107

58 Qiu Guanzhou, Liu Jian she, HuYuehua. Electrochemical behavior of chalcopyrite in presence of *Thiobacillus ferrooxidans*. Trans. Nonferrous Met. Soc. China. Vol. 10 Jun. 2000: 23 ~ 25

59 Liu Jianshe, Qiu Guanzhou , Hu Yuehua. Kinetics of electrochemicall corrosion of chalcopyrite in presence of bacteria. Trans. Nonferrous Met. Soc. China. Vol. 10 Jun. 2000: 68 ~ 70

60 Andrews G F, Dugan P R, Stevens C J. Combining Physical and Bacterial Treatment for Removing Pyritic Sulfur from Coal. Processing and Utilization of High – Sulfur Coals. IV. , eds. , Dugan P R, Dugan D R, Quigley D R, et al. Amsterdam, The Netherlands: Elsevier, 1991. 515 ~ 531

61 Bos P , Kuenen J G. Microbial Treatment of Coal, Microbial Mineral Recovery. eds. , Ehrlich H L, Brierley C L . New York: McGraw – Hill Publishing Company, 1990. 343 ~ 377

62 Tsezos M. Engineering Aspects of Metal Binding by Biomass. Microbial Mineral Recovery. New York: McGraw – Hill Publishing Compang, 1990. 325 ~ 339

63 Ehrlich H L . Microbes for biohydrometallurgy. In: Smith R W, Misra M, eds. , Mineral Bioprocessing, The Minerals, Metals & Materials Society. Warrendale, PA, 1991. 27 ~ 41

64 Holmes D S, Debus S H. Biological Opportunities for Metal Recovery, Biotechnoligy for Energy. eds. , Aalik K A, Naqvi S H M, Aleem M I H. Faisalabad, Pakistan: NIAB < NIBGE,

1991. 341 ~ 358

65　Holmes D S, Yates J R. Basic Principles of Genetic Manipulation of *Thiobacillus ferrooxidans* for Biogydrometallurgical Application. Microbial Mineral Recovery, eds. , Ehrlich H L, Brierley C L. New York: McGraw - Hill Publishing Company, 1990. 29 ~ 54

66　Rawlings D E, Kusano T. Molecular Genetics of *Thiobacillus ferrooxidans* Microbiologica Reviews. 1994. 39 ~ 55

第2章 微生物学基础

2.1 概述

2.1.1 微生物的概念

微生物并不是一个生物分类学上的专门名词，而是对所有个体微小的单细胞、结构极为简单的多细胞以及没有细胞结构的低等生物的统一称谓，是一群生物学上进化地位较低的简单生物。微生物的类群十分庞杂，既包括没有细胞结构的病毒和类病毒，也包括细菌、放线菌、蓝绿细菌、立可次氏体、衣原体、支原体等原核生物，以及酵母菌、霉菌、真菌、原生动物、显微藻类等真核生物。它们均属原生生物界，是有别于植物界和动物界的第三界生物。其中细菌属裂殖菌纲，蓝绿细菌属裂殖藻纲。

依据微生物的细胞的发育程度，可以将其分为原核生物（prokaryote）和真核生物（eukaryote）两大类。原核生物的细胞核发育很不完全，只是一个核物质高度集中的核区（称为似核结构），它没有核膜，核物质裸露，与细胞质没有明显的界限，同时，原核生物的细胞中没有明显的与膜结合的细胞器，只有膜体系的不规则泡沫结构，不进行有丝分裂。由于所有的原核生物都非常微小，在显微镜下才能看到，所以习惯上称它们为原核微生物。原核生物可看作是生物进化过程中最早期的遗存者。与原核生物明显不同的是，真核生物的细胞内部含有一个发育完好的细胞核，核膜在核物质和细胞质之间形成了一个明显界限，并且具有高度分化的特异细胞器，可以进行有丝分裂。属于真核生物的有酵母菌、霉菌、原生动物、动物和植物等。真核生物中有的是肉眼可见的，有的需要借助于显微镜才能看清楚。为了有别于其他真核生物，通常把在显微镜下才能看到的这部分真核生物称为真核微生物。病毒是没有细胞结构的微生物，其形体也最微小，一般都在0.2 μm以下。

微生物作为地球生物圈中的古老家族，约在33亿年前就出现了，在地球生命的演化中，具有非常悠久的历史。然而，受科学技术发展水平的制约，人类对微生物世界的认识却长期处于空白状态，直到 16 世纪中叶人类发明了显微镜，才开创了微生物学的科学研究。17 世纪末（1695 年），罗伯特·胡克（Robert Hooke）和列文虎克（Antoine van Leeuwenhoek）在《安东·列文虎克所发现的自然界秘密》一书中首次对真菌、细菌、原生动物进行了详细描述。

2.1.2　微生物的分类和命名

为了识别和研究微生物，人们把微生物按照客观存在的生物属性（如个体形态及大小、染色反应、菌落特征、细胞结构、生理化学反应、与氧的关系、血清学反应等）和它们的亲缘关系，有次序地分门别类排列成一个系统，从大到小，按界、门、纲、目、科、属、种分类（见图 2－1）。把属性类似的微生物列为同一界。在界内，根据类似微生物之间的差异，再列为门，依此类推，直至分到种。“种”是微生物分类的最小单位。种内微生物之间的差别很小，有时为了区分种内微生物之间的细微差异，常用株表示，但“株”并不是分类单位。此外，为了研究工作的方便，在两个分类单位之间还可以增加亚门、亚纲、亚目、亚科、亚属、亚种及变种等次要分类单位。每一属微生物或每一种微生物都有一个严格、科学的名称。

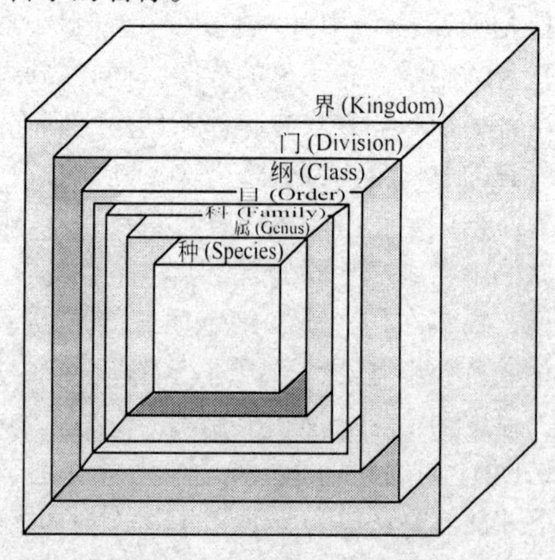

图 2－1　微生物的分类系统

每一类群的微生物都有各自的分类系统，如细菌分类系统、酵母菌分类系统、霉菌分类系统等。目前，人们公认比较全面的分类系统有3个，其一是前苏联的克拉西尼科夫（Красильников）所著的《细菌和放线菌的鉴定》（1949）中的分类，另一个是法国的普雷沃（Prévot）所著的《细菌分类学》（1961）中的分类，第三个是美国细菌学家协会所属的伯杰鉴定手册董事会组织世界各国有关专家学者编写的《伯杰细菌鉴定手册》（Bergey's Manual of Determinative Bacteriology）中的分类。《伯杰细菌鉴定手册》首次出版于1923年，此后多次再版，1957年的第7版和1974年的第8版被译成多种语言的版本，在世界各国得到了广泛应用。这本手册的英文版第9版已于20世纪90年代问世。

微生物的命名法是采用生物学中的二名法，即用两个拉丁字命名一个微生物的种。每种微生物的名称都是由一个属名和一个种名组成，属名在前，采用拉丁文名词，第一个字母大写；种名在后，采用拉丁文形容词，第一个字母不大写。如氧化亚铁硫杆菌（*Thiobacillus ferrooxidans*）、共生生金菌（*Metallogenium symbioticum*）等。为了避免同物异名或同名异物的现象发生，在微生物的名称之后常加上命名人的姓，如大肠埃希氏杆菌（*Escherichia colicastellani* and Chalmers）等。如果一种细菌只鉴定到属，没有鉴定到种，则该细菌的名称只有属名，没有种名，此时应在属名的后面加上单词 species（种类）的缩写 sp.（单数）或 spp.（复数）以示标记。

2.1.3　微生物的共同特点及特性

属于微生物这个同一名称生物群所共有的、具有决定性意义的特性，是它们个体的微小体积。这一微小体积不仅是把它们作为特殊类群以便与植物界和动物界相区分的原初动机，而且也对其形态、代谢活力、代谢活动等的多样性和灵活性、生态分布以及在实验室中的操作等产生了重要影响。

各类群微生物虽然千差万别，但它们都有如下一些共同特点：

（1）个体小、表面积与体积的比值非常大。大多数微生物的直径在1 μm以下，所以微生物个体的大小都用微米（μm）作单位来度量，有关微生物内部精细结构的观察常用纳米（nm）作度量单位。较小的棒杆菌、酵母菌的长度一般都小于10 μm，原生动物的长度也仅有几十微米到几百微米。正是这微小的体积，使得一切微生物都具有极大的比表面。也正是由于具有非常大的比表面，才导致了微生物与环境间广泛的相互关系，才使得微生物具有很高的代谢速度。例如，一头质量为500 kg的牛，在24 h内仅能生产0.5 kg的蛋白质，而500 kg的酵母菌，在同样的时间内却能生产50000 kg的蛋白质，其代谢速率是牛的100000倍。

（2）分布广、种类繁多。由于微生物极其微小，易随风飞扬，所以它们在自然界中的分布非常广泛，上至大气层的外层，下至深海的海底，可以说是无处不在。环境条件的差异仅是决定着哪些微生物种类可以繁殖而已。另一方面，由于自然界中的物质多种多样，所以微生物的营养需要和代谢途径也千变万化，这就导致了自然界中众多种类微生物的存在。

（3）繁殖快。绝大多数微生物以裂殖方式繁殖后代。在适宜的环境中，微生物繁殖一代的时间非常短暂，快的仅需要20 min，慢的也只需要几个小时。这一点是其他两界生物所无法比拟的。

（4）代谢灵活性大、容易变异。高等动物和高等植物的酶系是相当不灵活的，在个体发育中，虽然它们的酶系可稍作改变，但无法适应环境条件的较大变化，从而导致了它们在自然界中的分布明显受环境条件的制约。与之相比，微生物的代谢灵活性却要大得多，这主要是由于大多数微生物为无性繁殖，结构简单，整个细胞直接与外界环境接触，易受外界环境条件的影响。也正是由于这些原因，绝大部分微生物能较快地适应新环境，而且容易发生变异。微生物通过变异，既可能导致自身退化，也可能发展成为优良菌种。

2.2　原核微生物

原核微生物包括细菌门和蓝绿细菌门中的所有微生物。细菌门包括真细菌纲、立克次氏体纲、黏细菌纲、螺旋体纲和支原体纲。其中真细菌纲又细分为真细菌亚纲和放线菌亚纲。这一节主要介绍与矿产资源微生物处理技术关系密切的细菌、放线菌和蓝绿细菌，并以细菌为重点，详细介绍其形态、大小、细胞结构及其功能。

2.2.1　细菌

通常所说的细菌包括真细菌亚纲中的所有微生物，它们被广泛应用于工业、农业、医药、环境工程等众多领域。与其他纲的微生物相比，细菌的种类最为繁多，在微生物生态系统中数量也最大，各有关学科领域均把它们作为主要研究对象。

2.2.1.1 细菌的个体形态

细菌有球状、杆状和螺旋状3种基本形态（见图2-2），分别称为球菌、杆菌和螺旋菌（包括弧菌）。细菌个体形态的多样性主要是由于细菌分裂后细胞的排列方式不同所致。

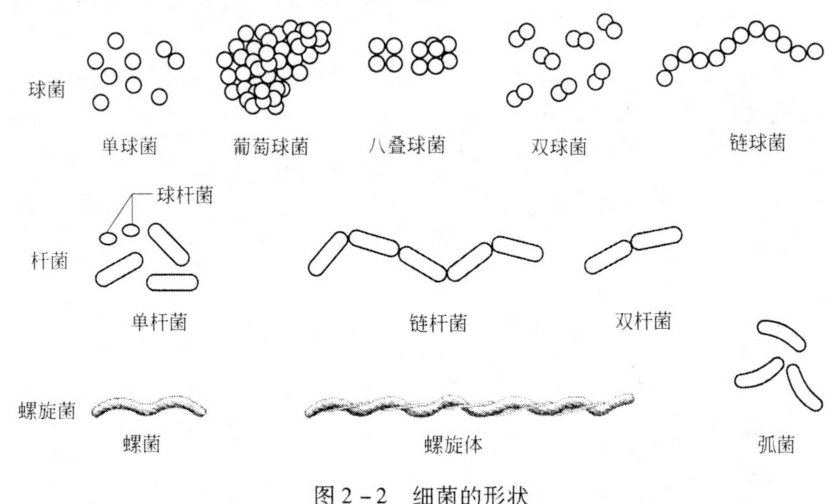

图2-2 细菌的形状

A 球菌

球菌依据细胞的排列方式又细分为单球菌（如脲微球菌）、双球菌（如肺炎双球菌）、4个球垒叠在一起形成田字形的四联球菌（如四联微球菌）、8个球垒叠成立方体的八叠球菌（如甲烷八叠球菌）、多个球连成链条状的链球菌（如乳链球菌）以及多个球呈不规则排列组成一串葡萄状的葡萄球菌（如金黄色葡萄球菌）等。

B 杆菌

杆菌有长杆菌、短杆菌（有的近似球菌）、芽孢杆菌（如枯草芽孢杆菌、溶纤维芽孢杆菌）等，按其细胞排列可分为单杆菌、双杆菌和链杆菌等。

C 螺旋菌

螺旋菌呈螺旋卷曲状，螺旋的圈数和螺距因菌种不同而异。螺旋不满1圈的称为弧菌，例如脱硫弧菌和逗号弧菌等。

除了上述 3 种基本形态外，在水生环境、潮湿土壤以及活性污泥中还普遍存在丝状菌，这种菌的分类特征是丝状体。常见的丝状菌有球衣菌属、纤发菌属、发硫菌属、贝日阿托菌属、亮发菌属等。

在正常生长条件下，细菌的形态是相对稳定的，然而培养基的化学组成、浓度、pH 值以及培养温度和培养时间等因素的变化，常常会引起细菌的形态改变，或者死亡，或者细胞破碎，或者出现畸形。还有少数细菌是多形态的，有周期性的发育史。

2.2.1.2　细菌的大小

细菌的大小一般用测微尺在显微镜下直接测量，并依据菌种的不同采用不同的特征尺寸来表示。例如，球菌的大小用直径表示，杆菌和弧菌的大小用其宽度和长度来表示，螺旋菌则用其宽度和弯曲长度表示。大多数球菌的大小为 0.5 ~ 2.0 μm，杆菌为（0.5 ~ 1.0）μm ×（1.0 ~ 5.0）μm，螺旋菌为（0.25 ~ 1.70）μm ×（2.00 ~ 60.00）μm。几种常见的细菌的大小如表 2 – 1 所示。

表 2 – 1　几种细菌的大小

细菌名称	直径/μm	长度/μm
大肠埃希氏杆菌	0.4 ~ 0.7	1.0 ~ 3.0
水生黄杆菌	0.5 ~ 0.7	1.0 ~ 3.0
奇异贝日阿托氏菌	15 ~ 21	段殖体 5 ~ 13
胃八叠球菌	3.5 ~ 4.0	
金黄色葡萄球菌	0.8 ~ 1.0	

细菌的大小除了因菌种不同而异外，还随菌龄而有所变化。刚分裂的新细菌较小，随着发育而逐渐增大，直到发育完全。然后，随着细菌的老化，其形体又逐渐变小。例如，培养 40 h 的枯草芽孢杆菌比培养 24 h 的枯草芽孢杆菌长 5 ~ 7 倍，但菌体的宽度却变化不大。

2.2.1.3　细菌的细胞结构

细菌虽然是单细胞微生物，但其内部结构却非常复杂（见图 2 – 3），既有一般结构，又有特殊结构。一般结构包括细胞壁、细胞质膜（原生质膜）、细胞质（原生质）、内含物和核物质，为所有细菌共有；特殊结构有芽孢、荚膜、衣鞘和鞭毛等，为某些细菌所特有，是细菌的分类特征。此外，光合细菌还具有光合作用片层。

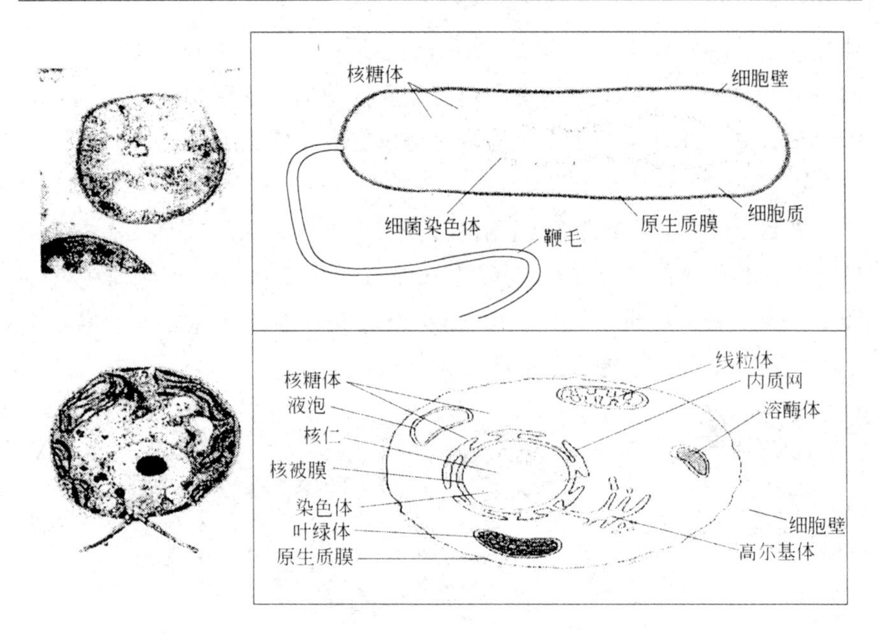

图 2－3　细菌的细胞结构

A　细胞壁

细胞壁是包在细胞表面最外层的、具有坚韧而略带弹性的薄膜，它约占菌体干质量的 10%～25%。细胞壁为一多层结构，由于它的化学组成和内部结构的不同，使得不同的细菌对结晶紫有着不同的着染力。基于这一差异，将细菌分为革兰氏阳性菌和革兰氏阴性菌两大类。前者的细胞壁是一个约 20～80 nm 厚的肽聚糖（包含 D－氨基酸、胞壁酸和二氨基庚二酸 3 种成分）多层结构，其中含有磷壁酸及少量蛋白质和脂肪。后者的细胞壁是一个约 10 nm 厚的多层结构，由肽聚糖层和外壁层组成，肽聚糖层约 2～3 nm 厚，紧贴细胞质膜，在它的外面是表面呈波浪形、由脂多糖、脂蛋白和脂类组成的外壁层。上述两类细菌细胞壁的化学组成如表 2－2 所示。

表 2－2　细菌细胞壁的化学组成

细菌种类	壁厚/nm	肽聚糖含量/%	磷壁酸	脂多糖	蛋白质含量/%	脂肪含量/%
革兰氏阳性菌	20～80	40～90	+	－	约 20	1～4
革兰氏阴性菌	10	10	－	+	约 60	11～22

细胞壁的主要功能是固定细菌的细胞形态，保护脆弱的原生质体，

避免渗透压引起原生质膜破裂。细胞壁还是一种有效的分子筛，它可以阻挡某些分子进入，使其保留在革兰氏阴性菌的细胞壁和细胞质膜之间的蛋白质内。此外，细胞壁还为鞭毛提供支点，使鞭毛摆动。

B　细胞质膜（原生质膜）

细胞质膜是紧靠细胞壁内侧包围着细胞质的一层柔软而又富有弹性的薄膜，其质量约占菌体干质量的10%（见图2－4）。细胞质膜含有60%～70%的蛋白质、30%～40%脂类和2%左右的多糖。所含的脂类是磷脂，由磷酸、甘油、脂肪酸和含氮碱组成。

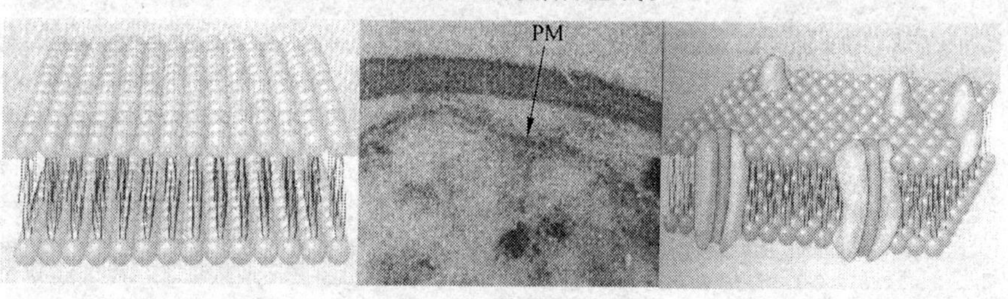

图2－4　细胞质膜的模型

细胞质膜是一种半渗透膜，它既能阻止大分子通过，又具有选择性渗透作用，可以有选择地使某些小分子逆浓度梯度而进入细胞，从而维持细胞的渗透压梯度和溶质的转移。

其次，细胞质膜上有合成细胞壁和形成横膈膜组分的酶，可以在膜的表面合成细胞壁。细胞质膜上还有琥珀酸脱氢酶、还原型烟酰胺腺或还原型辅酶、脱氢酶、细胞色素氧化酶、电子传递系统、氧化磷酸化酶及三磷酸腺苷酶等，是氧化代谢和能量产生的部位。另外，细胞质膜上的鞭毛基粒，为鞭毛提供了附着部位。

C　细胞质及其内含物

细胞质是指细胞质膜以内除了核物质（核区）以外的无色透明的黏稠复杂胶体，又称为原生质，由蛋白质、核酸、脂类、多糖、无机盐和水组成。幼龄菌的细胞质稠密、均匀，富含核糖核酸（RNA），占固体物的15%～20%，嗜碱性，易被碱性和中性染料着染。成熟细胞的细胞质中形成了各种贮藏颗粒，有的还产生气泡。老龄菌的细胞因营养缺乏，其中的核糖核酸被细菌作为氮源和磷源利用而含量降低，所以细菌着色不均匀。根据这一特点，可以借助染色的均匀程度来判断细菌的生长阶段。

细胞质中的内含物质包括核糖体、内含颗粒和气泡。

核糖体是分散在细胞质中的亚微颗粒，是合成蛋白质的部位，它由核糖核酸（RNA）和蛋白质组成，其中 RNA 约占 60%，蛋白质约占 40%，其直径约为 20nm。

内含颗粒是在细菌生长期间，由于营养物质过剩而形成的一些颗粒贮藏物，例如异染粒、聚 β－羟基丁酸（PHB）颗粒、硫粒、肝糖（多糖）粒和淀粉粒等。异染粒由多聚偏磷酸盐、核糖核酸、蛋白质、脂类和 Mg^{2+} 组成，在生长的细胞中含量较多，老龄细胞中被作为碳源和磷源利用。PHB（poly－β－hydroxybutyrate）颗粒是一种被一蛋白质膜包围的聚酯类脂溶性物质，它不溶于水。肝糖粒和淀粉粒均能用碘液染色，前者被染成红褐色，后者被染成深蓝色，这两种颗粒都可以作为碳源和能源被利用。硫粒是贝日阿托氏菌、发硫菌、紫硫螺菌及绿硫菌等一些利用 H_2S 作能源的细菌，在氧化 H_2S 为元素硫并累积在菌体内时形成的，当外界缺乏 H_2S 时，这些细菌将体内的硫粒氧化成 SO_4^{2-}，从中获得能量。应该指出的是，上述各种内含颗粒并非在一个菌体内都同时存在，通常一个菌体内仅含有一种或两种。一般说来，当环境中缺乏氮源而碳源和能源有过剩时，细胞内将会累积大量内含颗粒，有时可达细胞干质量的 50%，甚至会因 PHB 的异常增加而导致某些细菌死亡。

气泡仅在某些特殊菌种（如紫色光合细菌和蓝绿细菌）体内存在，尤其是专性好氧的嗜盐细菌，体内的气泡最多。这些细菌借助于气泡来调节自身的浮力。在浓盐水中氧气较少时，气泡使细菌漂浮在水表面而接触空气，以便吸收所需的氧气。

D 核物质

细菌的核没有核膜和核仁，其成分是脱氧核糖核酸（DNA）纤维，它是由一条环状双链 DNA 分子高度折叠缠绕而成。DNA 的长度可达菌体长度的 1000 倍，但由于高度紧密折叠，只占菌体的一部分，在电子显微镜下显示出一个透明的、不易着色的纤维状物质区域，习惯上将该区域称为似核结构，亦称为细菌染色体。似核结构一般呈球状、棒状或哑铃状，在分裂时还可能呈其他形状。

细菌的似核结构与真核微生物的核一样，携带着细菌的全部遗传信息。所以它的功能是决定遗传性状和传递遗传性状，是重要的遗传物质。

E　荚膜

许多细菌能分泌一种黏性物质于细胞壁的表面，完全包围并封住细胞壁，使细菌与外界环境有明显的边缘，这层黏性物质称为荚膜（见图 2－5）。荚膜能相对稳定地附着在细胞壁上，荚膜的有无是细菌分类鉴定的依据之一。荚膜的化学成分绝大部分是水，其含量高达 90% ~ 98%，其中的固体物成分是多糖（单体有 D－葡萄糖、D－葡萄糖醛酸、D－半乳糖、L－鼠李糖、L－岩藻糖等）和多肽（单体为 D－谷氨酸）。有的荚膜还含有脂类或脂类蛋白复合体。

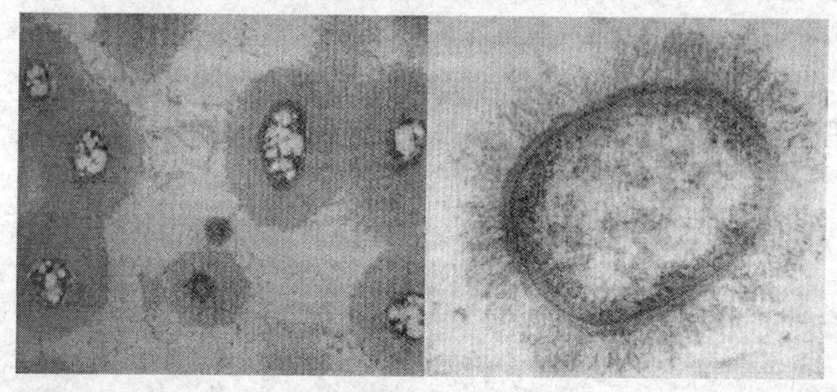

图 2－5　细胞的荚膜

荚膜的功能主要是保护细菌免受干燥的影响或者保护致病菌免受宿主吞噬细胞的吞食、增强细菌的浸染力、吸附环境中的有机物和无机固体物以及胶体物等。其次，荚膜作为细胞外的贮藏物质，当缺乏营养物质时，可作为能源、碳源或氮源而被细菌利用。

F　黏液层

一些没有荚膜的细菌，也会分泌出多糖黏性物质，这些黏性物质疏松地附着在细胞壁的表面，与外界环境没有明显的边缘，这就是黏液层，它具有生物吸附作用。

G 菌胶团

有些细菌由遗传性所决定，在纯培养或混合培养过程中，菌体之间按一定的排列方式互相黏结在一起，由公共荚膜包藏形成一定形态的细菌集团，称为菌胶团。菌胶团的形状通常有垂丝状、分枝状、蘑菇形、球形和椭球形，个别的呈不规则形状。动胶菌属中的枝状动胶菌和垂（悬）丝状动胶菌具有典型的分枝状菌胶团结构和垂丝状菌胶团结构。菌胶团的形成与否是细菌分类鉴定的依据之一。

H 芽孢

好氧性芽孢杆菌属、厌氧性梭状芽孢杆菌属、芽孢八叠球菌属和芽孢弧菌属中的所有细菌都产生芽孢。

芽孢是在上述细菌体内形成的一个球形、椭球形或圆柱形的内生孢子（见图2-6）。有的细菌在其发育过程的某一阶段必然产生芽孢（如枯草芽孢杆菌），而有的细菌则在一定环境条件下才产生芽孢。芽孢形成的位置、形状和大小是相对稳定的，可作为细菌分类鉴定的依据之一。例如，枯草芽孢杆菌的芽孢位于细胞的中央或接近中央，其直径不大于营养细胞的宽度。

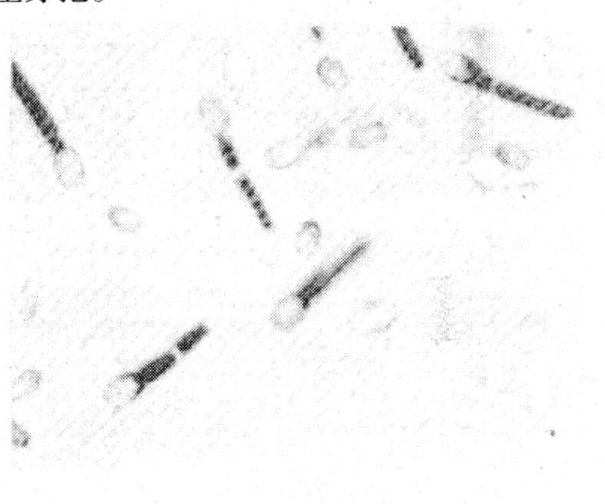

图2-6 细菌的芽孢

梭状芽孢杆菌的芽孢同样是位于细胞中央，但直径却大于营养细胞的宽度，使菌体呈中间大，两头小的梭状，菌名也恰恰是因此而得。还有一些细菌，它们的芽孢位于细胞的一端，呈鼓槌状。芽孢对不良环境（如高温、低温、干燥、光线和化学物质等）有很强的抵抗力。例如，细菌的营养细胞在70~80℃条件下，10min后即死亡，而芽孢在120~140℃的高温条件下，还能生存几个小时。又如，营养细胞在5%的苯酚溶液中很快死亡，而芽孢却能生存 15d。

芽孢内的大多数酶处于不活动的休眠状态，代谢活力极低，是一个休眠体。并且由于芽孢对不良环境有很强的抵抗力，所以又把它称为抵抗恶劣环境的休眠体。

I　鞭毛

绝大多数能运动的细菌都具有鞭毛，所以鞭毛可谓是细菌的运动器。

鞭毛是从细胞质膜上的鞭毛基粒长出、穿过细胞壁伸向体外的细长、波浪形丝状物（见图 2－7）。直径为 0. 01 ~ 0. 02 μm，长度为 2 ~ 50 μm。鞭毛的着生部位、数目和排列方式是菌种的特征，是细菌分类鉴定的依据之一。常见的有单根鞭毛（一端和两端着生）、一束鞭毛（一端和两端着生）和周生鞭毛 3 种。其中端部着生的鞭毛还有极端生和亚极端生之分。鞭毛的运动一般认为是细胞质膜上的三磷酸腺苷酶水解三磷酸腺苷提供能量，通过鞭毛基粒传递到鞭毛而产生的。

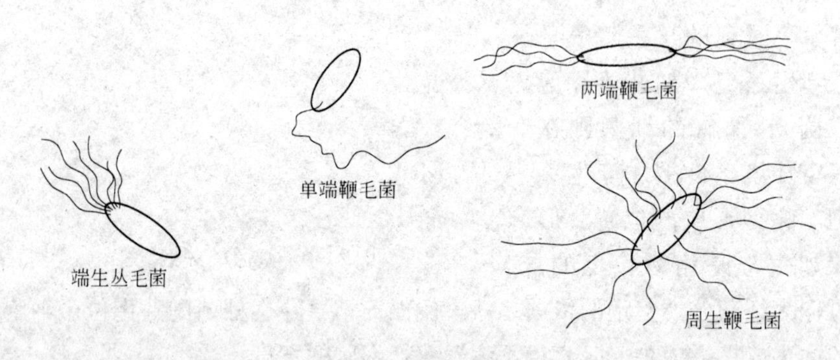

图 2－7　细菌的鞭毛

许多细菌用特殊的结构鞭毛游动。鞭毛不能屈曲，但可以旋转，鞭毛的旋转运动受基体的推动，其作用像一台电动机。鞭毛的旋转方向决定着运动的类型（图 2－8）。单鞭毛细菌当鞭毛逆时针旋转时，菌体向前运动；而当鞭毛顺时针旋转时，菌体翻滚转向。超过一根鞭毛的细菌，其鞭毛的行为与单鞭毛细菌的一样。

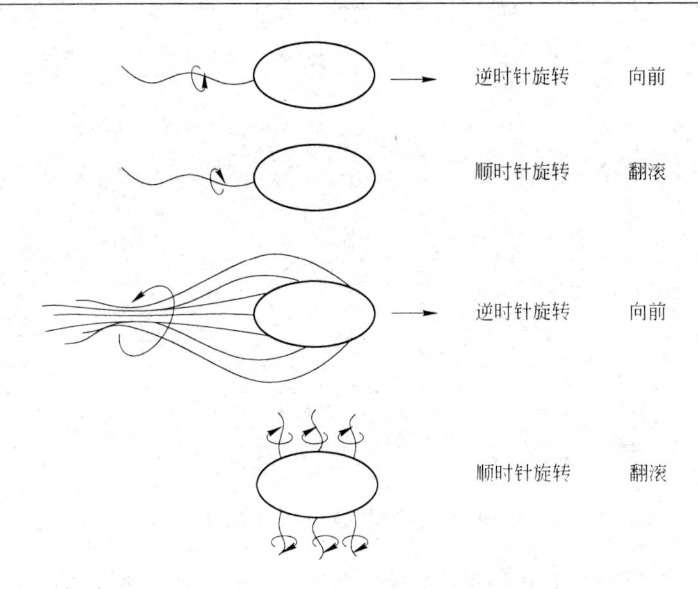

图2-8 鞭毛旋转对细菌运动的影响

2.2.1.4 细菌的趋化性

细菌朝向或离开化学物质而运动称为趋化性。正趋化性是细菌向着化学物质运动（吸引剂，如一个基质），负趋化性是细菌向离开化学物质（趋避剂）的方向运动。因此趋化性是细菌对环境中化学物质的反应，而且细胞要有某种形式的感觉系统。细菌运动可分成直线和翻滚，直线为菌体沿一个方向运动（通过鞭毛逆时针旋转引起），翻滚为菌体随机翻滚（由鞭毛顺时针旋转引起）。在没有吸引剂或趋避剂浓度梯度的地方，菌体主要以翻滚随机方式运动。当存在浓度梯度时，细菌感受高浓度吸引剂或趋避剂浓度间的连接，涉及到位于周质的蛋白化学感受器（化学受体）的作用（图2-9）。

在这里应该指出的是，虽然蛋白化学受体对它所结合的化合物有特异性，但这种特异性并非绝对。例如半乳糖的化学受体也识别葡萄糖和果糖，而甘露糖的化学受体也识别葡萄糖。甲基受体趋化蛋白（MCPs 亦称为转导蛋白，或称膜传感器蛋白）既可以直接传递化学信息到鞭毛传动器（效应器），也可以从化学受体传递化学信息到鞭毛传动器。

大肠杆菌中已经测定有 4 种类型 MCP 蛋白：MCPs Ⅰ、MCPs Ⅱ、

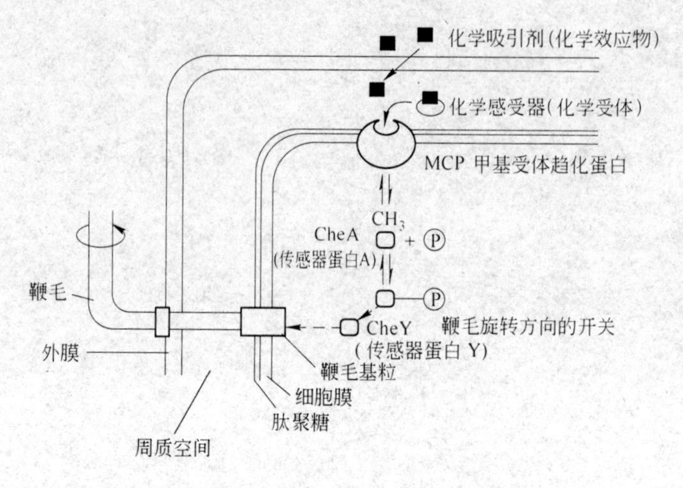

图 2－9　化学吸引剂与鞭毛旋转间的相互作用

MCPsⅢ和 MCPsⅣ。每一种类型的 MCP 对不同的吸引剂和趋避剂的信号作出反应。MCP 这样命名是由于当趋化事件发生时，它们的蛋白发生甲基化和去甲基化作用。MCP 是跨膜蛋白与吸引剂和趋避剂的相互作用，也可能是直接的或通过化学受体的方式。每一个 MCP 最多可与 4 个甲基基团结合，随着一个吸引剂的感觉识别信号，使之按特殊方向旋转。假如鞭毛逆时针旋转，细胞继续直向运动。鞭毛逆时针旋转运动的时间越长，细菌直向运动的距离也就越长。当化学受体不能再感受到浓度梯度时，此过程称为发生了适应，这是由于 MCPs 完全甲基化的结果，导致对吸引剂或趋避剂的敏感性降低大约 100 倍，此时，这种作用引起鞭毛顺时针旋转运动，细菌翻滚转向。但趋避剂存在时，趋避剂浓度增加，引起 MCPs 去甲基化作用增加。鞭毛顺时针旋转，细菌翻滚转向，逃离趋避剂。MCPs 和鞭毛运动间的连接如图 2－9 所示。

2.2.1.5　细菌的培养特征

细菌在不同状态（固体、半固体、液体）的培养基上生长时，会表现出不同的培养特征。

A　细菌在固体培养基表面上的菌落特征

以稀释平板法和平板划线法将呈单个的细菌接种到固体培养基平板上，再给予合适的培养条件，细菌便能迅速生长繁殖。由于受固体表面和深度的限制，细菌不能自由扩散生长，繁殖起来的细菌群体聚集在一起，形成一个由无数个细菌组成的、肉眼可见的群体，称为菌落。各种细菌在一定的培养条件下形成的菌落特征千姿百态（见图2－10），其主要差异包括菌落的大小、形状、光泽、颜色、质地软硬程度、透明度等。菌落特征可以作为细菌分类鉴定的依据，例如，具有荚膜的细菌，菌落表面光滑、湿润、黏稠；不具荚膜的细菌为粗糙型菌落，表面干燥、皱褶、平坦；贝日阿托氏菌在含醋酸钠、硫化钠及过氧化氢的培养基上长成平坦、半透明圆盘或椭圆状的菌落，其菌体（毛发体）活跃滑行。

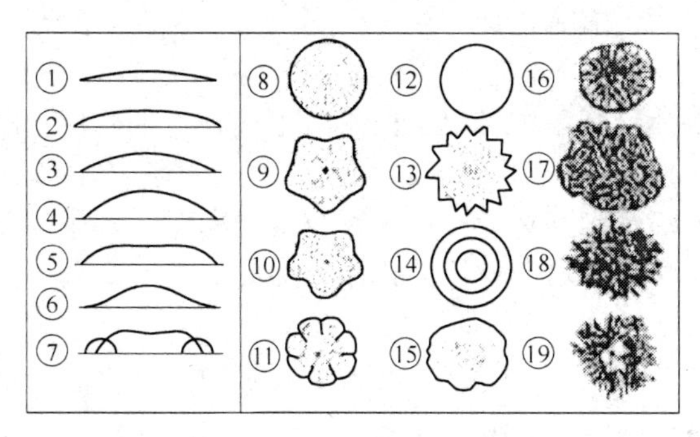

图2－10　细菌菌落特征

将细菌接种在琼脂斜面培养基上，会在接种线上长成一片密集的细菌群落，叫菌苔。常见的菌苔形状如图2－11所示。

另外，某些细菌用穿刺接种法接种到明胶培养基上时，能产生明胶酶使明胶发生水解，由于明胶被水解形成一定形态的溶菌区（见图2－12），因而可作为分类鉴定试验项目之一。

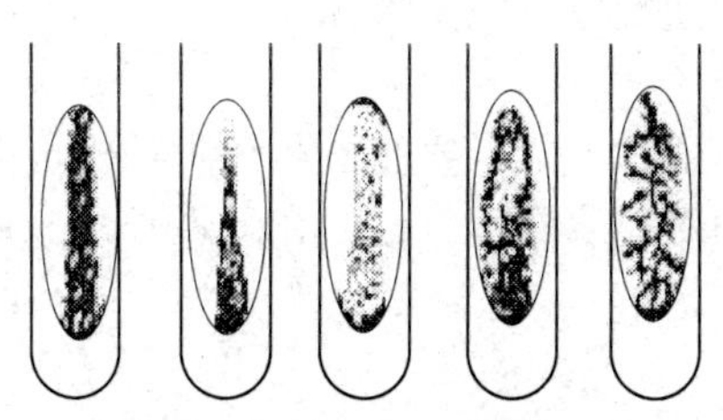

图2－11　细菌在斜面培养基上的生长特征

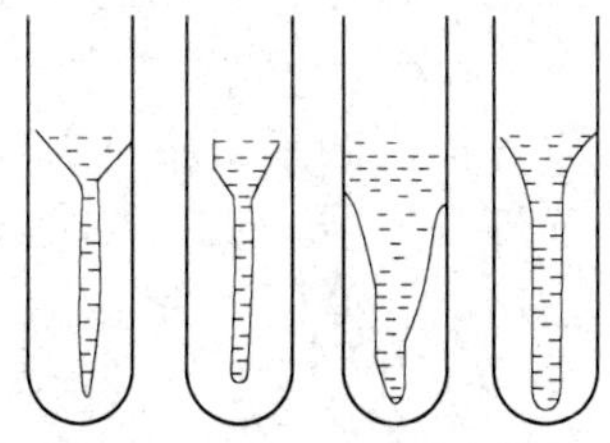

图2－12　细菌在明胶穿刺培养基中的生长特征

B　细菌在半固体培养基中的培养特征

以穿刺法将细菌接种至 0.3% ~0.5% 琼脂的半固体培养基中观察其生长情况时，如果是无鞭毛、不运动的细菌，则只能在穿刺线上生长；而有鞭毛、能运动的细菌不仅在穿刺线上生长，并且还能向穿刺线的周围扩散生长。不同属种的细菌扩散生长的状态如图 2 - 13 所示，据此可以判断细菌有无鞭毛及能否运动。另外，借穿刺培养法还可以初步判断细菌的呼吸类型，生长在培养基表面的为好氧菌，生长在穿刺线上部的为好氧和微量好氧菌，沿整条穿刺线生长的为兼性厌氧菌，在穿刺线底部生长的为厌氧菌。

C　细菌在液体培养基中的培养特征

细菌在液体培养基中可以自由扩散生长，其生长状态因细菌属、种不同而异（见图 2 - 14）。有些细菌使培养基浑浊，菌体均匀分布于培养基中。有些细菌则互相凝聚成大颗粒沉在底部，培养基非常清澈。细菌在液体培养基中的培养特征同样是分类鉴定的依据之一。

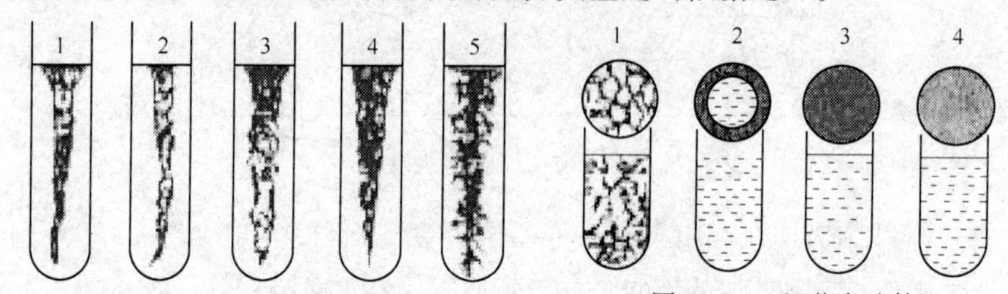

图 2 - 13　细菌在琼脂穿刺培养基中生长特征

图 2 - 14　细菌在液体培养基中的生长特征

1—絮状；2—环状；3—菌膜；4—膜状

2.2.1.6　细菌的物理性质和化学性质

细菌的物理性质和化学性质主要包括以下几个方面。

A　细菌表面电荷和等电点

细菌体内的蛋白质是由多种氨基酸组成的。氨基酸是一种两性电解质，在碱性环境中羧基发生电离，使菌体表面带负电；在酸性环境中氨基发生电离，使菌体带正电，即：

$$NH_2-\underset{\underset{H}{|}}{\overset{\overset{R}{|}}{C}}-COOH + NaOH \longrightarrow NH_2-\underset{\underset{H}{|}}{\overset{\overset{R}{|}}{C}}-COO^- + Na^+ + H_2O \tag{2-1}$$

$$NH_2-\underset{H}{\overset{R}{\underset{|}{\overset{|}{C}}}}-COOH + HCl \longrightarrow NH_3^+-\underset{H}{\overset{R}{\underset{|}{\overset{|}{C}}}}-COOH + Cl^- \qquad (2-2)$$

在某一 pH 值的溶液中，氨基酸呈电中性，此时细菌表面所带的正电荷和负电荷相等。这一 pH 值即是细菌的等电点。细菌的等电点可以根据细菌在不同 pH 值条件下对一定染料的着色性，或根据细菌对阴、阳离子的亲和性，或者根据细菌在不同 pH 值电场中的泳动方向（电泳法）来测定。革兰氏阳性菌的等电点为 pH = 2 ~ 3，革兰氏阴性菌的等电点为 pH = 4 ~ 5。所以，在绝大多数情况下，细菌表面是带负电的。

B 细菌的染色

细菌是无色透明的，在光学显微镜下，菌体与背景反差很小，不容易看清楚细菌的形态和结构。为了便于在显微镜下观察，通常要对细菌用染料染色，以增加菌体与背景的反差。

细菌的染色是基于带有相反电荷的菌体表面和染料离子，因静电吸引而彼此结合在一起的原理进行的。所用的染料按其带电状态，可分为碱性染料和酸性染料两大类。常用的碱性染料有结晶紫、龙胆紫、复红、蕃红、美蓝、甲基紫、中性红、孔雀绿等，常用的酸性染料有酸性晶红、刚果红、曙红等。在通常的培养条件下，细菌带负电，而碱性染料带正电，因而在研究工作中大都采用碱性染料染色。

细菌的染色方法可归结为简单染色法和复合染色法两大类。简单染色法只用一种染料染菌体，目的仅仅是为了增加反差，便于观察。复合染色法简称复染法，它是用两种或两种以上的染料染色，以鉴别不同性质的细菌，所以又叫鉴别染色法。复染法主要有革兰氏染色法和抗酸性染色法两种，前者是微生物尤其是细菌分类鉴定的首选染色方法，在研究工作中广为应用，而后者则多在医学上采用。

革兰氏染色法是丹麦的细菌学家克里斯琴 · 革兰氏（Christian Gram）于 1884 年创造的。其染色步骤是：用接种环取少量细菌在干净的载玻片上涂布、固定后，先用草酸铵结晶紫染色，用弱酸性媒染剂（碘-碘化钾溶液）处理后用乙醇脱色，最后用蕃红液复染。能保持草酸铵结晶紫与碘的复合物不被乙醇脱除而呈紫色的细菌称为革兰氏阳性菌；被乙醇脱色、用蕃红液复染后呈红色的细菌称为革兰氏阴性菌。

C 细菌悬浮液的稳定性

决定细菌悬浮液稳定性的不是细菌本身的性质，而是菌体解离层呈R型（粗糙型）还是S型（光滑型）。R型具有强电解质的特性，常常导致细菌悬浮液不稳定，易发生凝聚现象。S型和类朊型菌的悬浮液则很稳定，只有当电解质的浓度很高时才发生凝聚现象。若把细菌看作一种胶粒，则R型细菌起疏水性胶粒的作用，S型细菌起亲水性胶粒的作用。当它们黏着在固体表面时，将会改变固体颗粒的表面疏水程度。

D 细菌的多相胶体性质

细菌的细胞中含有多种蛋白质，它们的成分和功能各不相同，因而常常把细胞质称为多相胶体。其中某一相吸引某一组化学物质进行生化反应时，另一相又吸收另一组物质。所以，在细菌的细胞中可以同时进行几种性质不同的生化反应。

E 细菌的密度和质量

细菌的密度与菌体所含的物质有关。蛋白质的密度为1500 kg/m^3，糖的密度为1400~1600 kg/m^3，核酸的密度为2000 kg/m^3，无机盐的密度为2500 kg/m^3，脂类的密度小于1000 kg/m^3，所以整个菌体的密度在1070~1090 kg/m^3之间。由于细菌的化学组成随环境而变化，所以细菌的密度也因生长环境的不同而异。通常将群体细菌的质量除以细菌的数目，求得每个细菌的质量。一般来说，单个细菌的质量约为1×10^{-9} ~ 1×10^{-10} mg。

F 细菌的渗透压

渗透压是阻止水分子通过半渗透膜进入水溶液的压强。如果用半渗透膜将两种浓度不同的水溶液隔开，低浓度溶液中的水分子就会透过半渗透膜进入高浓度溶液，从而使高浓度溶液一侧的液面升高，当两液面的高度差产生的压强足以阻止水继续通过半渗透膜时，渗透即停止，这个压强就是通常所说的渗透压。溶液的浓度越高、溶质的分子越小，渗透压越大。此外，离子溶液的渗透压要比分子溶液的大。

在细菌体内，磷酸盐、磷酸脂、嘌呤、嘧啶等以高度浓缩的状态存在，细菌的细胞质膜又是一半渗透膜，所以细菌体内都具有一定的渗透压。通常革兰氏阳性菌的渗透压约为2~2.5 MPa，革兰氏阴性菌的渗透压约为0.5~0.6 MPa。

当细菌在渗透压等于其体内渗透压的溶液（如0.5%～0.85% NaCl溶液）中生长时，形态和大小都保持正常，且长势良好。这种溶液称为等渗液或生理盐水。当细菌在渗透压低于其体内渗透压的溶液（低渗液，如0.01% NaCl溶液）中生长时，溶液中的水分子大量渗入细菌体内，使其细胞发生膨胀，严重时会导致细胞破裂。当细菌在渗透压高于其体内渗透压的溶液（高渗液，如20% NaCl溶液）中生长时，菌体内的水分子大量渗到体外溶液中，致使细胞因失水而发生质壁分离，甚至会造成细菌死亡的严重后果。

2.2.2 放线菌

放线菌都是革兰氏阳性菌，因在固体培养基上呈辐射状生长而得名。

2.2.2.1 放线菌的形态及大小

放线菌的菌体由纤细且长短不等的菌丝组成，菌丝是单细胞，并有分枝。在菌丝生长过程中，似核结构不断复制、分裂，但细胞却不分裂，从而形成无隔膜的菌丝，无数分枝的菌丝组成细密的菌丝体。

放线菌的菌丝体可分为营养（基内）菌丝、气生菌丝和孢子丝三大类。营养菌丝宽0.2～0.8 μm，长度在50～600 μm，它潜入固体培养基内摄取营养。气生菌丝是由营养菌丝长出培养基外，伸向空间的那段菌丝，直径约为1.0～1.4 μm，常呈弯曲状、直线状或螺旋状。孢子丝是放线菌生长发育到一定阶段，在气生菌丝上分化出来的、可以形成孢子的菌丝。孢子丝的形状及在气生菌丝上的排列方式，因菌种的不同而异，是种的特征，有分类鉴定意义。孢子丝发育到一定阶段，在其顶端形成分生孢子。

2.2.2.2 放线菌的菌落形态

放线菌的菌落由一个分生孢子或一段营养菌丝生长繁殖出的许多菌丝相互缠绕而成，质地致密，表面呈绒状或密实、干燥、多皱状，如链霉菌属，由于其菌丝潜入培养基，整个菌落像是被嵌入培养基中，不易被挑取。另有某些放线菌的菌落呈白色粉末状，质地松散，易被挑取，如诺卡氏菌属。

2.2.2.3 放线菌的繁殖

放线菌是通过分生孢子和孢囊孢子繁殖的。分生孢子的产生方式有两种，一种是凝聚分裂，孢子丝内的细胞质围绕核区分成许多小段，逐渐凝聚成椭球形或球形的分生孢子（见图2－15*a*）；另一种是横隔分裂，产生分生孢子（见图2－15*b*）。气生菌丝形成孢子囊，在孢子囊内形成孢囊孢子（见图2－15*c*）。

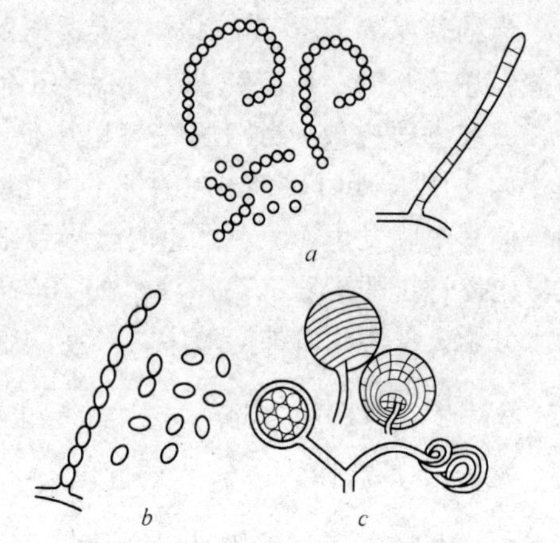

图2－15　放线菌的分生孢子和孢囊孢子的形成

a—凝聚分裂；*b*—横隔分裂；*c*—孢囊孢子形成过程

放线菌孢子的萌发、生长、发育、繁殖等过程构成放线菌的生活史，整个过程如图2－16所示。

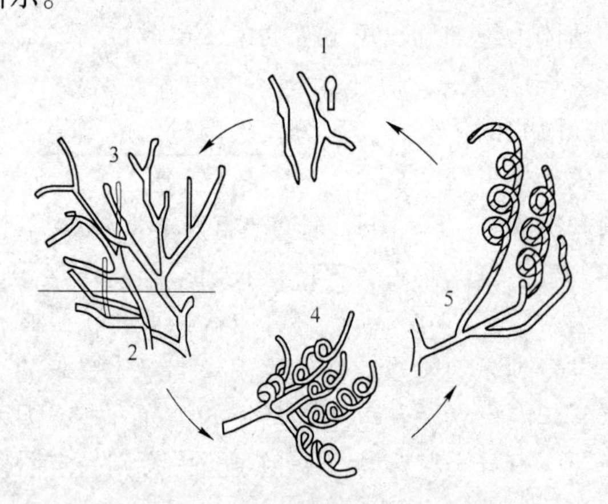

图2－16　链霉菌的生活史

1—孢子萌发；2—基内菌丝；3—气生菌丝；

4—孢子丝；5—孢子丝分化为孢子

2.2.3　蓝绿细菌

蓝绿细菌原来称为蓝藻，以前在植物学和藻类学中把它分类为蓝藻门。由于这类微生物的细胞结构简单，只具有原始核，没有叶绿素体，所以在1974年出版的《伯杰细菌鉴定手册》（第8版）中，把蓝藻纳入了原核生物界，定名为蓝色光合菌门。这一门的细菌统称为蓝绿细菌。

蓝绿细菌含有叶绿素 a（吸收光波波长 680～685 nm）、脂环族类胡萝卜素（吸收光波波长 450～550 nm）、藻胆素（吸收光波波长 550～650 nm）及藻胆蛋白体（含异藻蓝素、藻蓝素及藻红素），可以进行放氧性的光合作用、吸收二氧化碳、无机盐和水，合成有机物供自身营养。蓝绿细菌呈蓝、绿、红等多种颜色，并可以随光照条件的变化而改变颜色。

蓝绿细菌的分布很广，种类也非常多。通常按其形态和结构分为色球藻纲和藻殖段纲两大类。

2.2.3.1　色球藻纲

色球藻纲为单细胞个体或群体，细胞以分裂繁殖，群体种类在细胞壁外分泌果胶类物质，构成胶质鞘膜，彼此融合形成较大的胶团（球状或块状）。

色球藻纲包括色球藻属、微囊藻属、腔球藻属、管孢藻属及皮果藻属（图 2－17）。其中微囊藻属和腔球藻属可引起富营养化水体发生“水华”。

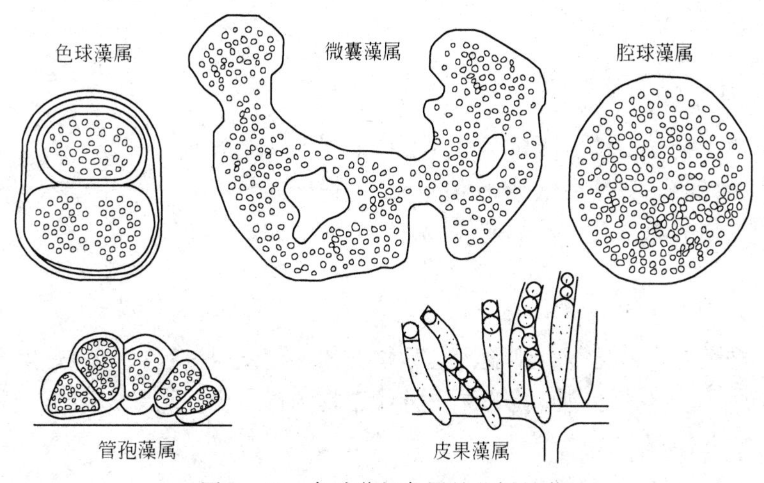

图 2－17　色球藻纲各属的蓝绿细菌

2.2.3.2　藻殖段纲

藻殖段纲的菌体为丝状体，形成异形胞和殖段体，亦称为连锁体。

藻殖段纲包括颤藻属、念球藻属、筒孢藻属、胶须藻属、鱼腥藻属及单歧藻属（图 2－18）。其中鱼腥藻属在富营养化水体中形成“水华”。

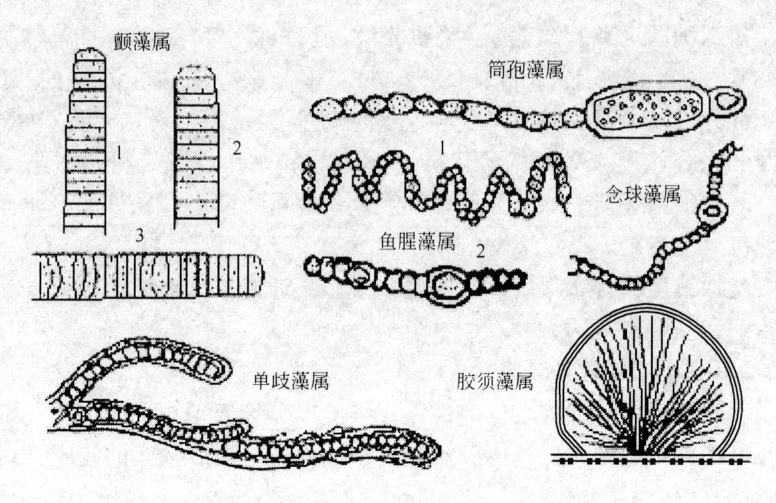

图2－18　藻殖段纲各属的蓝绿细菌

原核微生物除了细菌、放线菌、蓝绿细菌外，还有螺旋体、立克次氏体和支原体等，因它们与矿产资源开发利用的关系不大，所以在此不作详细介绍。

2.3　微生物的生理

微生物的生理主要包括营养和产能代谢两个方面。而微生物的营养和产能代谢又都是在微生物酶的参与下进行的。所以，这一节将主要讲述微生物的酶、营养及产能代谢三个方面的知识。

2.3.1　微生物的酶

酶是生物催化剂，细胞内化学物质的转化反应过程都包含有生物酶的作用。一种代谢物转化为另一种代谢物的每一步反应都归因于一种特定的酶的作用。

2.3.1.1　酶的组成

酶的组成可分为两种情况。一是只含蛋白质，叫单成分酶；另一类除了含蛋白质以外，还含有一些非蛋白质物质，叫双成分酶或全酶。因此，酶的化学组成可表示为：

单成分酶 = 酶蛋白（如水解酶）

全酶 = 酶蛋白 + 有机物（如各种脱氢酶）

全酶 = 酶蛋白 + 有机物 + 金属离子（如丙酮酸脱羧酶）

全酶 = 酶蛋白 + 金属离子（Fe^{2+}）（如细胞色素氧化酶）

全酶中除酶蛋白以外的部分叫做辅基或辅酶，两者的区别在于它们与酶蛋白结合的牢固程度不同。与酶蛋白结合牢固，用透析法分不开的叫辅基；与酶蛋白结合得不牢，用透析法可以分开的叫辅酶。辅酶和辅基与不同的酶蛋白结合形成不同的酶，可以催化不同的底物。

酶蛋白的功能是催化生物化学反应，而辅基和辅酶的功能是传递电子、原子或化学基团，其中的金属离子还起激活剂的作用。重要的辅基和辅酶有以下几种：

（1）铁卟啉。铁卟啉是细胞色素氧化酶、过氧化氢酶、过氧化物酶等的辅基，靠所含铁离子的变价（$Fe^{2+} \rightleftharpoons Fe^{3+} + e$）来传递电子，催化氧化还原反应。

（2）辅酶A（CoA即Coenzyme A或 CoA—SH）。辅酶A在糖代谢和脂肪代谢中起重要作用。它通过其巯基（—SH）的受酰与脱酰参与转酰基（$R—\overset{O}{\overset{\|}{C}}—$）的反应。酰化时需要能量，脱酰时放出能量，供合成代谢用。

（3）NAD（辅酶Ⅰ）和NADP（辅酶Ⅱ）。NAD是烟酰胺腺嘌呤二核苷酸，NADP是烟酰胺腺嘌呤二核苷酸磷酸，它们是许多脱氢酶的辅酶，起传递氢的作用。例如：

$$NAD^+ + CH_3—CH_2OH \rightleftharpoons CH_3—CHO + NADH + H^+ \quad (2-3)$$

或

$$NADP^+ + CH_3—CH_2OH \rightleftharpoons CH_3—CHO + NADPH + H^+ \quad (2-4)$$

（4）FMN（黄素单核苷酸）和FAD（黄素腺嘌呤二核苷酸）。FMN和FAD都是黄素酶类，是氨基酸氧化酶和琥珀酸脱氢酶的辅基，是电子传递体系的组成部分，其功能是传递氢。

（5）磷酸腺苷及其他核苷酸类。磷酸腺苷包括一磷酸腺苷AMP、二磷酸腺苷ADP和三磷酸腺苷ATP，其他核苷酸类主要有鸟嘌呤核甘三磷酸GTP、尿嘧啶核苷三磷酸UTP及胞嘧啶核苷三磷酸CTP。它们都是转磷酸基酶的辅酶，其中二磷酸腺苷和三磷酸腺苷分别含有1个和2

个高能磷酸键（P~P），都是能量的载体，可以通过磷酸基的转移进行能量转移。

（6）生物素（维生素H）。生物素为羧化酶的辅酶基，属于B族维生素，能催化二氧化碳的掺入和转移以及脂肪的合成反应。生物素是微生物的生长因子。

此外，还有辅酶Q或称泛醌（CoQ）、硫辛酸（L）和焦磷酸硫胺素（TPP）、磷酸吡哆醛和磷酸吡哆胺、四氢叶酸或叫辅酶F（THFA）、金属离子、辅酶M等等。

2.3.1.2 酶的活性中心

酶的活性中心是指酶蛋白分子中与底物（即被催化的有机物）结合、并直接起催化作用的小部分氨基酸区域（或微区）。构成酶活性中心的氨基酸小区域或处在同一条多肽链的不同部位，或处在不同的多肽链上。所有酶的活性中心都是由几个氨基酸组成的。酶的活性中心分为结合部位和催化部位，结合部位与底物结合，催化部位加快生化反应速度。

2.3.1.3 酶的分类与命名

根据所催化的反应类型，可以把酶分为水解酶、氧化还原酶、转移酶、异构酶、裂解酶和合成酶六大类。

A 水解酶类

水解酶类是利用水使共价键分裂的酶，它们催化大分子有机物的水解反应。如淀粉酶、蛋白酶、酯酶等。

B 氧化还原酶类

氧化还原酶类催化底物进行氧化还原反应。如脱氢酶、氧化酶、过氧化物酶、羟化酶、加氧酶等。在矿产资源的微生物处理过程中，这类酶起着非常重要的作用。其中氧化酶催化底物脱出的氢生成H_2O_2或H_2O，例如：

$$CH_3—CH_2OH + O_2 \xrightarrow{\text{氧化酶}} CH_3CHO + H_2O_2 \quad (2-5)$$

$$2CH_3—CH_2OH + O_2 \xrightarrow{\text{氧化酶}} 2CH_3CHO + 2H_2O \quad (2-6)$$

而脱氢酶催化底物脱出的氢则由中间接受体NAD接受，例如：

$$2CH_3—CH_2OH + O_2 \xrightarrow{\text{脱氢酶}} 2CH_3CHO + 2H_2O_2 \quad (2-7)$$

C 转移酶类

转移酶类催化不同底物分子之间进行某种化学基团（如氨基、醛基、酮基、磷酸基等）的交换或转移的化学反应。如转甲基酶、转氨基酶、磷酸化酶等。其中谷丙转氨酶可以催化谷氨酸的氨基转移到丙酮酸上，成为丙氨酸和 α－酮戊二酸。

D 异构酶类

异构酶类催化同分异构分子内的基团重新排列。如消旋酶、顺反异构酶、葡萄糖异构酶等。其中葡萄糖异构酶能催化葡萄糖转化为果糖的反应。

E 裂解酶类

裂解酶类催化一种化合物裂解为两种化合物、或两种化合物逆向合成为一种化合物的反应，它们可以使底物移去一个基团而导致共价键裂解。如脱羧酶、醛缩酶、脱水酶、羧化酶等。其中羧化酶催化底物分子中的 C—C 键裂解，产生 CO_2。

F 合成酶类

合成酶类催化底物的合成反应，同时使 ATP 分子中的高能磷酸键断裂从而为合成过程提供能量。蛋白质、核酸等的生物合成都是在合成酶类的催化下进行的。常见的合成酶包括谷氨酰胺合成酶、谷胱甘肽合成酶等。

此外，习惯上还根据酶所催化的反应和底物来命名。常用的方法是在底物的名称后面加上酶字，例如作用于尿的酶称为尿酶，作用于蔗糖的酶称为蔗糖酶，作用于精氨酸的酶称为精氨酸酶等等。有时在底物名称的前面还加上酶的来源，例如胃蛋白酶等。

另一方面，国际生物化学协会酶命名委员会还制定了一套完整的酶命名规则，其中包括酶的系统命名及 4 个数字的分类编号，但由于过于复杂，许多名称尚未得到普遍使用。

2.3.1.4 酶的催化特性及活力单位

酶的催化特性可归纳为以下几点：

（1）酶可以加速生物化学反应，缩短反应达到平衡的时间，但不能改变平衡点。酶在参与反应前后，其性质和数量不发生任何变化；

（2）酶的催化作用具有专一性，一种酶只能催化一种或一类化学反应，生成一定的产物；

（3）酶的催化作用在常温、常压和接近中性的水溶液中即可发生，不需要特殊条件；

（4）酶是蛋白质，接触高温、强酸、强碱或重金属离子（如 Hg^{2+}、Ag^{+}、Cu^{2+} 等）时，都能使酶丧失活性；

（5）酶的催化效率特别高，是一般化学催化剂的数千倍到上百亿倍。例如，过氧化氢酶对 H_2O_2 分解反应的催化效率是 Fe^{3+} 的 100 亿倍。

因为酶的催化效率极高，所以酶能降低反应的能阈和反应物所需的活化能。例如，用 H^{+} 催化蔗糖的水解需要的活化能为 108. 8 kJ/mol，而用酵母蔗糖酶催化则仅需要 48 kJ/mol。又如，过氧化氢（H_2O_2）自然分解所需的活化能为 75 kJ/mol，用胶状铂催化时降为 46 kJ/mol，而用过氧化氢酶催化时所需的活化能仅为 20. 9 kJ/mol。

在一定条件下，酶所催化反应的反应速度，称为酶的活力。反应速度通常用单位时间内底物的减少量或产物的增加量表示。酶的活力用国际单位（u）表示，即在温度 25℃、最适 pH 值、最适缓冲溶液和最佳底物浓度等条件下，每 1 分钟能使 1 μmol 底物转化的酶量定为一个酶活力单位。在固定条件下，1mg 酶或 1mL 酶液所具有的酶活力叫做酶比活力。为了方便，在研究和生产中常常使用酶比活力。

2. 3. 2　微生物的营养

微生物从外界环境中不断地摄取营养物质，经过一系列生物化学反应，转变成细胞的成分，同时产生一些废物排泄到体外，这一过程称为新陈代谢。新陈代谢包括同化作用和异化作用，异化作用为同化作用提供物质基础和能量；同化作用为异化作用提供物质。即：

- 新陈代谢
  - 异化作用（分解代谢）
    - 物质分解反应——将营养物和细胞物质分解的过程
    - 放出能量
  - 同化作用（合成代谢）
    - 物质合成反应——将营养物质转变为肌体组分的过程
    - 吸收能量

微生物所需要的营养物质的种类和数量需要根据微生物的化学组成及生理特性而定。

2. 3. 2. 1　微生物的化学组成

微生物机体的水分含量为 70% ~90%，其余部分是干物质。微生物机体的干物质由有机物和无机物组成。有机物包括蛋白质、核酸、糖类及脂类，占干物质质量的 90% ~97%；无机物通常含有 P、S、K、Na、Ca、Mg、Fe、Cl 和微量的 Cu、Mn、Zn、B、Mo、Co、Ni 等。糖类和脂类由 C、H、O 组成，蛋白质由 C、H、O、N、S 组成，核酸由 C、H、O、N、P 组成。C、H、O、N 是所有生物体的有机元素，在几种微生物中的质量分数如表 2-3 所示。

表 2-3 微生物的有机元素干物质质量分数 (%)

元素	细菌	酵母菌	霉菌（根霉）
C	50.4	49.8	47.9
H	6.78	6.7	6.7
O	30.52	31.1	40.16
N	12.3	12.4	5.24

根据表中的分析数据可以写出微生物的化学组成实验式，例如，细菌和酵母菌的化学组成实验式为 $C_5H_8O_2N$，霉菌的化学组成实验式为 $C_{12}H_{18}O_7N$。应该指出的是，微生物的化学组成实验式不是分子式，它仅表示组成微生物有机体的各种元素之间的原子个数比例关系，在培养微生物时，可根据其化学组成实验式按一定的比例供给营养。

2.3.2.2 微生物的营养及营养类型

微生物要求的营养物质有水、碳素营养源、氮素营养源、无机盐及生长因素。

水是微生物代谢过程中必不可少的溶剂，有助于营养物质溶解，并通过细胞质膜被微生物吸收，保证细胞内、外各种生物化学反应在溶液中正常进行。

碳素营养源是指能供给微生物碳素营养的物质，简称为碳源。碳源的主要作用是构成微生物细胞的碳架和供给微生物生长、繁殖及运动所需的能量。从简单的无机碳化合物到复杂的天然有机含碳化合物，都可以作为碳源，只是不同的微生物要求供给不同的碳源。

氮素营养源是指能供给微生物含氮物质的营养物，简称氮源。氮源包括 N_2、NH_3、$CO(NH_2)_2$、$(NH_4)_2SO_4$、NH_4NO_3、KNO_3、$NaNO_3$、氨基酸（NH_2—R—COOH）和蛋白质等，其作用是给微生物提供合成细胞蛋白质所需要的物质。

无机盐在微生物体内的生理功能包括：构成细胞组分和酶的组分，维持酶的活性，调节渗透压、氢离子浓度和氧化还原电位，供给自养微生物能源。微生物需要的无机盐主要有磷酸盐、硫酸盐、氯化物、碳酸盐、碳酸氢盐等，其中含有 Na、K、Mg、Fe 等元素，并含有大量的 P 和 S。此外，微生物还需要 Zn、Mn、Co、Mo、Cu、B、V、Ni 等微量元素。

微生物在具有各种营养条件下仍不能很好生长时，则需要供给生长因素。微生物需要的生长因素有 B 族维生素、维生素 C、氨基酸、嘌呤、嘧啶、生物素及烟酸等。

水、碳源、氮源、无机盐及生长因素是微生物共同需要的物质，不同的微生物种属对各种营养元素的比例，尤其是碳氮比或碳氮磷的比例要求不同。

根据微生物对各种碳源的同化能力不同，可以把它们分为无机营养型和有机营养型两类。凡是有光合色素的微生物（如藻类、光合细菌等）都属于无机营养型，而大部分细菌、放线菌、酵母菌、霉菌等属于有机营养型。

无机营养型微生物具有完备的酶系统，合成有机物的能力很强，能利用 CO_2 和 CO_3^{2-} 中的碳作为唯一碳源，利用光能或化学能在细胞内合成复杂的有机物，以构成自身的细胞质，不需要外界供给现成的有机碳化合物。因此，这一类型的微生物又称为无机自养型或自养型微生物。根据能量的来源，自养型微生物又分为光能自养型和化能自养型两种。

光能自养型微生物需要阳光（或灯光）作能源，依靠体内的光合作用色素将 CO_2 和 H_2O 或 H_2S 合成为有机物，构成自身的细胞物质。常见的光能自养型微生物有蓝绿细菌、绿硫细菌、紫色硫细菌和紫色非硫细菌等。

化能自养型微生物不具有色素，不能进行光合作用，合成有机物所需要的能量是由它们氧化 S、H_2S、H_2、NH_3、Fe 等物质时，通过氧化磷酸化作用产生的 ATP 来提供。常见的化能自养型微生物有亚硝化细菌、硝化细菌、好氧的硫细菌和铁细菌等。

有机营养型微生物的酶系统不很完备，它们只能利用有机碳化合物作为碳源，所以又称为异养型微生物。根据能量的来源，这类微生物也可分为光能异养型和化能异养型两种。光能异养型微生物以光为能源，以有机物为供氢体还原CO_2，合成有机物，构成自身的细胞物质，它们需要供给生长因素。化能异养型微生物依靠氧化有机物产生化学能而获得能量，它们包括绝大多数细菌、放线菌和全部真菌。

还有一些微生物既能够以无机碳（CO_2、CO_3^{2-}等）作碳源，也能够以有机碳化合物作碳源，通常把这类微生物称为兼性自养型微生物或混合营养型微生物。常见的混合营养型微生物有氢细菌、贝日阿托氏菌属、发硫菌属、亮发菌属、新型硫杆菌、反硝化硫杆菌等。

2.3.2.3　微生物的培养基

微生物的培养基是指培养微生物时，根据它们的营养需要，将水、碳源、氮源、无机盐和生长因素按一定比例配制而成的微生物营养物。

配制培养基时，首先按配方称取各种营养物质，取所需要量的蒸馏水（去离子水或自来水，视实验要求而定）加入容器中，然后将培养基的成分按照缓冲化合物，无机元素、微量元素、维生素及其他生长因素的顺序逐一加入，待每一种成分完全溶解后方可加入下一种成分，否则会导致沉淀物形成。为了避免产生金属沉淀物，可加入适量的EDTA（乙二胺四乙酸）或NTA（氮川三乙酸）等整合剂，与金属离子络合，使其保持溶解状态。EDTA的常用浓度为0.01%。待全部营养物质都溶解后，用10%的NaOH或HCl调整pH值。由于在微生物的培养过程中会产生有机酸、CO_2和NH_3等，因而会引起培养基pH值的改变。加入缓冲化合物的目的，就是要保持培养基pH值稳定。常用的缓冲化合物有K_2HPO_4、KH_2PO_4、Na_2CO_3、$NaHCO_3$等。调好pH值后，置高压蒸汽灭菌锅内灭菌20~30 min，备用。

任何一种培养基均可配制成液体、半固体（凝胶）和固体三种。培养基按配方配好后不加凝固剂（如琼脂、明胶、硅胶等），即为液体培养基；如果加入1.5%~3.0%的凝固剂，即成为固体培养基；如果加入0.2%~0.5%的凝固剂，即成为半固体培养基。培养基按用途不同，又分为基础培养基、选择培养基、鉴别培养基和加富培养基四种。

（1）基础培养基。由牛肉膏、蛋白胨、氯化钠按一定的比例配制而成。一般微生物均能在这种培养基中生长。

（2）选择培养基。选择培养基是利用微生物对各种化学物质敏感程度的差异，在培养基中加入染料、胆汁酸盐、金属盐类、酸、碱或抗菌素等，抑制不需要的微生物，并使所要分离的微生物生长繁殖的培养基。

（3）鉴别培养基。根据不同种类的微生物对培养基中某一成分的分解能力不同，使各个菌落通过指示剂显示出不同的颜色，这样一来，既可以确定某些特定种类微生物是否存在，又可以将同时存在的几种微生物区分开，这种用来鉴别和区分不同种类微生物的培养基，叫做鉴别培养基。

（4）加富（富集）培养基。当样品中微生物的数量很少或对营养要求比较苛刻不容易被培养出来时，要用特殊物质或成分使微生物快速生长，这种用特殊物质或成分配制成的培养基，称为加富培养基或富集培养基。所用的特殊物质有植物（青草或干草）提取液、动物组织提取液、土壤浸出液、血和血清等。

2.3.3　微生物的产能代谢

微生物在其生长、繁殖过程中，需要吸收营养物质合成细胞组分。微生物的产能代谢就是为合成细胞组分及维持生命活动提供所需要的能量。

2.3.3.1　产能代谢与呼吸的关系

微生物呼吸作用的本质是氧化与还原的统一过程。在这一过程中，包含着能量的产生和转移。由此可见，微生物的呼吸与其产能代谢是紧密联系的。微生物的呼吸有好氧呼吸、无氧呼吸和发酵三种类型。它们都是氧化还原反应，微生物的产能代谢正是通过这三种氧化还原反应实现的，微生物也正是从这些氧化还原反应中获得生命活动所需要的能量。

微生物通过产能代谢获得的能量，一部分变为热散发掉，另一部分供合成反应和生命的其他活动所需，另有一部分能量被贮存在 ATP 中，以备生长、运动等用。

ATP 是微生物能量的转移中心。微生物把从呼吸过程中获得的能量用于细胞组分的合成时，需要通过 ATP 来实现。在好氧呼吸、无氧呼吸和发酵过程中，微生物通过氧化磷酸化或光合磷酸化生成 ATP，即：

$$AMP + H_3PO_4 + 能量 \longrightarrow ADP \tag{2-8}$$

$$ADP + H_3PO_4 + 能量 \longrightarrow ATP \tag{2-9}$$

由上述反应式可知，ADP 是能量的载体，ATP 是能量库。它们分别含有 1 个和 2 个高能磷酸键（P ~ P），1 mol 高能磷酸键具有 31.4 kJ 的能量。当微生物合成细胞组分时，ATP 分解，放出能量，供其使用，即：

$$ATP \longrightarrow ADP + H_3PO_4 + 能量 \quad (2-10)$$

ATP 只是一种短期的储能物质。微生物长期储能的形式是在体内形成淀粉、糖原、聚 β-羟基丁酸（缩写为 PHB）、异染粒及硫粒等，以备缺乏营养时利用。

2.3.3.2 产能代谢

在微生物体系中，能量的释放和 ATP 的生成都是通过呼吸实现的。根据最终电子受体或最终受氢体的不同，微生物的呼吸可分为发酵、好氧呼吸和无氧呼吸 3 种。

A 发酵

在无外在电子受体时，微生物能使底物中的一些有机物发生部分氧化，并以中间代谢产物作为最终电子受体，其产物为低分子有机物，释放出少量能量，其余的能量保留在最终产物中。这种没有外在电子受体时，微生物对能源的氧化称为发酵。例如，葡萄糖逐步分解即通常所说的糖酵解过程。糖酵解途径几乎是所有具有细胞结构的生物所共有的主要代谢途径，又称为 EMP 途径或 E-M 途径。糖酵解的电子受体是辅酶 NAD，它接受两个电子后变成 $NADH_2$。糖酵解的产物是 ATP、C_2H_5OH 和 CO_2。微生物每氧化 1 mol 葡萄糖需要消耗 2 mol 的 ATP 提供能量，氧化后生成 2 mol 的 C_2H_5OH、2 mol 的 CO_2 和 4 mol 的 ATP。所以微生物每氧化 1 mol 葡萄糖的最终产物是 2 mol ATP、2 mol C_2H_5OH 和 2 mol CO_2。

B 好氧呼吸

当存在外在的最终电子受体——分子氧（O_2）时，底物可全部被氧化成 CO_2 和 H_2O，并产生 ATP。这种由外在最终电子受体 O_2 存在时，微生物对能源的氧化称为好氧呼吸（或呼吸作用）。

在好氧呼吸过程中，能源氧化释放出的电子首先转移给 NAD，使 NAD 还原为 $NADH_2$；$NADH_2$ 再氧化释放出电子，恢复成 NAD，将电子转移给电子传递体系，电子传递体系再将电子转移给最终电子受体 O_2，

O_2 得到电子被还原，并与从能源上脱下来的 H^+ 结合生成 H_2O。底物氧化释放出的能量，同样是储存在 ATP 中。

C　无氧呼吸

当外在的最终电子受体不是氧分子而是其他无机化合物时，微生物对能源的氧化称为无氧呼吸。无氧呼吸的氧化底物一般为有机物，最终电子受体通常是 NO_2^-、NO_3^-、SO_4^{2-}、CO_3^{2-} 等，在底物被氧化成 CO_2 的同时，生成 ATP，储存能量。例如，微生物通过无氧呼吸对葡萄糖、乙酸和乳酸的氧化过程可表示为：

$$C_6H_{12}O_6 + 4NO_3^- \longrightarrow 6CO_2 + 6H_2O + 2N_2 \qquad (2-11)$$

$$5CH_3COOH + 8NO_3^- \longrightarrow 10CO_2 + 4N_2 + 6H_2O + 8OH^- \qquad (2-12)$$

$$2CH_3CHOHCOOH + H_2SO_4 \longrightarrow 2CH_3COOH + 2CO_2 + H_2S + 2H_2O \qquad (2-13)$$

2.4　微生物的生长

2.4.1　微生物的生长繁殖

微生物在适宜的环境条件下，不断吸收营养物质，按照自己的代谢方式进行新陈代谢活动。正常情况下，同化作用大于异化作用，微生物的细胞质量不断增加，叫做生长。当细胞个体生长到一定程度时便发生分裂，使得个体数目增加，这就是单细胞微生物的繁殖。这样的繁殖方式叫裂殖，即由一个亲代细胞分裂为两个大小、形状与亲代细胞相似的子代细胞。微生物的生长与繁殖是交替进行的。细胞个体生长的过程称作发育。一个新细胞经过生长后，分裂成两个新细胞，如此一代接一代地繁殖下去。两次细胞分裂之间的时间，称为微生物的世代时间，这期间包括细胞核物质和细胞质的加倍增长、分配及两个新细胞的分裂。在一定的培养条件下，每一种微生物的世代时间都是一定的。然而当培养条件变化时，微生物的世代时间也随之而改变。对于多细胞微生物，如果只是细胞数目增加，个体数目不增加，就称为生长；如果细胞数目和个体数目都增加，则称为繁殖。

2.4.1.1　*研究微生物生长的方法*

由于微生物的个体很小，研究个别微生物的生长情况非常困难，所以研究微生物的生长大都是通过培养来研究群体的生长情况。通常的做法是将一定量的微生物接种在一个封闭的盛有一定体积液体培养基的容器内，保持一定的温度、pH 值和溶解氧量，微生物便在其中开始生长繁殖。微生物个体数目与时间的关系如图 2-19 所示。

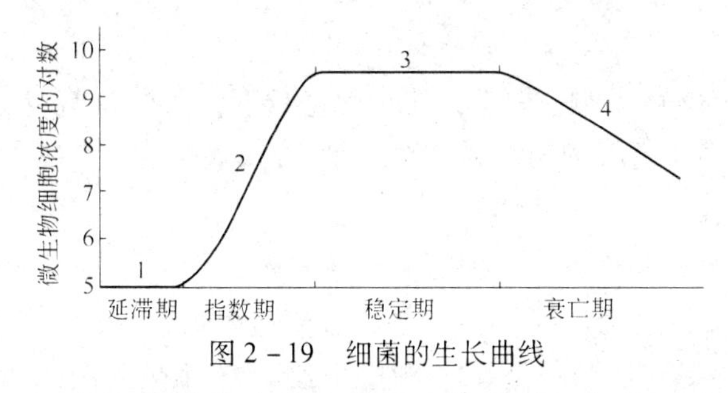

图 2-19　细菌的生长曲线

图 2-19 中的曲线称为微生物的生长曲线，根据这条曲线可以把微生物的生长繁殖过程细分为 4 个阶段，分别称为延滞期、指数期、稳定期和衰亡期，分别与图 2-19 中的 1、2、3、4 区相对应。

A　延滞期

将少量微生物接种到某一种培养基中时，它们并不能立即生长繁殖，而需要经过一段适应时间，此后它们才能在新的培养基中生长繁殖。通常把这段适应时间称作延滞期。经过这一时期，一部分微生物逐渐适应了新的生活环境，开始生长繁殖；而另一部分却会因环境不适而死亡。

B　指数期

指数期也叫对数期，微生物在这一时期的生长特点是具有恒定的最大细胞分裂速率或倍增速率。细菌个体的增加呈现出 $2^0 \rightarrow 2^1 \rightarrow 2^2 \rightarrow 2^3 \rightarrow \cdots \rightarrow 2^n$ 的规律。在分批培养过程中，若单位体积培养基内细胞的初始数目为 N_0，则经过 n 次分裂后，细胞数 N 即为 N_0 的 2^n 倍，于是有：

$$\lg N = \lg N_0 + n\lg 2 \qquad (2-14)$$

所以，细胞的分裂次数 n 可表示为：

$$n = (\lg N - \lg N_0)/\lg 2 \qquad (2-15)$$

细胞在 1h 内的分裂次数称为分裂速率，记为 v，则：

$$v = n/t = (\lg N - \lg N_0)/(t_N - t_0)\lg 2 \qquad (2-16)$$

式中　t——细胞分裂 n 次所用的时间，h；

t_N——培养基中细胞数目为 N 时所对应的时刻；

t_0——培养基中细胞数目为 N_0 时所对应的时刻。

细胞分裂 1 次的时间间隔称为世代时间，记为 g，则：

$$g = t/n = 1/v \tag{2-17}$$

综合上述各式，得：

$$\lg N = \lg N_0 + (v\lg 2)t \tag{2-18}$$

式（2－18）表明，微生物在指数生长期，其个体数目的对数与时间呈直线关系。直线的斜率为分裂速率 v 的 lg2 倍。

C　稳定期

由于微生物在指数生长期间，迅速繁殖，消耗了大量的营养物质，致使培养基的浓度逐渐降低，加之代谢产物大量积累对菌体产生毒害，以及 pH 值、氧化还原电位等环境条件的改变给微生物生长带来的不利影响，使微生物的生长速度逐渐下降，死亡速度不断上升。当两者相等时，微生物的生长达到一个动态平衡点，微生物个体的数目保持恒定。这一时期称为稳定期。到达稳定期时，微生物所合成的生物量称为产量，即接种时的细胞干质量与最高干质量之差。

D　衰亡期

微生物个体的数目保持恒定一段时间以后，由于营养物质缺乏等一些不利因素的影响，使得微生物死亡的速度渐渐超过其生长速度，活菌体的数目开始明显下降。这一时期称为衰亡期。

微生物生长动力学的研究，就是通过这种批量培养方法来确定微生物的世代时间 g、分裂速度 v、产量 q、延滞期持续时间等一系列有关微生物生长的动态参数。

2.4.1.2　微生物生长量的测定方法

微生物的生长量可以根据菌体的细胞量、菌体的体积或质量直接测定，也可以用某种细胞物质的含量或某个代谢活动强度来间接测定。

A　微生物总数的测定

微生物总数的测定方法主要有计数器直接计数法、染色涂片计数法、比例计数法和比浊法 4 种。

B　活菌数的测定

活菌数的测定方法目前常用的有载玻片薄琼脂层培养法、平板菌落计数法、液体稀释培养计数法、薄膜过滤计数法 4 种。

C 微生物生物量的测定

微生物生物量的测定方法有直接法和间接法两种。直接法的检测内容主要包括:

(1) 测定离心后的细胞湿质量或将其干燥至恒重后测出干质量;

(2) 测定微生物细胞的总氮量和总碳量;

(3) 测定微生物细胞的蛋白质。

测定微生物生物量的间接法是以测定细胞悬浮液浑浊度为基础的方法,它在测定微生物的生物量中是非常有用的,一般是以测量细胞悬浮液的光密度或浑浊度作为消光值。由于细胞的光散射受其大小、形态、折射指数、组成成分等因素的影响,所以用间接法测得的结果常常需要用直接法测出的参数(如干质量、氮含量、碳含量等)进行校正。此外,在某些情况下,也可以通过测定与微生物生长直接相关的反映代谢功能的参数(如氧的吸收量、产生的 CO_2 量或产酸量等)来衡量微生物的生长量。

2.4.2 影响微生物生长的环境因素

微生物的生长除了需要营养外,还受生活环境条件的制约。对微生物生长有明显影响的环境因素主要包括以下几个方面。

2.4.2.1 温度

任何一种微生物都有自己的生存温度范围,当环境温度超出此范围时,它们将无法生存。根据微生物对温度的适应情况,可以将它们分为低温性微生物、中温性微生物和高温性微生物 3 大类。就细菌来说,相应的生存温度范围分别为 -5~30℃、5~50℃和 30~80℃,其最佳生长温度范围分别为 5~10℃、25~40℃和 50~60℃。微生物在其最佳生长温度范围内能迅速生长繁殖。

高温能使微生物致死的主要原因是,微生物体内的蛋白质被高温严重破坏而发生凝固,呈现出不可逆变性,从而导致微生物死亡。热法灭菌操作就是基于这一原理进行的。

实践中常用的加热灭菌方法有干热灭菌法和湿热灭菌法两种。

最简单的干热灭菌法是用火烧灼(例如接种工具在酒精灯上烧灼灭菌)。还可以在干燥烘箱中利用热空气灭菌,也就是把待灭菌的物品洗净、晾干、包好后放在烘箱内,在 160℃的温度下维持 2 h,以达到灭菌的目的。

湿热灭菌最常用的是高压蒸汽灭菌法，灭菌操作是在高压蒸汽灭菌设备内进行的。为了保证灭菌效果，使用时必须完全排出设备中的冷空气，以饱和蒸汽充满设备内部，因为设备内含有冷空气时，虽然压力达到了要求，但其内部的温度却明显偏低。用高压蒸汽灭菌设备对含糖培养基进行灭菌时，常用 0.0549 MPa 的压强，灭菌 15 ~ 30 min；而对非含糖的培养基、生理盐水及其他物品灭菌时，则用 0.103 MPa 的压强，灭菌 15 ~ 30 min。

低温对微生物生长的影响与高温的情况有所不同，因为低温并不能使微生物致死，只能使它们处于休眠状态。处于低温下的微生物一旦获得适宜温度即可恢复活性，以原来的生长速度生长繁殖。所以，菌种通常都放置在 4℃ 的冰箱内保存。

2.4.2.2　pH 值

微生物的生命活动和物质代谢都与环境的 pH 值有着非常密切的关系，不同的微生物要求不同的环境 pH 值。例如，大多数细菌、藻类和原生动物的适宜 pH 值为 6.5 ~ 7.5，它们能适应的 pH 值范围为 4 ~ 10；氧化亚铁硫杆菌喜欢在酸性环境中生活，它的最适宜 pH 值为 2.0，可以在 pH 值等于 1.5 的环境中生活；放线菌在中性和偏碱性的环境中生长，以 pH 值 7.5 ~ 8.0 为最适宜；酵母菌和霉菌需要在酸性或偏酸性的环境中生活，最适 pH 值范围为 3 ~ 6。

pH 值不合适时对微生物生长产生的不利影响主要表现在：

（1）由于 pH 值的改变，会引起微生物表面的电荷改变，进而影响它们对营养物质的吸收；

（2）pH 值的改变会影响培养基中有机化合物的电离，从而改变它们渗入微生物细胞的难易程度，因为大多非离子状态化合物比离子状态化合物更容易渗入微生物的细胞；

（3）pH 值的改变会影响酶的活性，进而影响微生物细胞内生物化学过程的正常进行。

2.4.2.3　氧化还原电位

氧化还原电位通常用符号 *Eh* 表示，其单位是 V 或 mV。氧化环境具有正电位，还原环境具有负电位。在自然界中，*Eh* 的上限是 +0.82 V，此时环境中存在浓度很高的氧气（O_2），而且没有利用 O_2 的系统存在；

其下限是 -0.4 V，是充满氢气（H_2）的环境。一般来说，好氧微生物要求的 Eh 为 +0.3 ~ +0.4 V，Eh 低于 +0.1 V 时，生长困难；兼性厌氧微生物在 $Eh > +0.1$ V 时进行好氧呼吸，在 $Eh < +0.1$ V 时进行无氧呼吸；厌氧微生物则要求 Eh 为 -0.2 ~ -0.25 V。

2.4.2.4 溶解氧的浓度

根据微生物的呼吸与分子氧的关系，可以把它们分为好氧微生物、兼性厌氧（或兼性好氧）微生物和厌氧微生物三大类。

好氧微生物只能在有氧存在的条件下生存。属于这一类的微生物主要有芽孢杆菌属、假单胞菌属、动胶菌属、黄杆菌属、微球菌属、球衣菌属、硝化细菌、硫化细菌、大多数放线菌、霉菌及原生动物等。氧供应不足时，这类微生物的生长会受到严重影响。

兼性厌氧微生物具有脱氢酶和氧化酶，所以它们既能在无氧条件下生活，也能在有氧条件下生存。属于这一类的微生物主要有酵母菌和硝酸盐还原菌等。

厌氧微生物只能在无氧条件下生存，它们进行发酵或无氧呼吸。这一类的微生物主要有梭状芽孢杆菌属、脱硫弧菌属、产甲烷菌等。它们要求极低的氧化还原电位，所以接种和培养均需在无氧条件下进行。

2.4.2.5 辐射

除无线电波外，其他辐射一般都有生物学效应。例如，波长小于1000 nm的红外线可以被光合细菌用作能源；波长为 380 ~ 760 nm 的可见光是藻类进行光合作用的主要能源。紫外线、X 射线和 γ 射线对微生物都有一定程度的杀伤作用。实践中应用的紫外线灭菌方法就是基于这一原理。紫外线的波长范围为 200 ~ 390 nm，波长为 260 nm 左右的紫外线杀菌力最强，这是因为微生物细胞中的核酸、嘌呤、嘧啶以及蛋白质等对紫外线的吸收能力都特别强，DNA 和 RNA 对紫外线的吸收波峰就在 260 nm 处，当这些物质吸收大量的紫外线时，会引起 DNA 的结构发生变化，使其失去复制能力，从而导致微生物死亡。用于灭菌的紫外线灭菌灯是低压水银灯，能产生强烈的、波长为 253.7 nm 的紫外线，其杀菌力强且稳定。然而，由于紫外线的穿透力较差，不能穿透不透明的物质，甚至连一层玻璃都穿不透，所以它只能用来对空气和可直接照射到的物体表面进行灭菌。

2.4.2.6　有害物质

对微生物的生长能产生不利影响的有害物质主要有重金属盐类、卤素以及其他氧化剂和部分有机物。

汞、银、铜及其化合物可有效地杀菌和防腐，是蛋白质的沉淀剂。它们的杀菌作用主要是与生物酶中的巯基（—SH）结合，使酶失去活性，或与菌体蛋白质结合使之变性或沉淀。二氯化汞（$HgCl_2$）和硫酸铜（$CuSO_4$）的杀菌作用就是基于这一原理。

卤素是氧化剂，与其他氧化剂一样，具有较强的杀菌能力。硅氟氢酸（H_2SiF_6）、次氯酸钙（$Ca(ClO)_2$）、氯化钙（$CaCl_2$）、碘酊（3% ~ 7% 的碘溶于 70% ~ 83% 的乙醇中）、过氧化氢（H_2O_2）等都是常用的灭菌剂或消毒剂。

酚、醇、醛等有机化合物都能使蛋白质变性，从而导致微生物死亡。醇是脱水剂和脂溶剂，可以使蛋白质脱水、变性，溶解细胞质膜中的脂类物质，进而杀死微生物机体。甲醛是非常有效的杀菌剂，其 37% ~ 40% 的水溶液（福尔马林）是应用极广的消毒剂。酚及其衍生物、新洁尔灭（季胺盐类）等都是表面活性剂，都能引起蛋白质变性，破坏细胞质膜，从而导致微生物死亡。

当然，微生物并不是一遇见这些有害物质就立即死亡，只是它们所能承受的这些物质的浓度极低而已。

第3章　矿物加工工程中几种常用的微生物

3.1　处理硫化物矿石的微生物

硫化物矿石的共同特征是在其晶格内包含有还原态硫。因此，能影响硫的氧化还原反应的所有微生物，都有可能被用在这类矿石的处理工艺中。本节将重点讨论有关的菌种及其特性。

可用于处理硫化物矿石的微生物是多种多样的，目前已对其开展研究工作的有20余种。这些微生物按生长温度分为低温菌种（Mosophiles，温度为20～35℃）、中温菌种（Mederate Thernophiles，温度为40～55℃）和高温菌种（Thermophiles，温度为55℃以上）。对于低品位硫化物矿石，由于硫含量较低，氧化过程中温度升高不显著，因而适合使用中、低温微生物进行浸出。而对于高品位硫化物矿石浮选精矿的生物搅拌浸出，由于硫含量高，氧化过程中温度升高非常显著，适合用高温菌种。表3－1是一些用于处理硫化物矿石的微生物。

表3－1　几种微生物的特性

微生物名称	生长温度（最佳）/℃	生长pH值（最佳）	形态学特征Ⅰ	形态学特征Ⅱ
氧化亚铁硫杆菌	5～40 (28～35)	1.2～6.0 (2.5～2.8)	杆状，大小为(0.3～0.5)μm×(1.0～1.7)μm，典型的革兰氏阴性菌，单鞭毛，可动	严格好氧，严格无机化能自养，可氧化铁、还原态硫（S、$S_2O_3^{2-}$）及金属硫化物矿物
氧化亚铁钩端螺旋菌	5～40 (30)	1.5～4.0 (2.5～3.0)	螺旋状，大小为(0.2～0.4)μm×(0.9～1.1)μm，典型的革兰氏阴性菌，有鞭毛，可动	严格好氧，严格无机化能自养，可利用铁和黄铁矿为能源，但不能氧化硫
氧化硫硫杆菌	5～40 (28～30)	0.5～6.0 (2.0～3.5)	杆状，大小为(0.5～1.0)μm×2.0μm，典型的革兰氏阴性菌，单鞭毛，可动	严格好氧，严格无机化能自养，可氧化还原态硫（S、$S_2O_3^{2-}$），但不能氧化铁和金属硫化物矿物

续表 3 – 1

微生物名称	生长温度（最佳）/℃	生长 pH 值（最佳）	形态学特征 Ⅰ	形态学特征 Ⅱ
布赖尔利叶硫球菌	55 ~ 80（70）	1.0 ~ 5.09（2.0 ~ 3.0）	球状、大小为 0.8 ~ 1.0 μm，典型的革兰氏阴性菌，不可动	严格好氧，严格无机化能营养条件下可氧化 Fe^{2+}、S、金属硫化物矿物
嗜热硫氧化菌	20 ~ 60（50 ~ 55）	1.0 ~ 5.0（1.0 ~ 5.0）	杆状，典型的革兰氏阳性菌	严格好氧，严格无机化能营养条件下可氧化 Fe^{2+}、S、金属硫化物矿物，形成内生孢子

3.1.1　氧化亚铁硫杆菌

氧化亚铁硫杆菌（图 3 – 1）从二价铁和还原态硫的氧化过程中获得同化 CO_2 和生长所需要的能源，把 Fe^{2+} 氧化成 Fe^{3+} 可以提供维持其生长所需要的一切能量。这类细菌需要在低 pH 值条件下生长，通常对溶液中的金属离子表现出较强的耐力。除了能氧化 Fe^{2+} 外，这类细菌还能氧化无机硫化物，在以前的文献中出现的氧化亚铁硫杆菌和氧化铁杆菌均属此类。这类细菌是处理含硫矿石的工业菌种，也是在矿产。资源的微生物处理工艺中应用最多、适应性最强的一种细菌。氧化亚铁硫杆菌放大 10000 倍和 15000 倍的形貌见图 3 – 1。

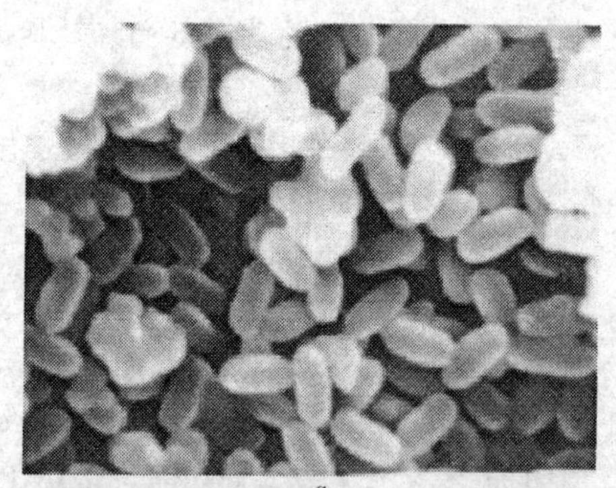

a

b

图 3 – 1　氧化亚铁硫杆菌的形貌

a—放大 10000 倍；*b*—放大 15000 倍

3.1.1.1　氧化亚铁硫杆菌的化学组成和培养基

经过长期的研究，现已查明氧化亚铁硫杆菌细胞的化学成分为：蛋白质 44%，脂类 26%，碳水化合物 15%，灰分 10%，以及两种以上的 B 族维生素。

氧化亚铁硫杆菌的细胞结构与其他革兰氏阴性细菌相似，半渗透性的细胞质膜是由三层适渗透压层和三层抗渗透压层组成，总计厚度为 12.5～21.5 nm。从外到内，各层是由脂蛋白、脂多糖、球蛋白和肽聚糖组成。其中的脂多糖层由庚糖、葡萄糖、半乳糖、甘露糖、2-酮基-3-脱氧辛酮糖酸盐等组成。铁大部分以高价态与脂多糖结合，表明铁可能作为这种基质的初始结合部。

工业生产或试验研究使用的氧化亚铁硫杆菌，一般都用西尔弗门（Silverman）培养基进行培养，这种培养基的配方为：

溶液Ⅰ：把 3.0 g 的 $(NH_4)_2SO_4$、0.1 g 的 KCl、0.5 g 的 K_2HPO_4、0.5 g 的 $MgSO_4 \cdot 7H_2O$ 和 0.01 g 的 $Ca(NO_3)_2$ 溶于700 mL 蒸馏水中。

溶液Ⅱ：把 44.2 g 的 $FeSO_4 \cdot 7H_2O$ 溶于 300 mL 蒸馏水中，再加入 1 mL 浓度为 5 mol/L 的硫酸溶液。

溶液Ⅰ在 0.1 MPa 下灭菌，溶液Ⅱ在 0.05 MPa 下灭菌，使用前把两种灭过菌的溶液混合。因这种培养基中 Fe^{2+} 的含量为 9 g/L，所以又称为 9 K 培养基。有时根据工作需要也可以配制 9/2 K 或 9/4 K 培养基对氧化亚铁硫杆菌进行培养。

用 9 K 培养基培养出来的微生物是以氧化亚铁硫杆菌为主的混合菌种，其中还含有氧化硫硫杆菌等其他一些硫杆菌属的细菌。若需要培养纯种的氧化亚铁硫杆菌，则需要用利瑟恩（Leathen）培养基，其配方为：

先把 0.15 g 的 $(NH_4)_2SO_4$、0.05 g 的 KCl、0.5 g 的 $MgSO_4 \cdot 7H_2O$、0.10 g 的 KH_2PO_4 和 0.01 g 的 $Ca(NO_3)_2 \cdot 4H_2O$ 溶于 1 L 蒸馏水中，在 0.1 MPa 下灭菌 30 min，然后再把 10 mL 10% 的 $FeSO_4 \cdot 7H_2O$ 溶液加酸调至 pH 值等于 3.5，并在 0.05 MPa 下灭菌 30 min，最后把两种溶液混合，并把 pH 值调到 3.5 备用。

3.1.1.2 氧化亚铁硫杆菌的代谢

A 二氧化碳的固定

所有的氧化亚铁硫杆菌都能生长在严格的自养条件下，利用从二价铁或无机硫化物的氧化过程中释放出的能量固定二氧化碳，并从中获得生物合成所需要的全部碳源。和其他各种自养微生物一样，二氧化碳固定作用的机制是还原戊糖磷酸盐的卡尔文循环和由卡尔文循环产生的磷酸烯醇丙酮酸盐（PEP）的次生羧化作用。通过对无细胞提取物进行分析，证明有参与卡尔文循环的酶类存在。例如，添加核酮糖二磷酸盐（RuDP）后，提取物能保持二氧化碳固定作用；但添加核糖5-磷酸盐（RMP）或果糖二磷酸盐或3-磷酸甘油醛后，核酮糖磷酸盐（RuMP）的合成则需要ATP。利用RMP和ATP或ADP时，1 μmol ATP或ADP能固定1.5 μmol或0.5 μmol CO_2。其反应过程可表示为：

$$\mathrm{RMP} \rightleftharpoons \mathrm{RuMP} \tag{3-1}$$

$$\mathrm{RuMP + ATP} \rightleftharpoons \mathrm{RuDP + ADP} \tag{3-2}$$

$$\mathrm{2ADP} \rightleftharpoons \mathrm{ATP + AMP} \tag{3-3}$$

因此有：

$$\mathrm{3RuMP + 2ATP} \rightleftharpoons \mathrm{3RuDP + AMP + ADP} \tag{3-4}$$

$$\mathrm{3RuDP + 3CO_2} \rightleftharpoons \mathrm{3PGA} \tag{3-5}$$

式中，PGA是磷酸甘油酸的简写。

研究结果表明，氧化亚铁硫杆菌对 CO_2 的固定作用明显受 CO_2 分压的影响。例如，当 CO_2 的体积分数约为0.15%时，每消耗100 μmol氧气仅能固定0.7 μmol的 CO_2；而当 CO_2 的体积分数约为2.4%时，每消耗100 μmol氧气则能固定1.8 μmol的 CO_2。按后一种 CO_2 的固定效率计算，按反应：

$$\mathrm{4Fe^{2+} + O_2 + 4H^+} \rightleftharpoons \mathrm{4Fe^{3+} + 2H_2O} \tag{3-6}$$

每氧化1 mol Fe^{2+} 需消耗250 mmol的 O_2，因而可以固定4.5 mmol的 CO_2。4.5 mmol的 CO_2 含有54 mg碳，若按细胞干物质含50%的碳计算，每氧化1 mol Fe^{2+} 能产出细胞干质量为108 mg的细菌。

另一方面，若使1 L 9 K培养基中的9 g（161 mmol）Fe^{2+} 完全氧化成 Fe^{3+}，则需要消耗约40.25 mmol的 O_2。按照前边提到的 CO_2 固定速率，分别可以固定约0.28 mmol和0.72 mmol的 CO_2。通常，1 L水中溶解的 O_2 和 CO_2 分别为0.245 mmol和0.0085 mmol，因此，氧化9 g Fe^{2+} 所消耗的 O_2 和 CO_2 量分别为培养基中所能溶解量的164倍和33倍。由此可见，在活泼培养物中，任何一种气体都可能成为细菌生长的制约因素。为了解决这一问题，无论是在氧化亚铁硫杆菌的培养过程中，还是在用它们进行的矿石浸出处理过程中，都必须采用某种方式进行充气，以满足对 O_2 和 CO_2 的需求。

B 二价铁的氧化

一般认为，氧化亚铁硫杆菌按下列反应把 Fe^{2+} 氧化成 Fe^{3+}：

$$4FeSO_4 + 2H_2SO_4 + O_2 = 2Fe_2(SO_4)_3 + 2H_2O \quad (3-7)$$

在最适应细菌生长的 pH 值条件下，由微生物催化的氧化作用比无机氧化速度快 10 万 ~ 100 万倍，每毫克细胞的耗氧量最高可达 21 mL/h。之所以有如此惊人的速度，主要是因为氧化亚铁硫杆菌具有在铁中生长的固有特性，它们氧化 Fe^{2+} 的能力可以长期保持。在这里引用一个非常有趣的试验结果，也许更具有说服力，有人曾把氧化亚铁硫杆菌在缺少可氧化铁的硫代硫酸盐培养基上移植了 80 多次，历时 420 多天，此后，又把它们移植到含有 Fe^{2+} 的培养基中，结果发现，它们立即就表现出了对二价铁的氧化能力。

氧化亚铁硫杆菌对 Fe^{2+} 氧化过程的催化机理是相当复杂的，到目前为止，尚没有彻底研究清楚。一个为多数研究者接受的观点是，Fe^{2+} 首先被细胞质膜中的脂多糖束缚着，在细胞外形成脂多糖 - 磷脂 - 二价铁复合物，这种复合物与细胞质膜相结合，在二价铁氧化过程中起着底物的重要作用，因为它能为细菌体内细胞色素系统的电子传递提供电子，从而在细胞界面上发生 $Fe^{2+} \rightarrow Fe^{3+}$ 的转变。整个电子传递途径为：黄素蛋白→辅酶 Q_6→细胞色素 c→细胞色素 a→O_2。前两者束缚铁，把电子从 Fe^{2+} 产物中运载到氧化的细胞色素 c 中，从而使 Fe^{2+} 的电子进入以细胞色素 c 为起点的电子传递链，然后经过细胞色素 a 到达电子的最终受体 O_2。在有 Fe^{2+} 存在时，氧化亚铁硫杆菌的世代时间一般为 6.5 ~ 15h。

C 对无机硫化合物的氧化作用

氧化亚铁硫杆菌的所有菌系都可以借助于硫或硫代硫酸盐氧化成硫酸盐而生长。在硫上的世代时间一般为 10 ~ 25 h，约是在铁上世代时间的 2 倍。值得注意的是，在有些情况下，氧化亚铁硫杆菌在元素硫或硫代硫酸盐上生长需要一个很长的适应期，使得世代时间延长到 36 h 以上。

其次，氧化亚铁硫杆菌氧化元素硫的速度远远不及氧化二价铁的速度，而氧化硫代硫酸盐的速度比氧化元素硫的速度还要慢。这是因为，在微生物的作用下，硫代硫酸盐先被分解为硫（硫化物）和亚硫酸盐，然后在细胞色素 c 氧化还原酶的作用下，元素硫被氧化成亚硫酸盐，最后再把亚硫酸盐进一步氧化成硫酸盐。

已经查明，氧化亚铁硫杆菌中存在3种催化硫代硫酸盐氧化反应必不可少的酶，即硫代硫酸盐氧化酶、硫氰酸酶和硫氧化酶。其中前两种酶主要对硫代硫酸盐的活化和裂解起催化作用，而后一种酶则只在有元素硫可以被正处于生长期的细菌利用时才起作用。

3.1.1.3 氧化亚铁硫杆菌的生态学

氧化亚铁硫杆菌的生态学研究主要包括以下几个方面：

A 温度

氧化亚铁硫杆菌是一种典型的中温性微生物，适宜的生长温度为25～30℃，它们的代谢活性在温度超过40℃以后，明显下降，在50℃或更高温度时，残留活性甚微。尽管有研究者曾经从温度为50～60℃的褐煤中分离出来过氧化亚铁硫杆菌的菌系，但在实验室内用同样的温度条件进行的微生物培养试验却没能成功。

B 酸度（pH）和氧化还原电位（*Eh*）

氧化亚铁硫杆菌适宜在酸性环境中生存。氧化二价铁的初始 pH 值一般要求在2.0～3.5之间，而氧化硫化物或元素硫的初始 pH 值为4.0～5.5之间，随着氧化反应的进行，环境的 pH 值不断下降。实践表明，当 pH 值降到1.0以下时，氧化亚铁硫杆菌的活性会明显下降，因此，当出现这种情况时，必须采取措施，使 pH 值恢复到2.0～2.5之间，以利于微生物的生长。

另一方面，由于降低 pH 值能引起 CO_2 的释放，即有下列反应发生：

$$CO_3^{2-} + H^+ \rightleftharpoons HCO_3^- \tag{3-8}$$

$$HCO_3^- + H^+ \rightleftharpoons H_2CO_3 \rightleftharpoons CO_2 + H_2O \tag{3-9}$$

致使液相中 CO_2 的溶解度下降，进而影响氧化亚铁硫杆菌的发育。为了弥补酸性环境造成的不利影响，无论是在实验室内，还是在生产过程中，都需要采取措施，增加 CO_2 的供给。

其次，氧化亚铁硫杆菌作为一种需氧微生物，需要在周围环境中有一个正的氧化还原电位。在这种细菌发育过程中的对数生长期，由于二价铁氧化过多而可以使环境的 *Eh* 从320 mV 升高到580 mV。

C 营养物质

氧化亚铁硫杆菌的营养物质主要包括氧、二氧化碳、氮、磷酸盐、硫酸盐和镁。

a 氧和二氧化碳

氧是氧化亚铁硫杆菌氧化无机能源的最终电子受体，因此，氧化亚铁硫杆菌对氧的需求量与它们对无机物的氧化速率形成对应关系。

二氧化碳作为氧化亚铁硫杆菌的唯一碳源，是这种微生物生长过程中必不可少的。

虽然，目前还无法准确地说明在氧化亚铁硫杆菌的生长发育过程中，培养基实际需要的通气量，但借助搅拌或振荡可以明显促进这种微生物的生长，以及通气条件是氧化亚铁硫杆菌浸出矿石的重要制约因素等事实，已充分证明，适量的氧和二氧化碳供应对氧化亚铁硫杆菌的生长是极其重要的。

b 氮

尽管在某些情况下，丙氨酸、谷氨酸、赖氨酸、精氨酸、组氨酸等氨基酸类物质可以作为氧化亚铁硫杆菌的氮源，但一般来说，铵态氮是这种细菌的最适宜氮源。另一方面，由于氧化亚铁硫杆菌的酸性培养基能吸收大气中的氨，加之这类微生物本身能固定大气中的氮，所以，即使是在培养基中不加氮化物，它们的生长也不会完全停止，只是繁殖速度很低而已。

c 磷酸盐

磷酸盐作为核甙酸及其衍生物、磷脂、某些酶和能量代谢中的一种组分，是微生物所必需的，氧化亚铁硫杆菌当然也不例外。当磷酸盐供应不足时，二氧化碳的固定、细菌的生长及同化、各种能源的氧化等都会受到限制。实践已经证明，添加磷酸盐可以明显提高氧化亚铁硫杆菌氧化底物和固定二氧化碳的能力。

另一方面，磷酸盐添加过量时又会抑制氧化亚铁硫杆菌对某些能源、特别是对硫化物矿物的氧化作用。这常常是由于过量的磷酸盐阳离子和底物之间发生了某些化学反应，并在底物表面产生了有害沉淀所致。此外，磷酸盐的影响在一定程度上还取决于环境的酸碱度，因为在低 pH 值（小于 1.8）条件下，并不产生沉淀。

d 硫酸盐

硫酸盐不仅是可用作生物合成的唯一硫源，氧化亚铁硫杆菌的其他一些酶起作用时也需要它。目前已从研究工作中发现，微生物对硫酸盐的需要量明显高于只供应氨基酸生物合成所需要的量。这表明，硫酸盐除了作为微生物的硫源以外，还是氧化亚铁硫杆菌的一种生态因素，致使氧化亚铁硫杆菌对它表现出专性需要。当用各种氯化物或硝酸盐等盐类代替硫酸盐和硫酸时，氧化亚铁硫杆菌对 Fe^{2+} 的氧化会受到严重抑制。然而，当氧化亚铁硫杆菌在硫上生长或用于氧化硫化物矿物时，并不需要添加硫酸盐，因为在这些情况下，硫酸盐作为氧化过程的产物会源源不断地提供给它们。

e　镁

镁是氧化亚铁硫杆菌的某些酶活动所需要的一种微量元素。在这种微生物的培养基中所需要的镁的量，一般是硫酸盐需要量的1/10。由于天然水的镁含量已明显超过维持氧化亚铁硫杆菌生长发育所需要的量，所以镁虽然是这种细菌生长所必需的微量元素，但在氧化亚铁硫杆菌的浸矿工艺过程中并不需要另外添加。

D　对溶解离子的反应

人们早已熟知，水溶液中的重金属离子对一切生物都有一定程度的毒害作用，氧化亚铁硫杆菌也当然不能免受其害。但值得注意的是，与金属离子相比，某些阴离子对这种细菌的毒害更大。

a　阳离子

氧化亚铁硫杆菌在铁、硫或硫化物矿物上生长时，能承受浓度相当高的多种溶解金属离子。但是，即使是很低的金属离子浓度，也能明显抑制这种菌在硫代硫酸盐上的生长发育。表3－2列出了几种阳离子对氧化亚铁硫杆菌活性的影响情况。从表3－2中可以看出，CO_2 的固定对金属离子的敏感性要高于 Fe^{2+} 的氧化对金属离子的敏感性。

表3－2　几种阳离子对氧化亚铁硫杆菌活性的影响情况

阳　离　子	浓度/mol · L^{-1}	抑制程度/%	
		Fe^{2+} 的氧化	CO_2 的固定
Co^{2+}	1.0	40	
	0.1	0	

续表 3-2

阳离子	浓度/mol·L^{-1}	抑制程度/%	
		Fe^{2+}的氧化	CO_2的固定
Zn^{2+}	1.0	34	
	0.1	0	
Ni^{2+}	1.0	75	95
	0.1	0	0
Cu^{2+}	1.0	30	95
	0.5	14	73
	0.1	7	24
UO_2^{2+}	0.05	14	78
	0.01	4	59

当然，细菌对特定金属离子的耐力并非一成不变，这种耐力既因菌株原来的生态环境不同而异，又能随着接触时间的延长而不断增加。这一点同各种害虫或病菌在体内产生抗药性完全一致。

b 阴离子

表3-3是一些阴离子抑制氧化亚铁硫杆菌氧化Fe^{2+}的情况。表3-3中所列的数据表明，除了亚砷酸根、砷酸根和硫酸根3种阴离子对氧化亚铁硫杆菌的生长没有抑制作用外，其他阴离子都不同程度地抑制这种细菌的生长。正是由于钼酸根离子对氧化亚铁硫杆菌的毒性较大，所以不能用这种微生物对硫化钼矿石进行细菌浸出。

表3-3 一些阴离子抑制氧化亚铁硫杆菌氧化Fe^{2+}的情况

化合物	浓度/mol·L^{-1}	抑制程度/%
亚砷酸钠	0.025	0
砷酸钠	0.025	0
氟化钠	0.00025	100
氰化钠	0.00024	99
钼酸钠	0.001	85
硝酸钠	0.07	40
	0.094	100

续表 3－3

化　合　物	浓度/mol · L^{-1}	抑制程度/%
氯化钠	0.086	50
	0.172	90
氯化钾	0.257	90
硫酸钠	0.14	0

除了表中所列的阴离子以外，一些阴离子型浮选药剂（如乙基黄药阴离子和丁铵黑药阴离子）对氧化亚铁硫杆菌的生长也有明显的抑制作用（见图 3－2 和图 3－3）。但非常有趣的是，同样是浮选药剂的丁基黄药、异丁基黄药和松醇油对氧化亚铁硫杆菌生长的抑制作用却很小（见图 3－4 ~ 图 3－6）。

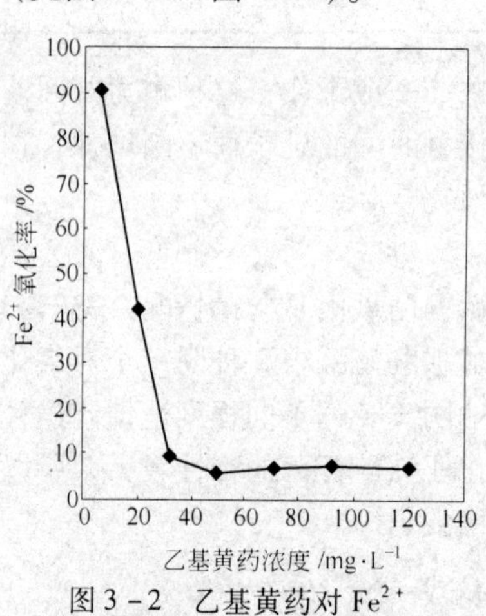

图 3－2　乙基黄药对 Fe^{2+} 氧化的影响（时间：48 h）

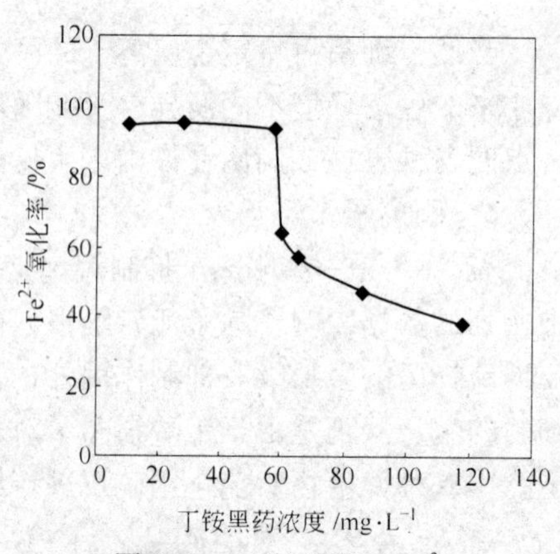

图 3－3　丁铵黑药对 Fe^{2+} 氧化的影响（时间：48 h）

在不同的乙基黄药浓度下，氧化亚铁硫杆菌使 Fe^{2+} 完全氧化所需的时间如表 3－4 所示。

E　对硫化物矿物浸出的催化作用

在硫化矿的微生物浸出过程中，氧化亚铁硫杆菌的作用主要表现在两个方面，即直接催化作用和间接催化作用。

氧化亚铁硫杆菌对硫化矿浸出过程的直接催化作用是指这种细菌对固体硫化物氧化成可溶性盐的反应有催化作用，能直接加速硫化矿的浸出过程。实践已经证明，氧化亚铁硫杆菌对下列氧化反应有明显的催化作用：

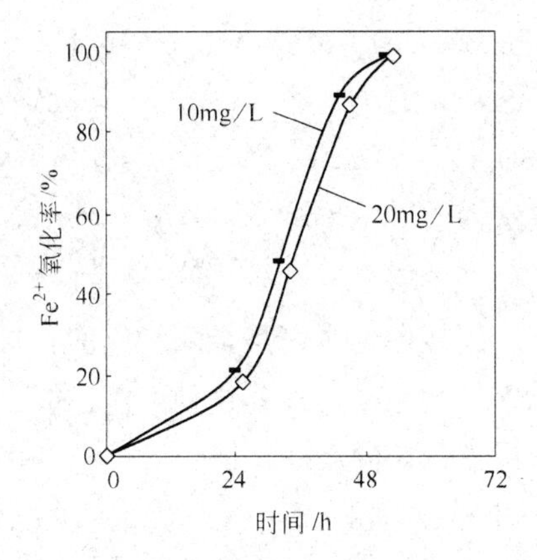

图3-4 丁基黄药浓度对细菌生长速度的影响

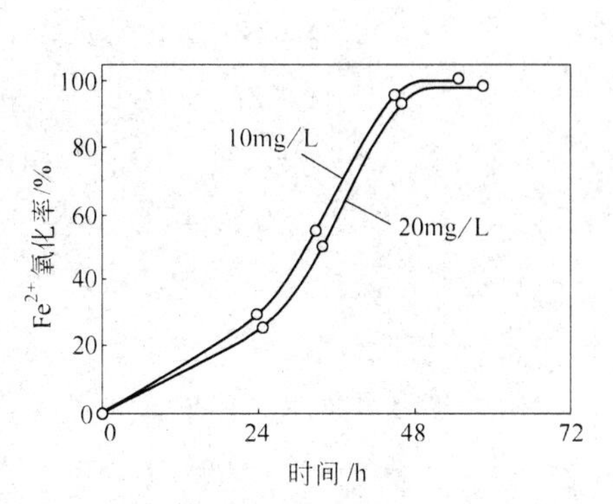

图3-5 异丁基黄药浓度对细菌生长速度的影响

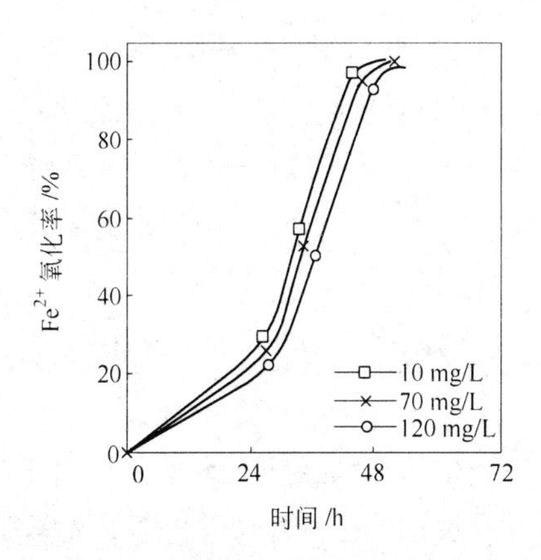

图3-6 松醇油对细菌生长速度的影响

表3-4 氧化亚铁硫杆菌使 Fe^{2+} 完全氧化所需的时间

乙基黄药浓度/mg·L^{-1}	10	30~50	70	90	120
细菌完全氧化 Fe^{2+} 的时间/h	60	192	216	264	312

$$2FeS_2 + 2H_2O + 7O_2 \longrightarrow 2FeSO_4 + 2H_2SO_4 \tag{3-10}$$

$$4FeAsS + 6H_2O + 13O_2 \longrightarrow 4H_3AsO_4 + 4FeSO_4 \tag{3-11}$$

$$2MoS_2 + 6H_2O + 9O_2 \longrightarrow 2H_2MoO_4 + 4H_2SO_4 \tag{3-12}$$

$$CuFeS_2 + 2H_2SO_4 + O_2 \longrightarrow CuSO_4 + FeSO_4 + 2S + 2H_2O \quad (3-13)$$

$$2Cu_2S + 2H_2SO_4 + 5O_2 \longrightarrow 4CuSO_4 + 2H_2O \quad (3-14)$$

$$ZnS + 2O_2 \longrightarrow ZnSO_4 \quad (3-15)$$

$$4CoAsS + 6H_2O + 13O_2 \longrightarrow 4H_3AsO_4 + 4CoSO_4 \quad (3-16)$$

$$Sb_2S_3 + 6O_2 \longrightarrow Sb_2(SO_4)_3 \quad (3-17)$$

氧化亚铁硫杆菌对硫化物矿物浸出的间接催化作用是指除了它们直接催化的矿物浸出反应产生的硫酸高铁 $Fe_2(SO_4)_3$ 之外，这种细菌还能催化矿石浸出过程中产生的二价铁氧化成三价铁的反应，即：

$$4FeSO_4 + O_2 + 2H_2SO_4 \longrightarrow 2Fe_2(SO_4)_3 + 2H_2O \quad (3-18)$$

这些反应产生的硫酸高铁是一种强氧化剂，能使许多种硫化物矿物发生氧化，例如：

$$FeS_2 + Fe_2(SO_4)_3 \longrightarrow 3FeSO_4 + 2S \quad (3-19)$$

$$Cu_2S + 2Fe_2(SO_4)_3 \longrightarrow 2CuSO_4 + 4FeSO_4 + S \quad (3-20)$$

$$CuS + Fe_2(SO_4)_3 \longrightarrow CuSO_4 + 2FeSO_4 + S \quad (3-21)$$

$$CuFeS_2 + 2Fe_2(SO_4)_3 \longrightarrow CuSO_4 + 5FeSO_4 + 2S \quad (3-22)$$

$$2Cu_5FeS_4 + 2Fe_2(SO_4)_3 + 17O_2 \longrightarrow 10CuSO_4 + 4FeSO_4 + 2FeO \quad (3-23)$$

$$2FeAsS + Fe_2(SO_4)_3 + 4H_2O + 6O_2 \longrightarrow 2H_3AsO_4 + 4FeSO_4 + H_2SO_4 \quad (3-24)$$

上述反应过程中产生的硫酸亚铁 $FeSO_4$ 在氧化亚铁硫杆菌的催化作用下，再次被氧化成高价铁 $Fe_2(SO_4)_3$；产生的元素硫则在氧化亚铁硫杆菌的催化作用下，按如下反应氧化成硫酸：

$$2S + 2H_2O + 3O_2 \longrightarrow 2H_2SO_4 \quad (3-25)$$

另外，氧化亚铁硫杆菌对硫化物矿物浸出过程的间接催化作用还表现在，它们直接催化的矿物氧化反应有相当一部分产生硫酸，从而造成酸性环境，有利于一些硫化物矿物、特别是硫化铜矿物的浸出。

F　对黄铁矿表面性质的影响

含有氧化亚铁硫杆菌的溶液是一个复杂的体系。许多研究表明，氧化亚铁硫杆菌及其分泌物的吸附会影响黄铁矿的表面性质。蛋白质属于两性物质，在不同 pH 值的溶液中其电性发生改变，这必然引起氧化亚铁硫杆菌细胞表面荷电情况改变，对吸附有氧化亚铁硫杆菌细胞的黄铁矿来说，其表面电性也必然受到影响。另一方面，氧化亚铁硫杆菌细胞表面及其各种分泌物具有不同的润湿性，吸附后也同样会对黄铁矿的表面性质产生影响。

使 pH = 1.97 以及经处理后 pH = 5.0 的氧化亚铁硫杆菌应用液（蛋白质浓度为 0.075 ± 0.005 g/L）和分离出氧化亚铁硫杆菌后的应用液（主要含有氧化亚铁硫杆菌分泌物，以下称氧化亚铁硫杆菌分泌液）分别与黄铁矿作用后，在不同 pH 值的水介质中检测黄铁矿的动电位 ξ 和表面接触角 θ 的变化，其结果如图 3 - 7 和表 3 - 5 所示。

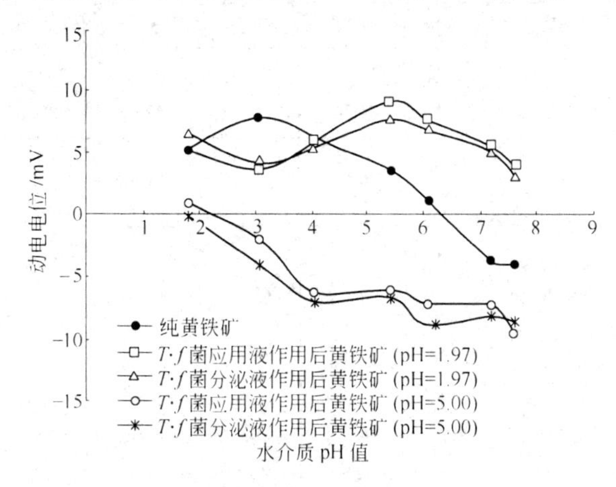

图 3 - 7 黄铁矿与氧化亚铁硫杆菌应用液及其分泌液作用前后的动电电位

图 3 - 7 中的测试结果表明，氧化亚铁硫杆菌及其分泌物在黄铁矿表面的吸附能明显改变其表面电性。P. K. 莎玛等人通过电泳试验测定在黄铁矿中驯化的氧化亚铁硫杆菌的零电点约为 pH = 3.3，这主要是由蛋白质决定的。黄铁矿的零电点为 pH = 6.2 ~ 6.9，因此当溶液的 pH 值在 3.3 ~ 6.2 之间时静电引力将有利于氧化亚铁硫杆菌和蛋白质在黄铁矿表面吸附。

细菌的趋化性是促使氧化亚铁硫杆菌在黄铁矿表面吸附的另一重要因素。氧化亚铁硫杆菌氧化二价铁的初始 pH 值一般在 2.0 ~ 3.5 之间，氧化硫化物或元素硫的初始 pH 值为 4.0 ~ 5.5 之间，当 pH 值小于 1.0

时，氧化亚铁硫杆菌的活性明显下降。当氧化亚铁硫杆菌的活性较高时，其生理代谢活跃，此时对黄铁矿的吸附，氧化亚铁硫杆菌的趋化性的作用强于静电力的作用，氧化亚铁硫杆菌在 pH = 2.0 ~ 3.3 的环境中能很好地氧化黄铁矿证明了这一点。当 pH > 5.5 时，黄铁矿表面的电性减弱，直至出现负电性，氧化亚铁硫杆菌的活性亦有所降低，因此吸附作用将会减弱。趋化性和静电引力是氧化亚铁硫杆菌及其分泌物在黄铁矿表面吸附的重要因素，所以选择适宜 pH 值的溶液对强化吸附作用非常重要。

表 3－5　氧化亚铁硫杆菌应用液及其分泌液与黄铁矿表面作用前后接触角 θ 的测试结果

水介质 pH 值			3.06	4.03	5.41	6.10	7.63
纯黄铁矿		范围/(°)	17.62 ~ 21.44	16.43 ~ 20.08	20.41 ~ 22.29	26.19 ~ 30.67	15.27 ~ 20.27
		均值/(°)	19.85	18.13	21.59	29.04	17.56
pH = 1.97	氧化亚铁硫杆菌应用液作用后黄铁矿	范围/(°)	19.55 ~ 23.93	20.22 ~ 24.75	21.04 ~ 25.36	20.52 ~ 24.37	19.74 ~ 23.10
		均值/(°)	21.14	22.76	23.55	22.54	21.40
	氧化亚铁硫杆菌分泌液作用后黄铁矿	范围/(°)	26.47 ~ 30.29	20.01 ~ 24.98	23.43 ~ 28.05	26.37 ~ 29.84	26.03 ~ 30.15
		均值/(°)	29.13	22.61	25.86	27.22	27.44
pH = 5.0	氧化亚铁硫杆菌应用液作用后黄铁矿	范围/(°)	25.98 ~ 30.14	23.05 ~ 27.87	21.32 ~ 25.09	20.98 ~ 25.46	20.05 ~ 23.94
		均值/(°)	28.85	24.04	22.83	23.01	22.05
	氧化亚铁硫杆菌分泌液作用后黄铁矿	范围/(°)	28.47 ~ 32.43	24.72 ~ 28.85	23.02 ~ 25.89	21.47 ~ 25.36	20.20 ~ 24.96
		均值/(°)	29.23	26.72	24.42	23.47	22.96

由表3－5中的测试结果可知，黄铁矿与氧化亚铁硫杆菌应用液及分泌液作用前后其表面的润湿性变化比较复杂。黄铁矿表面与水介质之间同时存在着色散力和极性力的相互作用。根据 Kaelble 的观点，界面自由能为：

$$\gamma_{sl} = \gamma_{lg} + \gamma_s^n - 2(\gamma_s^d \gamma_{lg}^d)^{1/2} - 2(\gamma_s^p \gamma_{lg}^p)^{1/2} \qquad (3-26)$$

式中 γ_{sl}——固液界面自由能，J/m^2；

γ_{lg}——液体表面自由能，J/m^2；

γ_s^n——固体在真空中的表面自由能，J/m^2；

γ_s^d——固体表面自由能的色散部分；

γ_{lg}^d——液体表面自由能的色散部分；

γ_s^p——固体表面自由能的极性部分；

γ_{lg}^p——液体表面自由能的极性部分。

把式（3－26）代入杨氏方程：$\gamma_{sg} = \gamma_{sl} + \gamma_{lg}\cos\theta$，并忽略$(\gamma_{sg} - \gamma_s^n)/\gamma_{lg}$项，得：

$$\gamma_{lg}(1 + \cos\theta) = 2(\gamma_s^d \gamma_{lg}^d)^{1/2} + 2(\gamma_s^p \gamma_{lg}^p)^{1/2} \qquad (3-27)$$

对于在同一 pH 值的水介质中测量不同黄铁矿表面的接触角的过程而言，γ_{lg}、γ_{lg}^d、γ_{lg}^p均为定值，γ_s^d 的变化很小，当接触角 θ 增大时，γ_s^p 将会减小，即极性表面能将减小，而表面电性是影响极性表面能的重要因素。结合 ξ 电位的测试结果可以看出，对于同一黄铁矿表面（如纯净的黄铁矿表面和 pH＝5.0 的氧化亚铁硫杆菌应用液及其分泌液作用后的黄铁矿表面），在不同 pH 值的水介质中测试，接触角的最大值位于等电点附近，两者存在一定的关系。

A. M. Raichur 等人分别在乙烷、庚烷、癸烷、十二烷、十四烷、十六烷中对几种不同来源的纯净黄铁矿的表面接触角进行了测试和计算，结果表明，在等电点附近，黄铁矿表面的极性表面能最低。

因此，接触角的变化是由于在不同 pH 值的水介质中，黄铁矿表面的极性表面能的变化引起的。当黄铁矿表面电性较弱时，其表面自由能亦较低，与水分子的作用减弱，因而接触角较大。

表3－5中的测试结果还表明，在多数条件下（pH＝6.10 的水介质除外），与氧化亚铁硫杆菌应用液及其分泌液作用后，黄铁矿表面的接触角变大，因而降低了黄铁矿的表面自由能。

3.1.2 还原硫的细菌

能还原硫的细菌广泛分布在海水、淡水和陆地环境中。这类细菌生存的主要条件是：还原环境，有硫酸根离子或元素硫存在，有适当的能源供应。这3个条件的适宜结合在很大程度上决定了自然界中硫还原细菌的生长和代谢作用。

依据通常的分类原则，硫还原细菌可以归于脱硫弧菌和脱硫肠状菌两个属。两者都是严格的厌氧杆菌，它们包含有细胞色素，利用硫酸盐及其他一些含有氧化态硫的化合物（SO_3^{2-}、$S_2O_3^{2-}$）或者元素硫作为电子受体，使它们还原而生成 H_2S。只是脱硫肠状菌属的细菌是喜温生物，可以在高达70℃的温度下生长，而脱硫弧菌属的细菌则适宜生长在35℃左右的环境中。

一般来说，硫酸盐还原细菌只局限于在含有有机化合物的环境中生存，它们以这些有机化合物作为生长的能源。脱硫弧菌属的菌株能用作能源的化合物主要有乳酸盐、丙酮酸盐、苹果酸和琥珀酸等。由于这些细菌不能把酮戊二酸盐转化成琥珀酸盐，所以有机物基质中的碳不能被它们完全氧化成 CO_2，而是有一部分以醋酸盐的形式排出。例如，在脱硫弧菌的作用下，乳酸盐与硫酸盐可以发生如下的氧化还原反应：

$$2CH_3CHOHCOO^- + SO_4^{2-} \longrightarrow 2CH_3COO^- + 2HCO_3^- + H_2S \quad (3-28)$$

在上述反应中，硫酸盐经历了8个电子的转移，使有机物基质氧化。每消耗1 mol的 SO_4^{2-} 可以形成2mol的 HCO_3^-。

另一方面，大多数脱硫弧菌属的细菌含有氢化酶，因而，它们也能以 H_2 作为能量基质，即有：

$$4H_2 + SO_4^{2-} + 2H^+ \longrightarrow 4H_2O + H_2S \quad (3-29)$$

同样，脱硫肠状菌属的一些种类微生物也可以把乳酸盐或丙酮酸盐氧化成醋酸盐和 CO_2；而另外一些种类的微生物则可以将短链脂肪酸（如醋酸）完全氧化，生成 CO_2，其反应方程式为：

$$CH_3CHOHCOO^- + H_2O + OH^- \longrightarrow CH_3COO^- + HCO_3^- + 2H_2 \quad (3-30)$$

$$CH_3COO^- + SO_4^{2-} \longrightarrow 2HCO_3^- + HS^- \quad (3-31)$$

另外，菲宁（Pfenning）和比布尔（Biebl）于1976年从混合培养基中分离出了一种与荧光自养的绿硫细菌生长在一起的细菌，它的特性与在缺氧的海水和淡水环境中发现的非常相像，它们都能把元素硫还原成 H_2S，但却不能还原硫酸根。它们以醋酸盐、乙醇或丙醇作为能量和碳源，并在电子受体 S^0 的参与下，把它们氧化成 CO_2，其化学反应式为：

$$CH_3COOH + 4S^0 + 2H_2O \longrightarrow 2CO_2 + 4H_2S \tag{3-32}$$

3.1.3 无色硫细菌

无色硫细菌是需氧微生物。这类细菌的共同特点是能利用氧化硫化物或其他含有还原态硫的化合物，它们可以从这一氧化反应过程中获得能量，从而得以自养生长。

无色硫细菌的分类如表3－6所示，这类细菌从形态学方面及生理学方面构成多种多样的类型。目前人们了解得最多的是能氧化一系列还原态硫的硫杆菌属。这一属的微生物是小型杆菌，广泛分布于沉积物及土壤中。其他大多数无色硫细菌为大型化的细胞，专门利用氧对 H_2S 进行氧化。

表3－6 无色硫细菌的分类及特征

科	特有特征	属例
亲缘关系未确定的属	杆状或球状菌体，有运动能力的种、属具有端部或周生鞭毛，一些 S^0 微滴在细胞中沉淀	硫杆菌属、硫螺菌属、卵硫菌属、大单胞菌属
贝氏菌科	菌体呈丝状且分节，以滑动式运动，H_2S 存在时有 S^0 微滴	贝氏菌属、发硫菌属
无色菌科	菌体含巨大卵形细胞，S^0 微滴及 $CaCO_3$ 为内含物	无色菌属

无色硫细菌对 H_2S 的氧化常常需要借助于形成中间产物——元素硫 S^0 而得以完成。例如贝氏硫菌属的细菌，在光学显微镜下可以看到细胞中的硫呈折光的小微滴出现。利用这一特征，很容易辨认出大部分无色硫细菌。在电子显微镜下对贝氏硫菌属的微生物细胞中的硫微滴进行的进一步检查结果表明，硫实际上并非存在于细胞内部，而是处于细

胞膜和细胞壁之间，这些硫微滴再进一步被氧化成硫酸根。整个氧化过程可表示为：

$$2H_2S + O_2 \longrightarrow 2S^0 + 2H_2O \tag{3-33}$$

$$2S^0 + 3O_2 + 2H_2O \longrightarrow 2H_2SO_4 \tag{3-34}$$

应该指出，硫氧化的生物化学过程是非常复杂的，到目前为止，对这种生化过程进行的研究绝大多数是采用硫杆菌进行的，但硫杆菌在细胞中并不形成硫微滴。只是由于它们能利用除 H_2S 以外的含还原态硫的化合物，因而有可能在化学性质稳定的培养基中对它们进行研究。综合已有的研究资料，可以认为硫杆菌对硫化物的氧化过程按下列顺序进行：

$$\begin{array}{l} H_2S \longleftrightarrow S^0 \longrightarrow SO_3^{2-} \longrightarrow SO_4^{2-} \\ \quad\quad \downarrow \\ S_2O_3^{2-} \longrightarrow S_4O_6^{2-} \end{array} \tag{3-35}$$

其中，硫代硫酸盐（$S_2O_3^{2-}$）、连多硫酸盐（$S_4O_6^{2-}$）和亚硫酸盐（SO_3^{2-}）作为 S^{2-} 和 S^0 氧化成硫酸根（SO_4^{2-}）的中间产物出现。

3.1.4 光合自养硫细菌

专门氧化 H_2S 的另一大类微生物是光合自养硫细菌。这一类群的细菌是厌氧微生物，它们能在光线照射下，利用还原态的硫化物（如 H_2S 或 S^0）作为电子供体，去同化 CO_2。这种光合作用称为不产生氧的光合作用。也就是说，这种光合作用过程并没有氧气放出，只涉及一种光系统；而植物释放氧气的光合作用则要求有两个光系统。在这一类群细菌的作用下，H_2S 首先被氧化成元素硫 S^0，随后，硫再被氧化成硫酸，其化学反应为：

$$CO_2 + 2H_2S \longrightarrow [CH_2O] + 2S^0 + H_2O \tag{3-36}$$

$$3CO_2 + 2S^0 + 5H_2O \longrightarrow 3[CH_2O] + 2H_2SO_4 \tag{3-37}$$

由于式（3-36）所示的化学反应的反应速度比式（3-37）所示的化学反应的快许多，所以随着反应的进行，系统中会渐渐出现元素硫的积累。

光合自养硫细菌又可以进一步划分为绿硫细菌和紫硫细菌两种。两者的主要差异在于紫硫细菌能把 S^0 以微滴状储存在细胞中，而绿硫细菌则把硫作为细胞外的颗粒排泄出去。

常见的光合自养硫细菌的特征如表 3-7 所示。它们的共同特点是都具有带有光色素的胞质内膜构造，并能像植物一样，通过卡尔文循环同化 CO_2。

表 3-7 常见的光合自养硫细菌的特征

科	特有特征	属例
着色菌科	紫色硫细菌，菌体呈球状、杆状和螺旋状等，细胞内含有叶绿素 a 和叶绿素 b，S^0 大都在细胞内，厌氧，非活动型	着色菌属、硫螺旋菌属、板硫菌属、闪囊菌属
绿菌科	绿色和褐色硫细菌，菌体形态多变，细胞内含有细菌叶绿素 a、叶绿素 c、叶绿素 d 和叶绿素 e，S^0 在细胞外，厌氧，非活动型	绿菌属、暗网菌属
蓝绿细菌	蓝绿细菌，细胞内含有细菌叶绿素 a 和藻胆素蛋白质，部分为兼性厌氧，S^0 在细胞外	颤藻属

3.1.5 其他种类的硫细菌

3.1.5.1 氧化硫硫杆菌

Kelly 的研究表明，氧化硫硫杆菌（*Thiobacillus thiooxidans*）能氧化元素硫、硫代硫酸盐和链四硫酸盐，但不能氧化 Fe^{2+} 和硫化物。Kazuo Nakamura 等通过实验证实，氧化硫硫杆菌在硫代硫酸盐培养基中的细胞产量比在硫培养基中的高。

氧化硫硫杆菌为专性自养微生物，经过卡尔文循环固定 CO_2，能在金属硫化物的氧化过程中，通过电子转移链产生 ATP，再通过电子转移链产生 ATP 驱动的反向电子流形成 NAD。这种菌可以生长在缺氧环境中，利用硝酸盐代替氧作为电子受体，其氧化还原反应为：

$$5S_2O_3^{2-} + 8NO_3^- + H_2O \longrightarrow 10SO_4^{2-} + 4N_2 + 2H^+ \qquad (3-38)$$

在硫化物矿石的生物浸出工程中，氧化硫硫杆菌处于从属地位，一般伴同氧化亚铁硫杆菌共同发挥作用，恰当应用可以明显加速浸出过程，在硫化锌矿物的细菌浸出中，其作用尤其显著。

3.1.5.2 氧化亚铁微螺菌

氧化亚铁微螺菌（*Leptosprillum ferrooxidans*）不能氧化元素硫，只

能氧化 Fe^{2+}，而且纯培养时能降解黄铁矿。在黄铁矿或亚铁培养基中，氧化亚铁微螺菌的最大生长率只有氧化亚铁硫杆菌的一半左右，但这种菌对亚铁的亲和力比氧化亚铁硫杆菌明显高，可以同氧化亚铁硫杆菌等构成混合菌，用于硫化物矿石的生物浸出工艺中。

3.1.5.3　氧化铁铁硫杆菌

氧化铁铁硫杆菌（*Ferrobacillus ferrooxidans*）与氧化亚铁硫杆菌、氧化硫硫杆菌、氧化亚铁微螺菌的形态、生理、生化特性等极其相似，而且处于同一种生态系统中，因此一般研究者把这几种菌不加区分地统称为氧化亚铁硫杆菌。

3.1.5.4　嗜酸热硫化叶菌

嗜酸热硫化叶菌（*Sulfolobus acidocaldarius*）最初由 Brierey et al.（1973）从酸性温泉中分离得到，为兼性嗜高温自养菌。生长温度范围为45～70℃，最佳 pH 值为2.0，能氧化 Fe^{2+}、元素硫、硫化物，利用一些简单的有机基质为能源，有些纯培养菌株仅能利用有机物生长，而不能氧化硫和亚铁。

根据遗传区分，这种微生物又可划分为嗜酸热硫化叶菌（*Sulfolobus acidocaldarius*），硫磺矿硫化叶菌（*Sulfolobus solfatariucs*）和布氏硫化叶菌（*Sulfolobus briereyi*）三个类群。小西康裕等人用布氏硫化叶菌，在65℃下，对黄铜矿精矿连续浸出 10 d，获得了 90% 以上的铜浸出率，浸出指标明显比氧化亚铁硫杆菌的好。

此外，还有一些使用氧化硫铁杆菌（*Ferrobacillus thiooxidans*）、嗜酸硫杆菌（*Thiobacillus acophilus*）、嗜高温氧化硫硫杆菌（*Sulfobacillus thermosulfidooxidans*）、中间硫杆菌（*Thiobacillus intermedium*）、多能硫杆菌（*Thiobacillus versus*）、嗜酸醋酸杆菌（*Acetobacter acidophilusm*）等对硫化物矿物进行浸出试验的报道。

3.2　处理含锰矿石的微生物及其特性

3.2.1　氧化锰的微生物

在自然界中存在着许多种对锰有氧化作用的微生物，它们广泛分布在海洋、湖泊和土壤中。生活在海洋中的锰氧化细菌，对大洋锰结核的形成起着非常重要的作用。

3.2.1.1 氧化锰的微生物的种类

氧化锰的微生物主要有普通生丝微菌、共生生金菌、锰土微菌以及假单胞菌属、节杆菌属、肠杆菌属、球衣菌属、诺卡氏菌属、微球菌属和链霉菌属中的一些细菌。

在国外，已有许多学者就这些微生物对锰的氧化机理，进行了大量的试验研究。在国内，1994 年东北大学资源与环境微生物技术研究室也从一锰矿坑水中分离出了共生生金菌和普通生丝微菌，并用它们对高磷碳酸锰矿石进行了微生物氧化试验研究。

3.2.1.2 锰氧化细菌的生长特性

如前所述，锰氧化细菌的种类繁多，由于篇幅所限，不能一一详述。这里仅介绍几个主要种、属的生长特性。

A 共生生金菌

共生生金菌是生金菌属的一种。这属细菌的细胞呈球形，直径为 0.5 ~1.5 μm，没有硬的细胞壁。它们或者直接萌发或者反复出芽突起形成一团圆的“基体”。这些基体的萌发导致形成一个到几个柔曲的具有尖细末端的丝状体。在固定的或染色的标本中，这种丝状体或细丝的直径为 0.02 ~0.25 μm，且可以形成一个串珠状的外表和一串念珠的样子。这属微生物在有锰的条件下生长时，细胞表现出高度反光性。

在有可氧化的锰存在的条件下，生金菌属的细菌呈淡褐色到黑色。这种颜色首先出现在菌落中心，然后锰的氧化物沉淀到细丝上，由底部向顶部增加丝的宽度，形成浓密的裂叶状群体。

对这属细菌进行光学显微镜观察和染色之前，必须用草酸（0.2 % ~ 1.0 %）或 EDTA 或二钠盐（1% ~2%）处理，以除去金属沉淀。它们的细胞用石炭酸龙胆紫染色时，效果良好，但用石炭酸红藓素、次甲基蓝、水溶的或乙酸溶的龙胆紫或结晶紫染色时，效果较差。

生金菌属的细菌是异养微生物。在人工培养基中有活的真菌存在时能增进它们的生长。它们的纯培养物在人工培养基中生长缓慢，而在混杂的微生物群系中生长较好。

共生生金菌除了具有上述生金菌属的共同特征之外，还具有如下一些独有特征：

（1）共生生金菌的细丝不含小的基体，其繁殖方式是在细丝顶端或侧部形成单个芽。芽的直径约为 0.5 μm，且已显出锰的沉淀。

（2）共生生金菌能在存在真菌和细菌的条件下生长；在不加氮源和磷源的含有锰的醋酸盐（0.1 g/L）的水洋菜（2%）上生长良好；真菌菌落同其间的共生生金菌的定形群体表现为同心圆。这种细菌在含有2 % 淀粉或1% ~2 % 阿拉伯树胶加新制备的锰的碳酸盐、pH 值为6.2 的液体培养基中生长缓慢，但长势良好。经直接菌落计数发现，锰盐的氧化与共生生金菌的生长是成比例的。

（3）共生生金菌广泛分布在湖泊和土壤中。这种菌嗜温、好氧，最适宜生长的 pH 值为6 ~8。

B 普通生丝微菌

普通生丝微菌是生丝微菌属的一种。这种菌的细胞尺寸为（0.1 ~1.0）μm×（1 ~3）μm，菌体呈末端尖细的杆状、卵形或豆状，形成长短不等的单极生或两极生的丝状生长物。染色后测量，直径为0.3 ~0.4 μm。菌丝无分隔，但可表现为真正分枝。这种菌的细胞用石炭酸品红染色，效果良好，但用水溶性苯胺染料时仅微弱着色。

普通生丝微菌在菌丝顶端出芽繁殖。成熟的芽体能运动，并常常附着到物体表面或其他细菌上而形成丝，附着后立即失去运动能力。

普通生丝微菌在液体培养基中培养时，培养液从不浑浊，生长物呈环形或膜状；在老的培养物中，它们沉淀到容器底部。在固体培养基上培养时，即使经过长期培养，普通生丝微菌的菌落还是比较微小；它的颗粒状菌落表面闪光，而且可呈皱褶或同心环，反射光线；随着菌龄的增长，它的菌落颜色由污白色变为浅褐色。

普通生丝微菌是化能异氧型微生物，在其生长过程中需要二氧化碳。这种细菌是微嗜碳的，即能在不加碳的无机盐培养基中生长。用浓度为2 g/L 的甲酸盐、醋酸盐、丙酸盐、异丁酸盐、戊酸盐、乳酸盐、琥珀酸盐或甘露醇溶液培养时，这种细菌生长良好。同时，普通生丝微菌还能以 NH_4^+、NO_3^- 或 NO_2^- 作为氮源而生长良好。

普通生丝微菌是好氧微生物，嗜好中性或稍微偏碱性的培养基，最适宜的生长温度为 25 ~30℃。这种细菌广泛分布在一切陆地土壤中，特别是在有硝化作用潜能的土壤中。

C 锰土微菌

锰土微菌是土微菌属的一种。这属细菌的细胞呈球形、卵形、杆状、梨形或豆状，宽0.4 ~2.0 μm，着色不均。它们主要是以在直径约为0.15 ~0.3 μm的细胞延伸物（菌丝）的顶端出芽繁殖，其子代细胞可以仍旧附着在它们的母细胞菌丝上，也可以作为单鞭毛的“游动者”分开。体积长大后，成熟的游动细胞从它们细胞表面的几处长出一根到许多根菌丝。其中锰土微菌的母细胞为球形或卵形，直径约0.4 μm，带有1到4根或4根以上的菌丝，并且在菌丝的顶端还长有单个的球形或卵形的芽。锰土微菌的菌丝宽度大都在0.2 μm以下，常常分叉，且长度不等，锰土微菌在含有富烯酸和有机复合物的洋菜培养基上培养时，菌落较小，并且呈黑色。

锰土微菌是化能异养型微生物，属中温性细菌，微好氧。这种细菌同样是广泛分布在土壤中。

D 假单胞菌属

假单胞菌属是假单胞菌科中的一个属。这个属的微生物呈直的或弯的杆菌，大小一般为（0.5 ~1.0）μm×（1.5 ~4.0）μm，以极毛运动，长有单鞭毛或多鞭毛，但不产生鞘或突起物。

假单胞菌属的细菌大都是化能异养型微生物，进行呼吸代谢，永不发酵。这属细菌有些是兼性化能自养型微生物，能利用 H_2 或 CO 作为能源。假单胞菌属的细菌普遍以分子氧作为电子受体，其中的一部分具有反硝化功能，可利用硝酸盐作为另一个电子受体。

假单胞菌属的细菌大都是严格好氧菌，绝大部分不需要生长素，只要有一个简单的有机化合物作为唯一的碳源和能源，它们就可以在无机培养基中生长。已通过鉴定的假单胞菌属的所有种都可以把乙酸盐作为主要营养物。这个属的许多成员都能利用多种有机化合物作为唯一的或主要的碳源而生长。

对于假单胞菌属的大多数种来说，最适宜的生长温度为30℃左右，所有的种都可以在中性或弱碱性（pH =7.0 ~8.5）环境中生长。大多数种不能在 pH≤6 的环境中生长。

E 节杆菌属

节杆菌属的细菌有一个突出的特点，即在复杂培养基里，它们的细胞在生长过程中经历一个形状上的显著变化。在对数生长期，杆状菌体变得较短，且最终为稳定期的球状细胞所代替。这属细菌的球形细胞或者由每次连续分裂的杆菌逐渐缩短而成，或者由大杆状细胞的多节断裂所形成。

节杆菌属的细菌是化能异养型微生物，进行呼吸代谢，从不进行发酵代谢。这属细菌严格好氧，分子氧是它们的最终电子受体。最适宜的生长温度为20～30℃，在中性或稍偏碱性中生长最佳。

3.2.1.3　微生物对锰氧化过程的催化机制

微生物对锰氧化过程的催化作用包括直接机制和间接机制两个方面。

微生物对锰氧化过程的间接催化机制指的是，由于微生物在其生长过程中，不断改变其生活环境的 *Eh* 值和 pH 值，从而对存在于同一环境中的锰的氧化反应起到一定程度的催化作用。正因为如此，人们才有理由将锰的氧化部分地归因于微生物生长和代谢的间接结果。

探讨微生物对锰氧化过程的直接催化机制的研究结果表明，这种催化机制包括酶的催化和可增强自氧化的各种细胞伴生物质的专属性结合两个方面。

酶的催化是指一些细菌可以直接在酶的作用下使锰发生氧化。例如，从节杆菌属的细菌中分离提纯出来的一些无细胞活性物质，在反应混合物中存在有固体 MnO_2 时，可以催化锰的氧化反应。其次，普遍认为，球衣菌属、节杆菌属和生金菌属的细菌都可以借助于过氧化氢酶反应直接氧化锰，只是由于目前尚没有从这些细菌中提纯出过氧化氢酶和锰氧化酶，而使得这种催化作用没能得到试验证实。

另一方面，有些氧化锰的细菌可以在细胞内或细胞上合成一些能联结和聚集锰，从而增强其自氧化的蛋白质、碳水化合物或其他物质。例如，已经从假单胞菌属微生物的细胞中分离出了一种能联结锰并能增强锰自氧化作用的胞外蛋白质。其次，土微菌属的某些细菌可以产生一种胞外酸性多糖，这种多糖能使锰在它上面聚集、氧化。另外，在许多情况下，由于死细菌和胞外提取物对锰的联结和氧化有催化作用，所以这些反应可能简单地通过联结锰而发生，亦即借助于降低氧化反应的活化能或提高反应物的浓度，而使得反应更容易进行。

3.2.2　还原锰的微生物

3.2.2.1　还原锰的微生物种类及其特性

研究资料表明，革兰氏阳性菌和革兰氏阴性菌中的许多属细菌都是还原锰的细菌，特别是环状芽孢杆菌、蜡状芽孢杆菌以及毕赤酵母属中的一些细菌，对锰的还原作用更加明显。

环状芽孢杆菌和蜡状芽孢杆菌是芽孢杆菌属中的两个种。芽孢杆菌属的细菌，菌体呈直的或接近直的杆状，菌体大小为（0.3～2.2）μm ×（1.2～7.0）μm。这属细菌多数能运动，其鞭毛典型侧生。另外，这属细菌都形成抗热内生孢子，而且在一个孢子囊细胞中仅有一个孢子。这属细菌即使是暴露在空气中，也不妨碍孢子的形成。

芽孢杆菌属中的细菌绝大部分是革兰氏阳性菌，它们都是化能异养型微生物，可以利用多种底物进行严格的呼吸代谢、严格的发酵代谢或呼吸和发酵两者兼有的代谢。在呼吸代谢中，最终的电子受体是 O_2，仅有少数种的细菌可以利用硝酸盐代替氧。这属细菌为严格好氧或兼性厌氧微生物，其中的大多数种能产生接触酶。

环状芽孢杆菌除了具有上述属中细菌都具有的共性以外，在这种细菌的某些菌株中，孢子端生或次端生，假若菌体短，则在纺锤体包囊的中央产生孢子，而且许多菌株的游离孢子的表面存留着色深的物质。

蜡状芽孢杆菌除了具有属中细菌的共同特征之外，这个种的细菌在葡萄糖洋菜上早期生长的细胞中含有成分都是聚 β－羟基丁酸盐（PHB）的脂肪球，而且在这种菌的细胞内含物中有异染粒。在这种菌的菌体中，从孢子囊中释放出来的孢子被一个宽大的外壁包裹着，萌发时孢子壳迅速溶解，随即生出营养体。这种菌的杆状菌体有成链的趋势，链的稳定性决定菌落的形态，因而在不同的菌株中，菌落形态变化很大。

3.2.2.2 微生物对锰还原过程的催化机制

微生物对锰还原过程的催化机制同样包括间接催化机制和直接催化机制两个方面。

微生物对锰还原过程的间接催化机制是指，由于微生物消耗异氧营养物的氧并且排出酸，因而使环境的 *Eh* 和 pH 值降低，随着 *Eh* 和 pH 值的降低，锰将在氧、氮之后，铁、硫之前被还原。

微生物对锰还原过程的直接催化机制一般认为是，由于这些还原锰的微生物具有由 MnO_2 诱导的锰还原酶，从而催化锰的还原反应。这些锰还原酶活性物已在相关细菌的无细胞提取物中得到了证实。此外，研究还发现，那些具有锰还原酶活性物的细胞不论有没有 O_2 存在，都同样能有效地催化锰的还原反应。

3.3　分解难溶磷酸盐的微生物

人们通过对一些微生物肥料的作用机制和高磷锰矿石的微生物处理技术进行的试验研究，发现有许多种微生物能明显促进难溶磷酸盐的分解过程。本节就这些微生物的种类和生长特性做些介绍。

3.3.1　分解难溶磷酸盐的微生物种类

对难溶磷酸盐的分解过程有明显促进作用的微生物主要包括枯草芽孢杆菌、生尘芽孢杆菌以及节杆菌属、土壤杆菌属、青霉属和曲霉属中的一些细菌。在它们当中，有些能明显促进植物对土壤中磷的吸取，有些能有效地脱除高磷锰矿石中的磷，只是它们的作用机制目前尚没有研究清楚。

3.3.2　分解难溶磷酸盐的微生物的特性

节杆菌属的微生物的生长特性如前所述，这里不再重复。下面就其他一些主要种、属的微生物做些介绍。

3.3.2.1　枯草芽孢杆菌

枯草芽孢杆菌是芽孢杆菌属中的一个种。它当然具有前面所描述的这属细菌所共有的生长特性，除此之外，这一种的细菌还具有如下一些独特的生长特征。

枯草芽孢杆菌的菌体同样呈杆状，但却很少成链，且染色均匀。这种菌的内生孢子的大小为0.8 μm×（1.5~1.8）μm，游离孢子的表面着色较弱。这种细菌在洋菜培养基上培养时，菌落呈圆形或不规则形，菌落表面色暗、不透明且可以起皱，也可以变为奶油色或褐色，菌落的形状随培养基成分的改变而呈现出很大的差异。这种细菌在液体培养基中培养时，色暗、轻度浑浊或不浑浊。

枯草芽孢杆菌主要以呼吸代谢产生能量，以分子氧作为最终主子受体。它们在含有葡萄糖的复杂培养基中可以进行厌氧代谢，但其生长和发酵都比较弱，有氧存在时则生长旺盛。它们的主要代谢产物是2，3-丁三醇、乙酰甲基甲醇和 CO_2。

3.3.2.2　生尘芽孢杆菌

生尘芽孢杆菌也是芽孢杆菌属中的一种细菌。因此，这种微生物也同样具有芽孢杆菌属的生长共性。除此之外，这种细菌还具有如下一些特殊的生长特性。

生尘芽孢杆菌在洋菜培养基上的生长物没有色素或者是淡黄色到红色，在营养洋菜上的生长物薄而不扩展，当加入葡萄糖时生长物增厚。这种细菌在葡萄糖培养基中呈中等厌氧生长。

生尘芽孢杆菌的最低营养要求是氨基酸和维生素的混合物。它们产生的生长物接触酶与培养基有关，例如，在营养洋菜上的生长物接触酶为阴性，而在J-培养基上的生长物接触酶则为阳性。

3.3.2.3 土壤杆菌属

土壤杆菌属是根瘤菌科中的一个属，是不产生芽孢的杆状细菌。这一属中的微生物的细胞尺寸为0.8 μm×（1.5~3.0）μm，以1~4根周生鞭毛运动，假如鞭毛仅为1根，则侧生较极生更为常见。这个属的细菌常有纤毛，革兰氏染色呈阴性。它们在含碳水化合物的培养基上的生长物常带有丰富的胞外多糖黏液，菌落无色，且大多数菌株生成的菌落呈粗糙型，即使是某些菌落呈光滑型，也会随着菌龄的增加而逐渐变成有条纹的菌落。

土壤杆菌属的细菌也是化能异养型微生物，它们进行呼吸代谢，以分子氧作为最终电子受体。这个属的微生物利用多种简单碳水化合物、有机酸或氨基酸作为能源，但它们都不利用纤维素、淀粉、洋菜或几丁质。它们通常在含有少量有机氮化合物的合成培养基表面产生酸性反应，但在含有蛋白胨或其他一些富含氨基酸的培养基中，上述酸性反应可能被释放出的碱性物质中和。

土壤杆菌属的细菌是好氧微生物，但也能生长在氧分压较低的植物组织中。它们的最适宜生长温度为25~30℃，生长的pH值范围为4.3~12.0；其最适宜的pH值范围为6.0~9.0。

3.4 吸附和沉积重金属离子的一些微生物

矿产资源的开采和冶炼需耗用大量的水，其排放的废水中重金属离子成分比较复杂，一般含有汞、镉、铅、铜、锌等重金属离子。研究表明，微生物体可以从水体中吸附和沉积重金属离子，从而使水体得到净化。对重金属离子具有吸附活性的微生物主要是菌类和某些藻类，表3-8是其中的一部分。

表3-8 可从水溶液中吸附和沉积重金属离子的一些微生物

类别	名称	沉积金属部位	沉积金属种类
细菌	诺卡氏菌	胞壁	Hg^{2+}、Pb^{2+}、Cu^{2+}、Zn^{2+}、Cd^{2+}
	枯草芽孢杆菌	胞壁	Fe^{3+}、Mn^{2+}、Ag^{+}、Au^{+}、Ni^{2+}、Hg^{2+}、Pb^{2+}、Cu^{2+}、Zn^{2+}、Cd^{2+}
放线菌类	铜绿假单胞菌	细胞外膜	Cd^{2+}、UO_2^{2+}
	草分枝杆菌	胞壁	Hg^{2+}、Pb^{2+}、Cu^{2+}、Zn^{2+}、Cd^{2+}、Th、UO_2^{2+}
真菌	酿酒酵母菌	胞内、胞壁	Hg^{2+}、Pb^{2+}、Cu^{2+}、Zn^{2+}、Cd^{2+}
	根霉菌	胞壁	Th、UO_2^{2+}
藻类	小球藻	胞壁	Cd^{2+}、Co^{2+}、Ni^{2+}、Zn^{2+}、Th、UO_2^{2+}

采用微生物体，尤其是废弃的菌体作为生物吸附剂对含重金属离子废水进行处理的方法已引起人们的广泛重视。大量研究结果表明，活体及死亡细胞均能吸附重金属，而且后者具有与前者相当或更大的吸附量，这可能是因为死细胞的结构有所改变而增大了吸附量。

第4章　微生物浸矿工艺及其影响因素

4.1　微生物浸矿工艺

微生物浸矿工艺一般有微生物堆浸、微生物槽浸、微生物原位浸出和微生物搅拌浸出4种。

4.1.1　微生物堆浸

微生物堆浸一般都在地面以上进行。首先依据计划每批处理的矿石吨位，设计、建设好不透水的地基；然后将待处理的矿石（未经破碎或经过一些破碎作业）堆置在地基上，形成矿石堆，并设置喷淋管路；向矿堆中连续或间断地喷洒微生物浸出剂进行浸出，同时在地势较低的一侧建集液池收集浸出液。另外，也有利用微生物浸出剂，直接在矿山附近形成的废矿堆上或从尾矿堆进行浸出。

微生物堆浸工艺的流程如图4－1所示。这种工艺的特点是工艺简单、每批处理的矿石量可依据实际情况随意调整、浸出时间长、浸出率往往偏低。

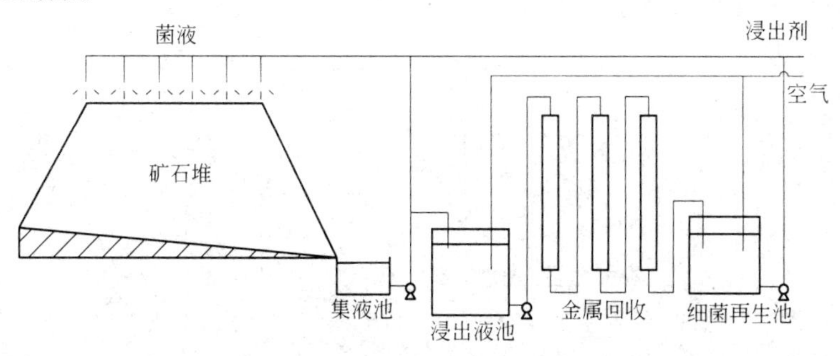

图4－1　矿石微生物堆浸流程示意图

对于大吨位贫矿石和废矿石的堆浸，每堆矿石可达数万吨甚至数百万吨。如此大量的矿石，一般都不经过破碎，矿石最大粒度可以达数百毫米甚至上千毫米。由于矿石粒度大，浸出时间一般为几个月，有时甚至需要几年才能完成浸出作业。这种浸出工艺的生产成本比较低，广泛用于处理大吨位的贫矿、废矿和尾矿。

对于品位比较高的矿石，若要求有较高的浸出率并能在较短时间完成金属回收时，通常是将矿石破碎到 5 ~ 50 mm 以下，再进行微生物堆浸处理。在这种情况下，浸出周期一般为数十天到数百天。

4.1.2　微生物槽浸

槽浸是一种渗滤型浸出作业，通常在浸出池或浸出槽中进行，槽浸正是因此而得名。微生物槽浸工艺常用于处理品位较高的矿石或精矿，待处理矿石的粒度一般为 -3 mm 或 -5 mm。每一个浸出池（或槽）一次装矿石数十吨至数百吨，浸出周期为数十天到数百天。微生物槽浸的浸出率明显比微生物堆浸的高。

矿石的微生物槽浸工艺通常有两种操作方式。一种是在喷洒（连续或间断）浸出剂的同时，连续排放浸出液，在矿层中不存留多余的溶液，这种浸出方式和地面堆浸工艺非常相似。另一种是在喷洒浸出剂时，不进行排液，使浸出剂浸没矿石层，并在其中存留一段时间，然后再排放浸出液，按照这种方式操作，可以使浸出剂与矿石有更长的接触时间，但矿石层内的透气性不如前一种好。

矿石微生物槽浸的常用设备：实底渗滤池及假底渗滤池及流程如图 4 -2 和图 4 -3 所示。

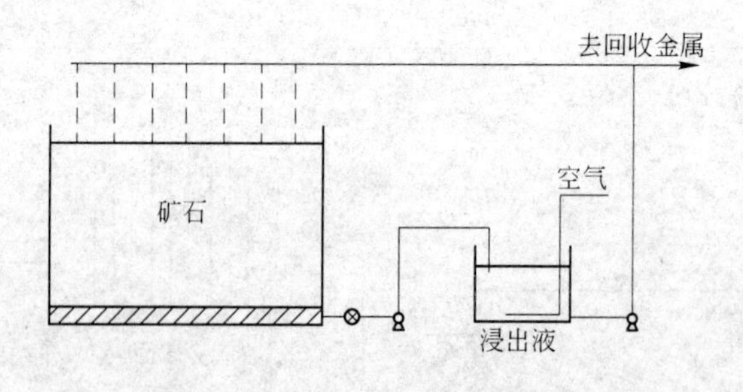

图 4 -2　实底渗滤池及流程示意图

4.1.3　微生物原位浸出

微生物原位浸出工艺也叫微生物溶浸采矿。这种工艺是由地面钻孔

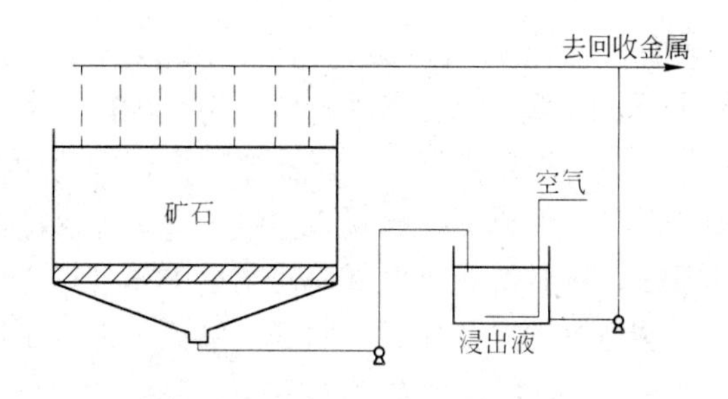

图4-3 假底渗滤池及流程示意图

至金属矿体，然后从地面将微生物浸出剂注入到矿体中，原地溶浸有用成分，最后用泵将浸出液抽回地面，回收溶解出来的目的元素。采用好氧微生物浸出时，为了使微生物在地下能正常生长并完成浸矿作用，除了在浸出剂中加入足够的微生物营养物质以外，还必须通过专用钻孔向矿体内鼓入压缩空气，为微生物提供所需要的氧气。

在微生物原位浸出工艺的操作过程中，要定期测定浸出液中的微生物浓度和目的元素浓度，当微生物浓度正常而目的元素浓度已低于最小经济浓度时，浸出作业即告结束。除了上面介绍的微生物原位浸出操作方法以外，利用微生物对残留矿柱进行的浸出也应归于此类。

4.1.4 微生物搅拌浸出

微生物搅拌浸出一般用于处理富矿或精矿。在进行浸出前，先将待处理矿石磨到 -0.074 mm 占 90% 以上。为了保证浸出矿浆中微生物具有较高的活性，矿浆中固体质量分数大都保持在 20% 以下。搅拌的作用是使矿物颗粒与浸出剂充分混合，增加矿粒与微生物的接触机会。搅拌的方式有机械搅拌和空气搅拌两种，机械搅拌比空气搅拌更容易使矿浆均匀混合。尤其是对于密度较大的矿物原料，采用机械搅拌更为必要。搅拌的另一个作用是增加矿浆中的空气含量，为微生物提供充足的氧气和二氧化碳。

其次，由于微生物浸出的反应时间较长，一般要用多个搅拌槽串联起来操作，延长矿粒在设备中的停留时间。原则上讲，搅拌速度越高，传质效果越好，矿浆中吸入的空气也越多。但由于微生物是通过吸附在矿粒表面来催化矿石的浸出速度，太激烈的搅拌有可能使微生物从矿粒上脱落，从而降低浸出速度，所以搅拌速度不能太高。一般来说，合适的搅拌速度由金属的溶解速度、氧的消耗速度和矿石的密度等因素决定。对于特定的矿石，通常需要通过试验来确定适宜的搅拌速度。

某些情况下，单纯借机械搅拌吸入空气，并不能满足微生物对氧气和二氧化碳的需求，这时就需要另外向浸出槽中通入空气或含有二氧化碳的混合气体。这种机械搅拌加通气的浸出槽是微生物搅拌浸出的主要设备形式。此外，仅靠压缩空气搅拌的微生物浸出设备，目前在生产中也有应用，帕丘卡浸出槽和管式反应器是这类设备的两种典型代表。

另外，由于微生物都有着自身的适宜生长温度，所以，为了提高微生物浸矿速度，在微生物浸出设备上一般都配有加热或冷却装置。

4.2　微生物浸矿流程

一般说来，微生物浸出的工艺流程包括原料准备、浸出、固液分离、金属回收和浸出剂再生等 5 个主要工序。

（1）原料准备。原料准备工序是对待处理物料进行微生物浸出前的准备作业，其目的是制备出与后续的浸出作业相适应的矿物原料。对于堆浸和槽浸工艺，该工序包括配矿、破碎、堆置矿堆或装矿；对于搅拌浸出，则包括配矿、破碎和磨矿；而微生物原位浸出工艺则根本没有这一工序。

（2）浸出工序。浸出工序是微生物浸矿工艺流程中的核心部分，该工序包括微生物浸出剂制备、块状矿石的堆浸和渗滤浸出作业，或者磨碎矿石的搅拌浸出作业。

（3）固液分离工序。堆浸、渗滤浸出或原位浸出都可以直接得到送金属回收工序的澄清浸出液，然而对于搅拌浸出来说，则需要进行固液分离。实现固液分离常采用过滤方法，有时也可以通过逆流倾析和洗涤得到固体含量很低的浸出液，送金属回收工序。

（4）金属回收工序。金属回收工序是指从浸出液中回收金属的作业。常用的方法有置换沉淀法、电解沉积法、离子交换法和溶剂萃取法等。

（5）微生物浸出剂再生工序。这一工序是将回收金属以后的澄清含菌尾液送入专门的设备中，加入适量的营养物质、通入空气和二氧化碳进行一段时间的微生物培养，然后送回浸出工序，循环使用，以达到降低生产成本、减少尾水排放量的目的。

图4-4是利用氧化亚铁硫杆菌浸出金属硫化物矿石的常用流程。在实践中，可根据具体的处理对象和对金属提取的质量要求，拟定出具体的实施流程，以满足生产需要。

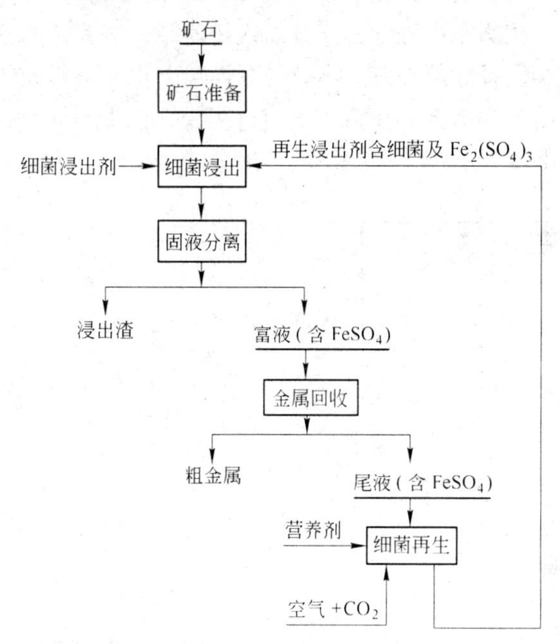

图4-4　利用铁氧化硫杆细菌的金属矿物浸出通用流程

4.3　微生物浸矿设备

微生物浸出工艺所使用的设备绝大部分是湿法冶金和矿物加工工程的通用设备，例如破碎设备、磨矿设备、浓缩与过滤设备、金属回收设备等，在此不再对它们作一一叙述。下面仅就微生物浸矿工艺的专用设备作些介绍。

4.3.1　微生物培养设备

在工业生产中，大量培养微生物的方法有间断式培养和连续式培养两种。间断培养通常在带有通气装置的槽式培养器中进行，其结构如图4-5所示。在培养槽中装满培养基，将待培养的微生物接种进去，通

入空气或空气与 CO_2 的混合气体进行培养。培养好的菌液由排出口排出，排不完的菌液可作为下一次培养的菌种，重新装入培养基进行下一次培养。

连续培养设备的形式比较多，图 4-6 所示的设备结构是其中的常用形式之一。在操作过程中，连续加入培养基，培养好的含菌液由排放口连续排出。设备底部设有一出口与泵连接，将未培养好的含菌液通过泵送回培养槽继续培养。在整个培养过程中，定期测定培养液的 pH 值和氧化还原电位 *Eh*，以便掌握微生物的生长情况。

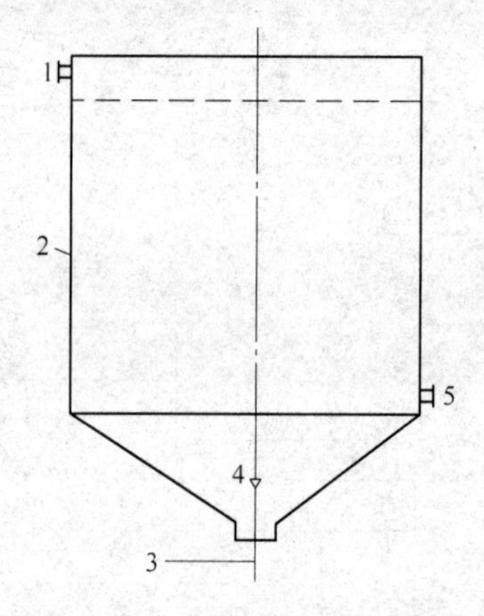

图 4-5　间断式细菌培养槽

1—料液入口；2—槽体；3—空气入口；4—空气喷嘴；5—菌液排出口

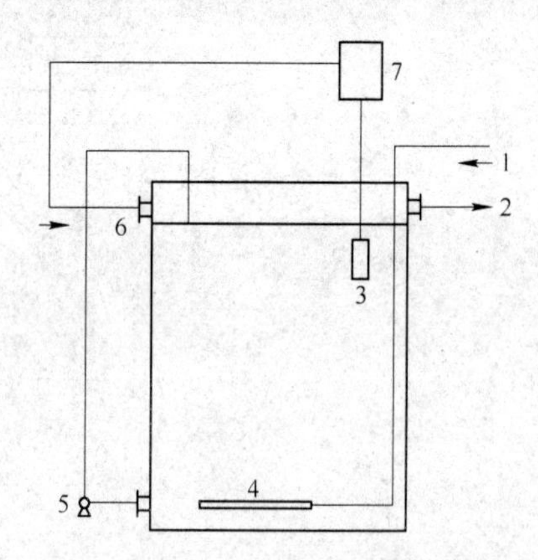

图 4-6　细菌连续培养设备示意图

1—空气入口；2—菌液出口；3—电极；4—气体分散器；5—水泵；6—料液入口；7—pH 和 *Eh* 测量与控制

4.3.2　微生物浸出剂的连续制备与再生设备

微生物浸出剂的氧化再生设备是微生物浸矿工艺流程中不可缺少的设备，其形式也是多种多样。这里仅介绍几种在氧化亚铁硫杆菌的浸矿工艺中常用的设备形式。它们的共同特点是利用培养好的细菌或生物膜氧化再生浸出剂。此外，这些设备也可以用来大量制备微生物浸出剂。

4.3.2.1　垂直板式细菌氧化器

垂直板式细菌氧化器的基本结构如图 4-7 所示。这种设备主要是一组垂直的塑胶板（玻璃钢纤维板）安装在一个溶液槽之上，板间距约1.3 cm，在槽的下部设一溶液出口与泵连接，在塑胶板上方装一组喷头，用管路将喷头与泵的出水口连接，用于循环喷淋需要氧化的浸出剂。在塑胶板上附有培养好的微生物膜，当料液沿板向下流动时，被膜上细菌氧化，氧化好的浸出剂由另一出口排出，并用泵送至浸出工序。pH值控制器和电极用于测定和控制培养液的酸碱度和氧化还原电位。

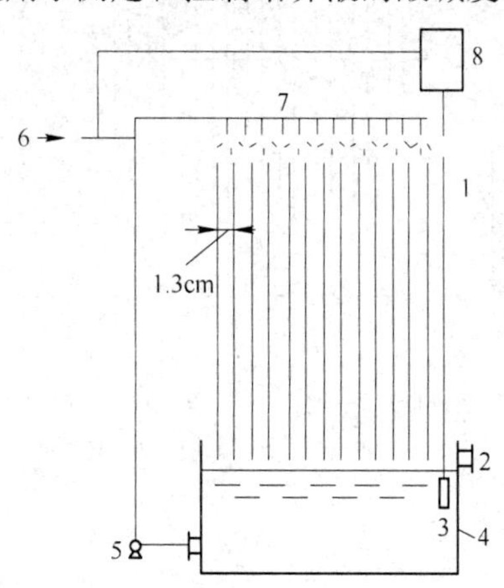

图4－7　垂直式细菌氧化器

1—玻璃钢纤维板；2—再生液出口；3—电极；4—溶液槽；
5—泵；6—料液入口；7—喷头；8—pH值控制器

4.3.2.2　旋转盘式细菌氧化器

旋转盘式细菌氧化器的结构如图4－8所示。从图4－8中可以看出，这种设备的核心部件是一组固定在轴上的圆盘，圆盘的厚度为1.2 cm，其材质可以是塑胶板，也可以用其他材料制成。圆盘与圆盘之间的距离一般为1.8 cm。在圆盘的下部设一溶液槽，圆盘的一部分浸没在槽内液体中，圆盘上附有微生物膜，用电动机驱动轴和圆盘一起转动。调节圆盘的转动速度，使圆盘经常处于湿润状态。需要氧化的料液从槽的一侧进入，氧化好的溶液由另一侧排出。

4.3.2.3　填料塔式细菌氧化器

图4－9是填料塔式细菌氧化器的结构图。填料塔通常用金属或塑料制成，在塔内装有填料，填料一般是塑料制的拉西环或陶瓷环。将填料不规则地装入塔内，塔的下部是一个多孔的假底，在填料上附有培养好的微生物膜。料液及循环液用泵通过喷头喷洒在填料上部，在沿填料

自由流下的过程中，被细菌氧化再生。

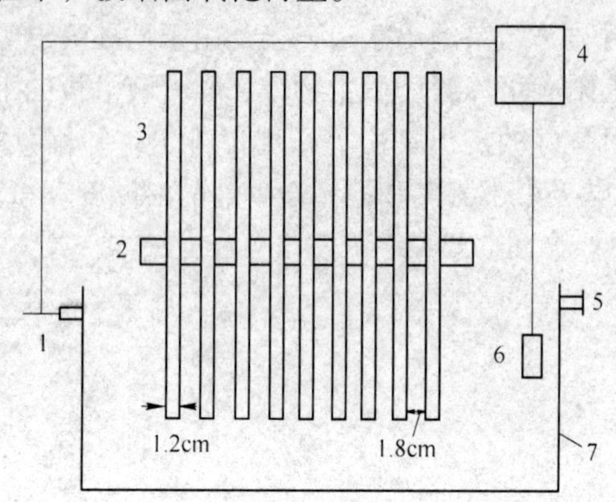

图 4 - 8　旋转盘式细菌氧化器

1—料液进口；2—轴；3—转盘；4—pH 值控制器；
5—再生液出口；6—电极；7—溶液槽

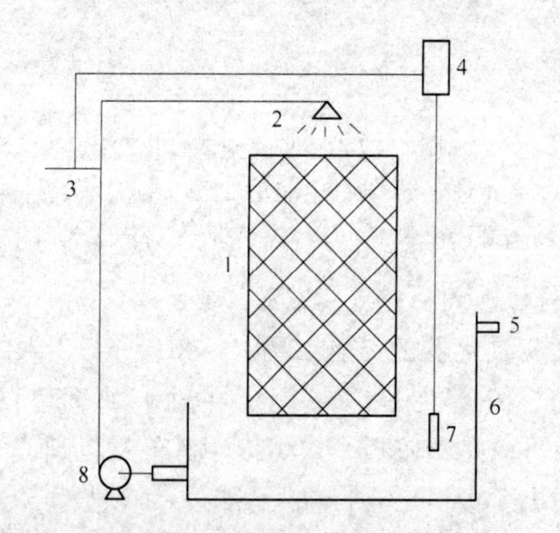

图 4 - 9　填料塔式细菌氧化器

1—填料；2—喷头；3—料液入口；4—pH 值控制器；
5—再生液出口；6—溶液槽；7—电极；8—泵

4.3.2.4　浸没蜂窝式细菌氧化器

浸没蜂窝式细菌氧化器的结构如图 4 - 10 所示。

浸没蜂窝式细菌氧化器的外部轮廓是一个桶状槽体，槽内装有蜂窝状填料，在填料上附有培养好的细菌膜，填料完全浸没在待氧化的溶液中，从槽的底部通入空气和二氧化碳，使溶液与气体在蜂窝状填料中混

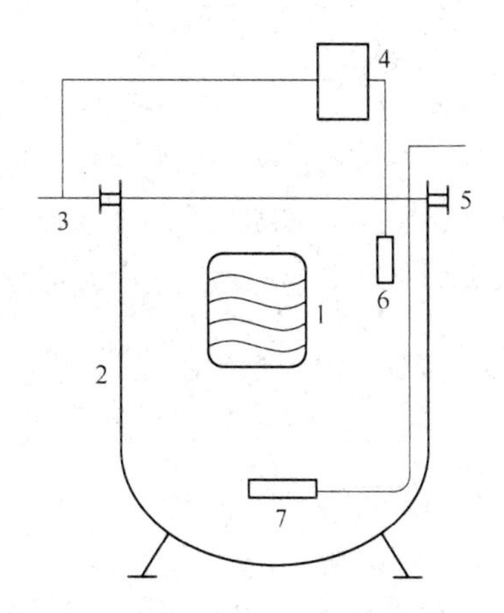

图4-10 浸没蜂窝式细菌氧化器

1—蜂窝式填料；2—筒体；3—料液入口；4—pH值控制器；
5—再生液出口；6—电极；7—空气分配器

合流动。微生物将溶液中的 Fe^{2+} 氧化成 Fe^{3+}，氧化好的溶液由槽的另一侧排出。

4.4 浸矿用微生物的连续培养

试验研究和生产实践都表明，浸出剂中微生物的浓度和活性对矿石的浸出效果有很大影响。为了满足研究工作和工业生产的需要，常常要求在较短时间内培养出大量的微生物。如前所述，微生物的培养方式既可以是间断的，也可以是连续的，只是间断培养时，每培养一次都必须经过一段适应期，使培养周期相应延长。为了克服这一缺欠，在工业生产中，一般都采用连续培养方式，使微生物在培养设备中，始终处于指数生长期，从而获得最大的繁殖速度。

在微生物的连续培养过程中，为了使它们快速繁殖，必须遵循如下一些操作原则：

（1）按照试验所确定的最佳培养基配方，为微生物提供生长繁殖所需的营养物质；

（2）按照试验所确定的供气量最佳值，为微生物提供充足的氧气和二氧化碳；

（3）严格控制适合于微生物生长的环境温度和pH值。

当微生物处在指数生长期时，其繁殖速度可以表示为：

$$\frac{\mathrm{dlg}N}{\mathrm{d}t}=\mu=\text{常数} \tag{4-1}$$

式中，N 为微生物浓度，个/mL；t 为培养时间，h 或 d；μ 是微生物比增长率，即微生物处于指数生长期时，生长曲线的斜率。在微生物指数生长期的全部过程内进行积分，即得到连续培养条件下，微生物的培养周期：

$$T=\frac{1}{\mu}\lg\frac{N_2}{N_1} \tag{4-2}$$

式中，N_1 为入口处（即培养开始时）微生物的浓度，个/mL；N_2 为出口处（即培养结束时）微生物的浓度，个/mL。

由式（4-2）得单位体积、单位时间的微生物产量为：

$$\frac{N_2-N_1}{T}=\frac{\mu\ (N_2-N_1)}{\lg\frac{N_2}{N_1}} \tag{4-3}$$

为了保证微生物连续培养过程稳定进行，必须严格控制培养槽的进液速度和排液速度，使排出的微生物量与微生物的繁殖量相等，从而保证培养过程始终保持动平衡状态。如果单位时间内新给入培养槽的液体体积为 q，则为了保持液量平衡，从培养槽净排出的（不包括循环量）含菌液体积必定也为 q，因而，单位时间从培养槽中净排出的微生物量为 N_2q。与此同时，在体积为 V 的培养槽中，微生物的增加量为：

$$\left[\frac{N_2-N_1}{\lg\frac{N_2}{N_1}}\right]V$$

因此，在稳定生产状态下必有：

$$N_2q=\left[\frac{\mu\ (N_2-N_1)}{\lg\frac{N_2}{N_1}}\right]V \tag{4-4}$$

所以，维持微生物连续培养过程正常进行的条件是：

$$q=\mu V\left[\frac{N_2-N_1}{N_2\lg\frac{N_2}{N_1}}\right] \tag{4-5}$$

4.5 微生物浸出剂的再生与循环利用

微生物浸出剂的再生过程与微生物的培养过程基本相同。在生产实践中，经常采用的操作过程主要是使浸出剂不断再生和循环使用。浸出剂再生的办法有两种，一种是将提取金属后的尾液经专门设备氧化再生后，送回浸出工序继续使用，浸出剂在整个流程中实现闭路循环；另一种是仅将部分尾液再生循环使用，其余部分经处理后排放。部分再生可以控制循环液中的杂质含量，避免发生恶性循环而影响矿石浸出和金属回收工序的正常运转。此外，在生产实践中，还可以将部分澄清浸出液不经过金属回收工序，直接送氧化再生作业，提高氧化还原电位后返回浸出工序。以此来维持浸出过程所要求的氧化还原电位，减少氧化剂用量。

当然，为了把循环液中的杂质含量控制在允许的范围，也可以在尾液进入再生工序之前，经过除杂作业，将尾液中的杂质沉淀出去。

4.6 微生物浸矿过程的影响因素

影响微生物浸矿过程的因素概括起来主要有九个方面，现分述如下。

4.6.1 培养基组成

一般来说，在微生物浸出过程中，金属矿物的浸出速度与浸出介质中微生物的浓度成正比。所以，欲使矿物尽快地浸出，就必须保持微生物有一个较高的生长繁殖速度。这就要求在生产过程中必须为微生物提供足够的营养物质。

实践表明，在氧气和二氧化碳供应充足的情况下，培养基中的磷源和氮源是影响微生物浸出效果的重要因素。图4－11是磷酸盐浓度对微生物浸出黄铜矿的影响情况。

从图4－11中可以看出，铜的浸出速度和浸出率都随着磷酸盐浓度的增加而明显上升。当浓度为15 mg/L时，铜的浸出率达最大值；而浓度为60 mg/L时，铜的浸出速率最高。培养基中氮含量对氧化亚铁硫杆菌浸铜过程的影响情况如图4－12所示。从图4－12中可以看出，NH_4^+浓度为40 mg/L时，铜的浸出速率最高，而浓度达80 mg/L时，才达到最高浸出率。

综合上述情况可以看出，在其他营养成分供给充足的条件下，磷酸盐浓度是铜浸出速率的限制因素，而 NH_4^+ 浓度则是铜浸出率的限制因素。

除了为微生物提供足够的营养外，还必须为它们提供进行代谢活动所需要的能源。氧化亚铁硫杆菌的能源主要是 Fe^{2+} 和还原态硫，在培养微生物时，可适当加入这两种物质。但为了使微生物适应浸矿环境，通常在培养和驯化阶段，在微生物的培养基中逐渐添加待处理的矿石，以其中所含的 Fe^{2+} 和还原态硫为微生物提供能源。

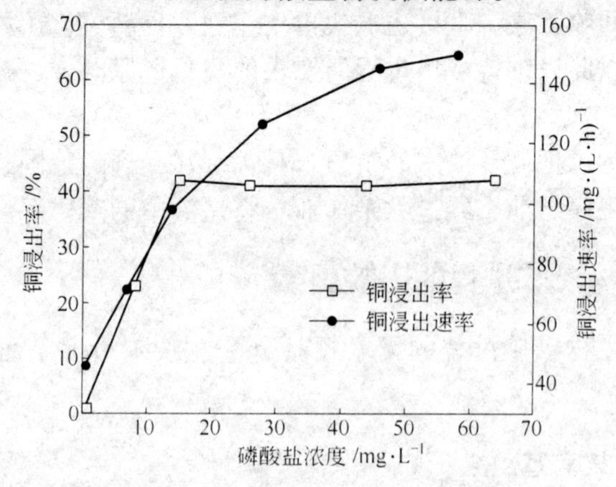

图 4－11　磷酸盐浓度对铜浸出的影响

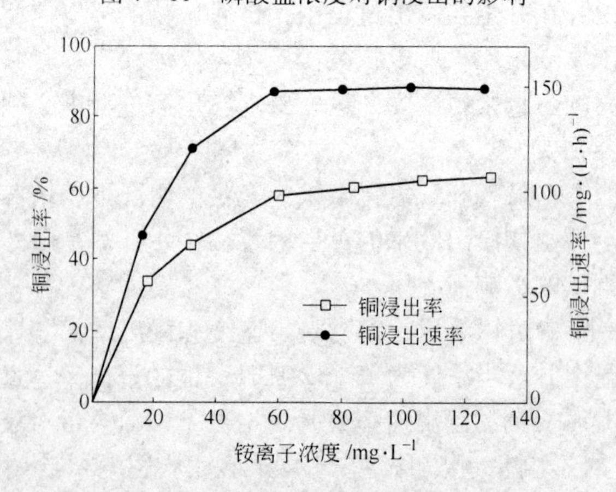

图 4－12　铵离子浓度对铜浸出的影响

4.6.2　矿浆温度

矿浆温度对微生物浸矿过程的影响，主要体现在对微生物生长繁殖过程的制约。例如，微生物浸矿生产实践中应用最多的氧化亚铁硫杆菌的最佳生长温度为25～30℃，当温度低于10℃时，这种细菌的活力变得很弱，生长繁殖速度也很慢；当温度超过45℃时，它们的生长同样会受到严重影响，甚至会导致死亡。

温度对氧化亚铁硫杆菌的生长及氧化能力的影响情况如表4－1、图4－13和图4－14所示。

表4－1　环境温度对氧化亚铁硫杆菌生长情况的影响

温度/℃	7	15	20	26	30	35	40	50
Fe^{2+}氧化率/%	0	38	100	100	100	46	29	29
细菌浓度/个·mL^{-1}	2.4×10^8	5.4×10^8	3.8×10^8	3.1×10^8	2.4×10^8	0	0	

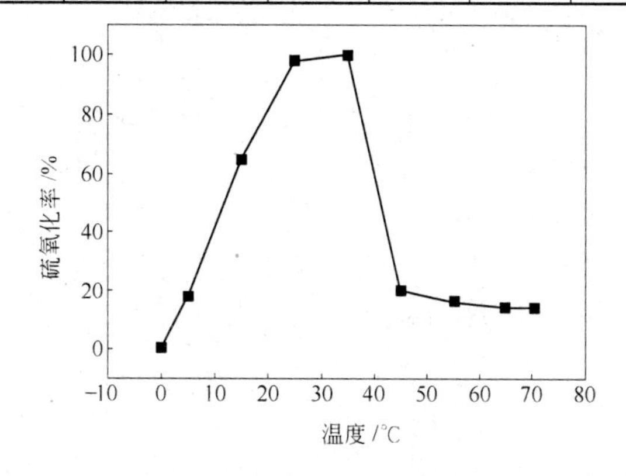

图4－13　温度对细菌氧化元素硫的影响

从表4－1、图4－13和图4－14中可以看出，最适宜微生物生长的温度，也是微生物氧化能力最强的温度。所以，在微生物浸矿过程中，为了获得最佳的浸出指标，必须保证浸出作业在所用微生物的最适宜生长温度下进行。

4.6.3　矿浆pH值

前已述及，环境pH值是影响微生物生长繁殖的重要因素。每一种微生物都有其生存的适宜pH值范围，当环境的pH值超出它们的适宜

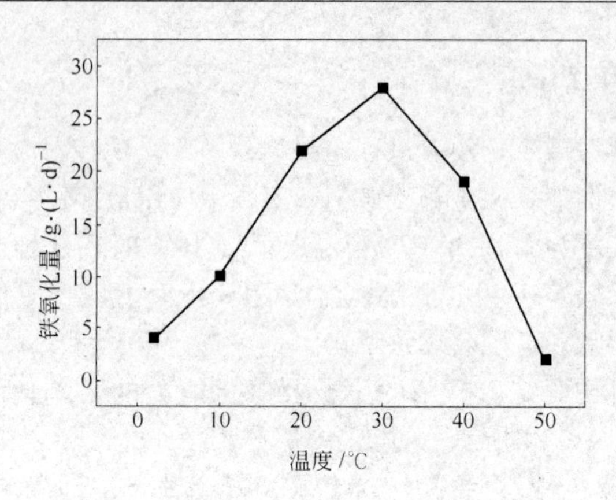

图 4－14　温度对细菌氧化元素铁的影响

生长范围时，微生物的生长繁殖将受到明显抑制，严重时会导致微生物死亡。因此，为了加快矿石的微生物浸出速度，必须将矿浆的 pH 值调整到所用微生物的适宜生长范围，以保证微生物有较快的生长繁殖速度和较高的活性。

在微生物浸矿工艺中，目前应用最多的氧化亚铁硫杆菌是一种产酸又嗜酸的细菌，环境 pH 值对它的影响尤其明显。图 4－15 ~ 图 4－17 是有关 pH 值对氧化亚铁硫杆菌生长情况的影响，其中图 4－16 的纵坐标 －lgI 中的 I，是用分光光度计测定含菌液浊度时测得的透光率。从这些图中可以看出，矿浆的 pH 值控制在 1 ~4 之间比较合适。

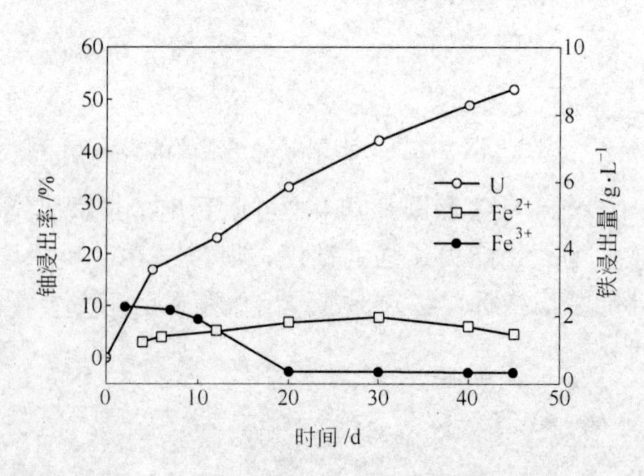

图 4－15　氧化亚铁硫杆菌在 9K 培养基中浸矿时间与浸出率之间的关系

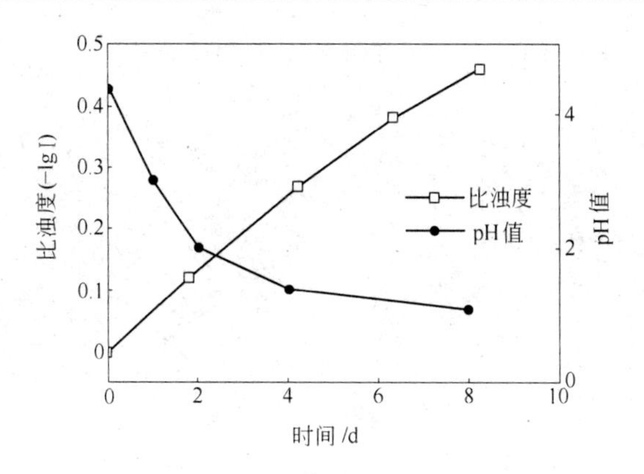

图 4－16　氧化亚铁硫杆菌在培养过程中 pH 值与比浊度之间的关系

当然，矿浆 pH 值对微生物浸矿过程的影响，并不仅仅表现在对微生物生长的促进或抑制两个方面，它还对矿浆中的物相平衡有着决定性影响。例如，被氧化亚铁硫杆菌用作能源的 Fe^{2+} 和氧化产物 Fe^{3+} 在矿浆中的浓度就与 pH 值有着密切的关系（见图 4－18 和图 4－19）。

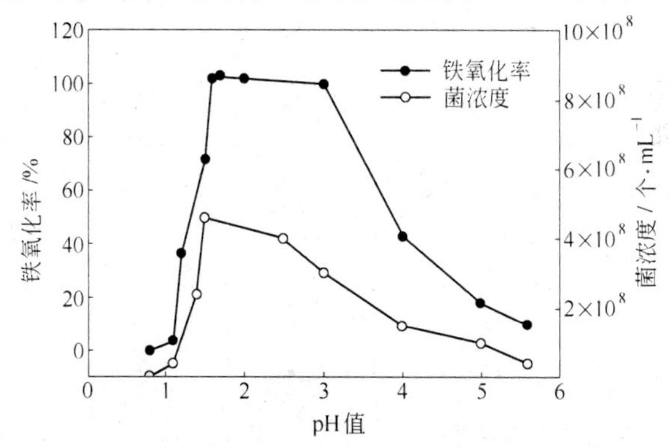

图 4－17　培养液 pH 值对细菌的影响

从图 4－18 和图 4－19 中可以看出，随着 pH 值的上升，Fe^{2+} 和 Fe^{3+} 会生成不同形式的沉淀物。这样一来，一方面，会因矿浆中铁离子浓度下降，而导致微生物能源的匮乏，影响微生物的生长速度及活性；另一方面，Fe^{2+} 和 Fe^{3+} 水解生成的氢氧化物和铁矾又会覆盖在矿石颗粒表面，形成比较致密的包裹层，妨碍微生物与矿石的接触；从而大大降低矿石的浸出速度。因此，矿浆 pH 值是氧化亚铁硫杆菌浸矿过程中的关键影响因素之一，必须放在首要考虑的位置。

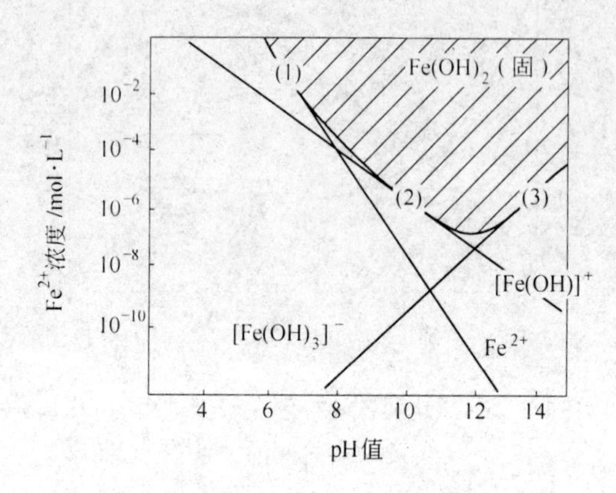

图4-18　Fe^{2+}浓度与pH值之间的关系

(1) $Fe(OH)_2$(固)$\rightleftharpoons Fe^{2+} + 2OH^-$；

(2) $Fe(OH)_2$(固)$\rightleftharpoons [Fe(OH)]^+ + OH^-$；

(3) $Fe(OH)_2$(固) $+ OH^- \rightleftharpoons [Fe(OH)_3]^-$

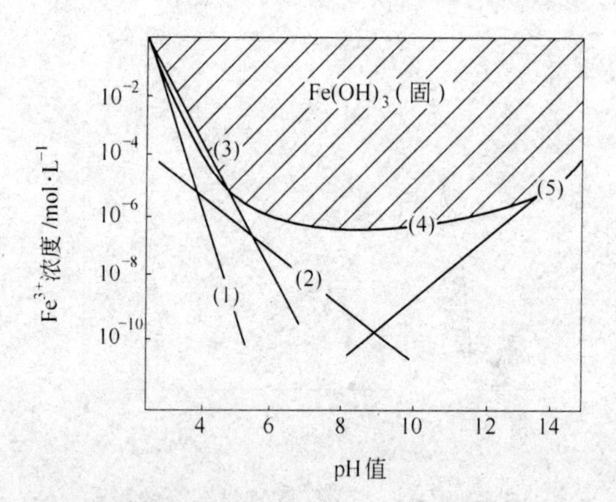

图4-19　Fe^{3+}浓度与pH值之间的关系

(1) $Fe(OH)_3$(固)$\rightleftharpoons Fe^{3+} + 3OH^-$；

(2) $Fe(OH)_3$(固)$\rightleftharpoons [Fe(OH)_2]^+ + OH^-$；

(3) $Fe(OH)_3$(固) $+ OH^- \rightleftharpoons [Fe(OH)]^{2+} + 2OH^-$；

(4) $Fe(OH)_3$(固)$\rightleftharpoons [Fe(OH)_3]$；

(5) $Fe(OH)_3$(固) $+ OH^- \rightleftharpoons [Fe(OH)_4]^-$

4.6.4 金属及某些离子

如前所述，微生物的生长需要许多种微量元素。例如，钾离子影响细胞的原生质胶态和渗透性；钙离子在控制细胞渗透性的同时，还起着调节细胞内酸碱度的作用；镁和铁是细胞色素和氧化酶辅基的组成部分。因此，在微生物体内必须含有适量的金属离子。然而任何事情都有一定的限度，就微生物而言，如果金属或金属离子的含量过高，将会对它们产生不同程度的毒害作用。从而影响微生物浸矿过程的正常进行。

据统计，微生物对一些金属和离子的极限耐受浓度如表 4－2 和表 4－3 所示。

表 4－2 微生物对一些金属的极限耐受浓度

金 属	Al	Ca	Mg	Mn	Mo	Cu	U
极限耐受浓度/$g \cdot L^{-1}$	6.3	4.9	2.4	3.3	0.16	12.0	1.0

表 4－3 微生物对一些离子的极限耐受浓度

离 子	Cl^-	Ca^{2+}	Cu^{2+}	Ag^+	AsO_4^{3-}	NH_4^+	Cd^{2+}	Na^+
极限耐受浓度/$mol \cdot L^{-1}$	0.34	0.073	0.0071	0.0019	0.056	0.118	0.078	0.29

当上述物质在矿浆中的含量超过浸矿用微生物所能耐受的极限时，将会明显降低微生物的生长速度和活性，抑制它们的氧化能力，致使微生物的浸矿效果急剧下降，图 4－20 所示的情况就是一个典型的例子，处理的矿样是 －0.04 mm、含 Cu 30.09% 的黄铜矿。

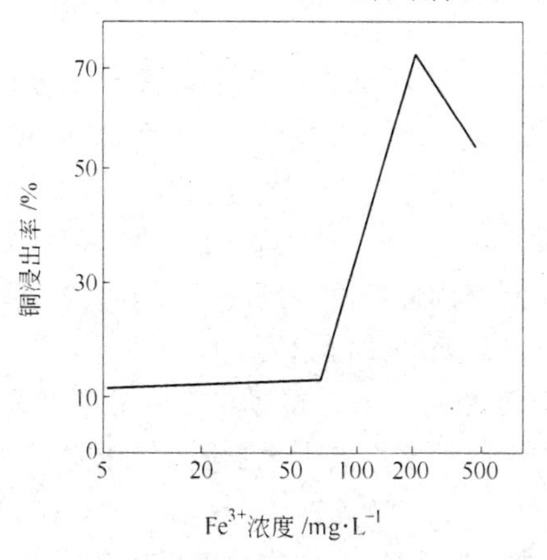

图 4－20 Fe^{3+} 浓度对细菌浸出铜的影响

其他一些金属盐类对氧化亚铁硫杆菌的影响情况如表 4 – 4 所示。由表 4 – 4 中的数据可以看出，F^-对氧化亚铁硫杆菌氧化能力的抑制程度最大。因此，在硫化物矿石的微生物浸出过程中，应特别注意控制浸出剂中 F^-的浓度。

表 4 – 4　某些盐类对氧化亚铁硫杆菌的影响

盐　类	浓度 /$mol \cdot L^{-1}$	抑制氧化 Fe^{2+} 的能力/%	盐　类	浓度 /$mol \cdot L^{-1}$	抑制氧化 Fe^{2+} 的能力/%
NaCl	0.2	0	$MnSO_4$	1.0	0
	0.5	50	$NaNO_3$	0.35	0
	1.0	90		0.6	40
KCl	0.2	0	NH_4NO_3	0.8	100
	0.5	0		0.3	10
	1.0	90		0.8	100
Na_2SO_4	2.0	0	NaF	3×10^{-4}	0
K_2SO_4	2.0	0		1.7×10^{-3}	30
$Al_2(SO_4)_3$	1.0	0		6.7×10^{-3}	100

4.6.5　固体浓度

在微生物搅拌浸出工艺中，固体浓度对矿石浸出过程的影响主要包括以下三个方面：

（1）随着固体浓度的增加，矿浆中的离子浓度也随之上升，当离子浓度超过微生物的极限耐受浓度时，将会导致矿石的浸出速度明显下降。

（2）由于微生物对矿石浸出的直接催化作用是通过吸附于矿粒表面而实现的，当矿浆中固体浓度升高时，每个矿粒上附着的微生物数目必然下降，从而降低矿石的浸出速度。

（3）随着固体浓度的上升，搅动矿浆中矿粒之间的碰撞、摩擦程度加剧，致使吸附于矿粒表面的微生物脱落或损伤，从而导致矿石的浸出速率下降。

由于上述三方面的原因，在微生物浸矿工艺流程中，矿浆浓度（固体质量分数）一般控制在 10% ~20% 之间。当矿浆浓度超过 20% 时，金属浸出率明显下降。当矿浆浓度达到30%时，大多数微生物很难生存。

4.6.6 光线

由于紫外线具有很强的杀菌作用，所以若将微生物放置在直射的日光下，即使它们不死亡，其活性和生长繁殖速度也会受到严重影响。经检测发现，在暴露于阳光下的培养池中，距液体表面0.6 m以内的液层中几乎观察不到微生物的氧化作用。另外，在微生物堆浸工艺中，在暴露于阳光之下的矿堆表面，微生物的浸矿作用也非常微弱。经过实际测定，得到光线对微生物浸出效果的影响情况如图4-21所示。图4-21中的结果充分表明，光线对微生物浸出过程有着明显的不利影响。所以，微生物浸矿过程应尽量在避光条件下进行。

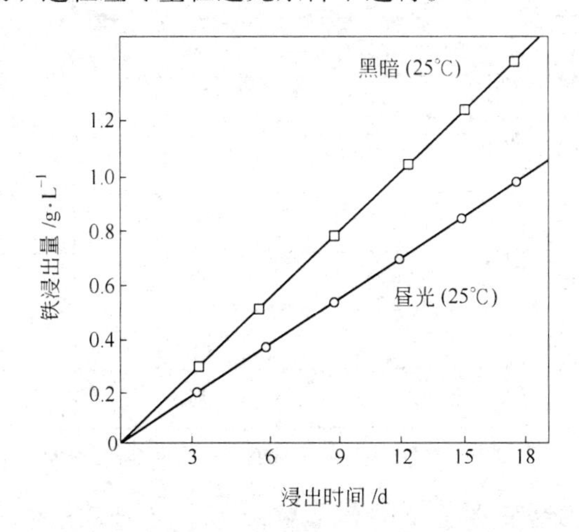

图4-21 光线对氧化亚铁硫杆菌浸出效果的影响

4.6.7 表面活性剂

由于表面活性剂能改变矿石的表面疏水性和渗透性，所以有些表面活性剂能加快微生物的浸矿速度。基于这一情况，邓肯（Duncan）等人就表面活性剂对微生物浸出过程的影响进行了系统研究。结果表明，对微生物浸矿过程有促进作用的表面活性剂有如下一些：

（1）阳离子型表面活性剂，包括甲基十二苯甲基三甲基氯化铵、双甲基十二基甲苯、咪唑啉阳离子季胺盐等；

（2）阴离子型表面活性剂，包括辛基磺酸钠、氨基脂肪酸衍生物等；

（3）非离子型表面活性剂，包括聚氧乙烯山梨醇酣单桂酯（吐温 20）、苯基异辛基聚氧乙烯醇、壬基苯氧基聚氧乙烯乙醇等。

几种表面活性剂对微生物浸出黄铜矿的影响情况如表 4 – 5 所示。由表 4 – 5 中数据可以看出，三种表面活性剂中吐温 20 的效果最好，其最佳使用浓度为 0.003%。邓肯等人通过添加表面活性剂，将氧化亚铁硫杆菌浸出黄铜矿的速度由 20 mg/（L·h），提高到 500 mg/（L·h）。

表 4 – 5　表面活性剂浓度对氧化亚铁硫杆菌浸出黄铜矿的影响

活性剂浓度/%	黄铜矿浸出率/%		
	a	*b*	*c*
0	8.3	8.3	8.3
0.0001	57.2	22.2	28.9
0.003	74.4	44.15	58.8
0.05	31.8	27.3	19.5
0.1	23.9	19.9	15.1
0.5	21.0	11.9	11.4
1.0	12.1	15.9	18.6

注：*a*—吐温 20；*b*—聚氧乙烯山梨醇单棕榈酯；*c*—聚氧乙烯山梨醇单硬脂酸脂。

4.6.8　通气量

当利用好氧微生物（如氧化亚铁硫杆菌）对矿石进行浸出时，需要供给充足的氧气和二氧化碳，以保证浸出过程正常进行。一般地讲，好氧微生物正常生长时的实际耗氧量，比通常情况下水中溶解的氧要高两个数量级，所以仅靠自然溶解在水中的氧，远远不能满足微生物生长的需要。因此，在绝大部分微生物浸矿工艺中都采用直接向矿浆（或浸出剂）中充气或借助加快溶液的循环速度等手段，来改善浸出过程的供氧状况。通气对氧化亚铁硫杆菌氧化能力的影响的实际测定结果如图 4 – 22所示。

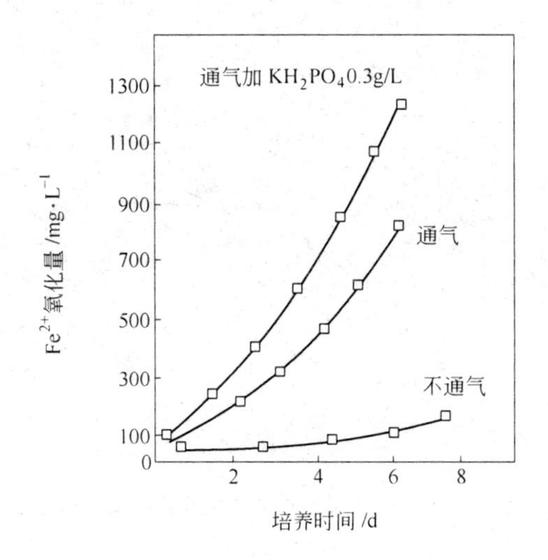

图 4－22　通气条件对氧化亚铁硫杆菌氧化 Fe^{2+} 的影响

从图 4－22 中可以看出，通气对好氧微生物氧化能力的影响是非常显著的。

在实际浸矿过程中，通气速度一般为 0.06～0.1 $m^3/(m^3 \cdot min)$。通常情况下，空气中的 CO_2 量是可以满足微生物需要的。只有在个别情况下，为了加快微生物的繁殖速度，在供给的空气中补加 1%～5% 的 CO_2。

4.6.9　催化离子

巴利斯特（Ballester）等人的研究结果表明，Cu^{2+}、Hg^{2+}、Bi^{3+}、Co^{2+}、Ag^{+} 等一些金属离子，对氧化亚铁硫杆菌浸出闪锌矿和复杂金属硫化矿精矿的效果有明显影响（见图 4－23～图 4－25）。

从图 4－23～图 4－25 中可以看出，Ag^{+} 对锌和铜的微生物浸出效果以及 Cu^{2+} 对铅的微生物浸出效果，都有着特别显著的影响。至于个别情况下，出现的较长适应期，则可以认为是起初微生物对催化离子尚不适应所致。

关于 Ag^{+} 对黄铜矿微生物浸出过程的催化机理，一般认为是 Ag^{+} 取代了黄铜矿晶格中的 Cu^{2+} 和 Fe^{2+}，生成 Ag_2S，其反应方程式为：

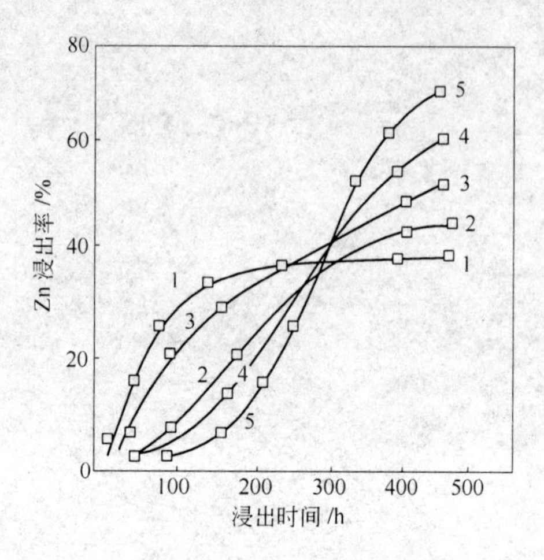

图 4 - 23　催化离子对细菌浸出闪锌矿的影响

1—未加催化剂；2—Hg^{2+}；3—Co^{2+}；4—Bi^{3+}；5—Ag^{+}

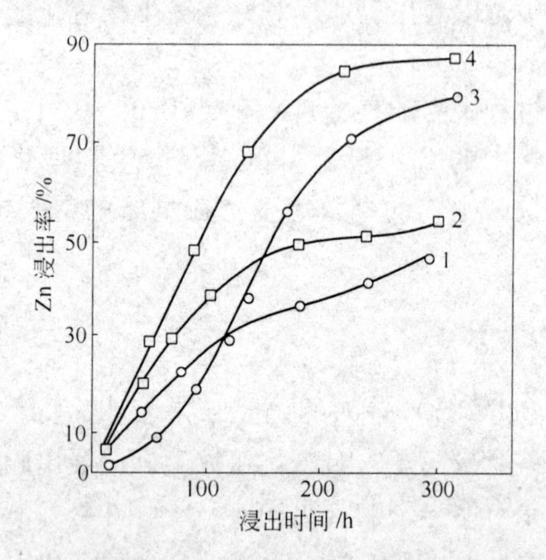

图 4 - 24　不同 Cu^{2+} 浓度对细菌浸出锌精矿的影响

1—未加；2—0. 03g/L；3—0. 33 g/L；4—1. 27 g/L

$$CuFeS_2 + 4Ag^{+} \longrightarrow 2Ag_2S + Cu^{2+} + Fe^{2+} \qquad (4-6)$$

被 Ag^{+} 取代下来的 Fe^{2+} 迅速被微生物氧化成 Fe^{3+}。Fe^{3+} 又与 Ag_2S 发生如下反应：

$$Ag_2S + 2Fe^{3+} \longrightarrow 2Ag^{+} + 2Fe^{2+} + S \qquad (4-7)$$

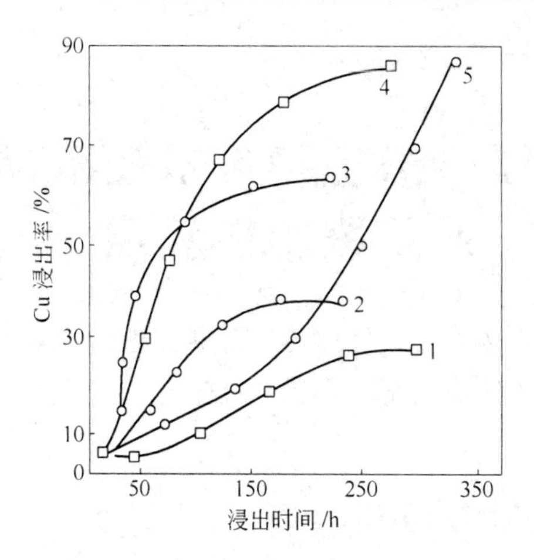

图4－25　不同催化离子对细菌浸出铜精矿的影响
1—未加催化剂；2—Bi^{3+}；3—Co^{2+}；
4—Hg^{2+}；5—Ag^{+}

从而使催化离子 Ag^{+} 得到再生。由于 Ag^{+} 对 Fe^{2+} 的取代，加速了氧化亚铁硫杆菌对 Fe^{2+} 的氧化速度，相当于增加了微生物的能源供应速度，从而大大地增加了微生物的生长繁殖速度和活性。因此，Ag^{+} 可以明显改善氧化亚铁硫杆菌对黄铜矿的浸出效果。

第5章　微生物技术在矿物加工工程中的应用

目前，采用微生物技术处理的矿石主要是一些含金属硫化物矿物的矿石，应用的微生物主要是氧化亚铁硫杆菌。本章就其具体的应用情况作一些介绍。

5.1　铜矿石的微生物浸出

铜矿石的微生物浸出工艺已有40多年的工业应用历史。在资源微生物技术的工业应用领域中，微生物浸铜工艺可算是经济效益最佳的实例之一。

5.1.1　微生物浸铜的基本反应

迄今为止，利用微生物技术处理的铜矿石，都是一些含有硫化铜矿物的矿石。在微生物的作用下，矿石中的一些铜硫化物矿物首先被氧化溶解，并生成一些氧化能力较强的物质，例如H_2SO_4、$Fe_2(SO_4)_3$等，它们可以氧化其他铜硫化物矿物、铜的氧化物矿物和含氧盐矿物。微生物浸出不同类型的铜矿石时，可能发生的化学反应有：

黄铜矿（$CuFeS_2$）：

$$CuFeS_2 + 4O_2 \xlongequal{\text{微生物}} CuSO_4 + FeSO_4 \qquad (5-1)$$

$$4FeSO_4 + 2H_2SO_4 + O_2 \xlongequal{\text{微生物}} 2Fe_2(SO_4)_3 + 2H_2O \qquad (5-2)$$

$$CuFeS_2 + 2Fe_2(SO_4)_3 \xlongequal{\text{微生物}} CuSO_4 + 5FeSO_4 + 2S \qquad (5-3)$$

$$2S + 3O_2 + 2H_2O \xlongequal{\text{微生物}} 2H_2SO_4 \qquad (5-4)$$

斑铜矿（Cu_5FeS_4）：

$$2Cu_5FeS_4 + 17O_2 \xlongequal{\text{微生物}} 6CuSO_4 + 2FeSO_4 + 2Cu_2O \qquad (5-5)$$

$$Cu_5FeS_4 + 9O_2 + 2H_2SO_4 \xlongequal{\text{微生物}} 5CuSO_4 + FeSO_4 + 2H_2O \quad (5-6)$$

$$Cu_5FeS_4 + 6Fe_2(SO_4)_3 \xlongequal{\text{微生物}} 5CuSO_4 + 13FeSO_4 + 4S \quad (5-7)$$

铜蓝（CuS）

$$CuS + 2O_2 \xlongequal{\text{微生物}} CuSO_4 \quad (5-8)$$

$$CuS + Fe_2(SO_4)_3 \longrightarrow CuSO_4 + 2FeSO_4 + S \quad (5-9)$$

硫砷铜矿（CuAsS）

$$4CuAsS + 6H_2O + 13O_2 \xlongequal{\text{微生物}} 4H_3AsO_4 + 4CuSO_4 \quad (5-10)$$

$$4CuAsS + 4Fe_2(SO_4)_3 + 6H_2O + 5O_2 \longrightarrow 4H_3AsO_4 + 4S + 4CuSO_4 + 8FeSO_4 \quad (5-11)$$

$$2H_3AsO_4 + Fe_2(SO_4)_3 \longrightarrow 2FeAsO_4 + 3H_2SO_4 \quad (5-12)$$

辉铜矿（Cu_2S）

$$2Cu_2S + 2Fe_2(SO_4)_3 + 2H_2SO_4 + O_2 = 4CuSO_4 + 4FeSO_4 + 2H_2O + 2S \quad (5-13)$$

$$Cu_2S + 2Fe_2(SO_4)_3 = 2CuSO_4 + 4FeSO_4 + S \quad (5-14)$$

蓝铜矿（$Cu_3(OH)_2(CO_3)_2$）

$$Cu_3(OH)_2(CO_3)_2 + 3H_2SO_4 = 3CuSO_4 + 2CO_2 + 4H_2O \quad (5-15)$$

孔雀石（$Cu_2(OH)_2CO_3$）

$$Cu_2(OH)_2CO_3 + 2H_2SO_4 = 2CuSO_4 + CO_2 + 3H_2O \quad (5-16)$$

硅孔雀石（$CuSiO_3 \cdot 2H_2O$）

$$CuSiO_3 \cdot 2H_2O + H_2SO_4 = CuSO_4 + SiO_2 + 3H_2O \quad (5-17)$$

赤铜矿（Cu_2O）

$$2Cu_2O + 4H_2SO_4 + O_2 = 4CuSO_4 + 4H_2O \quad (5-18)$$

$$Cu_2O + H_2SO_4 + Fe_2(SO_4)_3 = 2CuSO_4 + H_2O + 2FeSO_4 \quad (5-19)$$

黑铜矿（CuO）

$$CuO + H_2SO_4 = CuSO_4 + H_2O \quad (5-20)$$

$$3CuO + Fe_2(SO_4)_3 + 3H_2O = 3CuSO_4 + 2Fe(OH)_3 \quad (5-21)$$

$$4CuO + 4FeSO_4 + 6H_2O + O_2 = 4CuSO_4 + 4Fe(OH)_3 \quad (5-22)$$

自然铜（Cu）

$$Cu + Fe_2(SO_4)_3 = CuSO_4 + 2FeSO_4 \quad (5-23)$$

上述反应式中，注明有微生物催化的反应，是微生物对铜矿石浸出过程的直接催化作用，而没有注明微生物催化的反应，是以直接催化作用的产物（H_2SO_4 和 $Fe_2(SO_4)_3$）作为氧化剂的反应，是微生物对铜矿石浸出过程的间接催化作用。

5.1.2 铜矿石微生物浸出的工艺流程

铜矿石的微生物浸出工艺，一般用来处理大吨位的含铜贫矿石、尾矿、废矿和小而分散矿山的铜矿石，个别情况也用来浸出富铜矿和铜精矿。所采用的浸出方式有堆浸、槽浸、原位浸出和搅拌浸出。其中堆浸和槽浸的常用流程如图5-1所示。

当采用搅拌浸出工艺时，还须在流程中加入磨矿作业和固液分离工序。流程中的萃取-电积作业也可以用铁粉置换工艺来代替，直接得到海绵铜。沉淀后的尾液经微生物氧化再生后，返回浸出工序。海绵铜再用火法或湿法加工，得到各种精铜产品。当然，也可以采用其他方法从浸出液中回收铜。

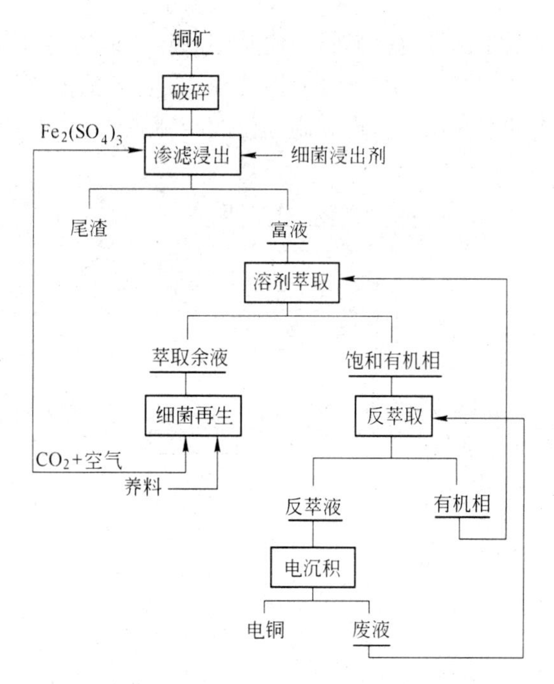

图 5－1 铜矿石的微生物渗滤浸出－萃取－电沉积流程图

此外，用微生物浸出工艺还可以选择性地浸出复杂矿石或混合精矿中的部分矿物，使未浸出的矿物得到富集和纯化。图 5－2 所示的流程

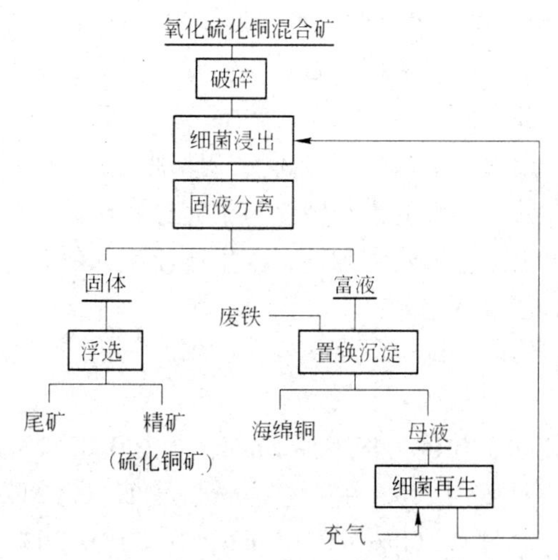

图 5－2 利用氧化亚铁硫杆菌浸出混合铜矿石的流程图

就是利用微生物浸出混合铜矿石，使其中的硫化铜矿物得以富集和纯化的生产工艺。利用微生物浸出含铜钼精矿的生产流程如图 5 - 3 所示，微生物将其中的铜浸出后，得到高品位的钼精矿。

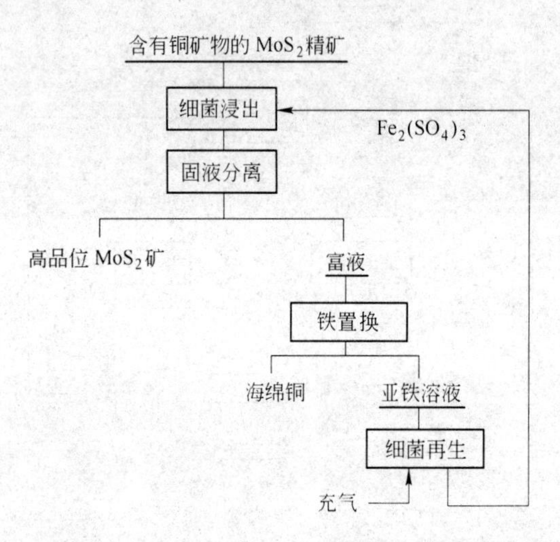

图 5 - 3　细菌浸出含铜硫化钼精矿的流程图

5.1.3　铜矿石微生物浸出的应用实例

5.1.3.1　柏坊铜铀矿的微生物浸出工艺

湖南省常宁县的柏坊铜矿，属于铜铀共生矿床。矿石中铜以硫化矿物为主，铀绝大部分以 U_3O_8 的形式存在。该矿采用浮选和重选联合流程选出铜精矿，用火法冶炼生产金属铜。选别尾矿、冶炼炉渣和井下大量贫矿中仍含有数量可观的铜和铀。为了充分利用矿产资源，对这些物料采用微生物浸出工艺回收铜和铀，其生产流程如图 5 - 4 所示。

入浸物料的基本情况为：

（1）浮选尾矿，粒度为 99% - 0.074 mm，含 U 0.204%、Cu 0.224%；

（2）重选尾矿，粒度为 95% - 2 mm，含 U 0.0344%、Cu 1.454%；

（3）矿泥，粒度为 100% - 0.074 mm，含 Cu 0.624%；

（4）炉渣，粒度为 100% - 0.15 mm，含 U 0.0326%、Cu 1.557%；

（5）井下贫矿，粒度为 100% - 2 mm，含 U 0.00759%、Cu 0.523%。

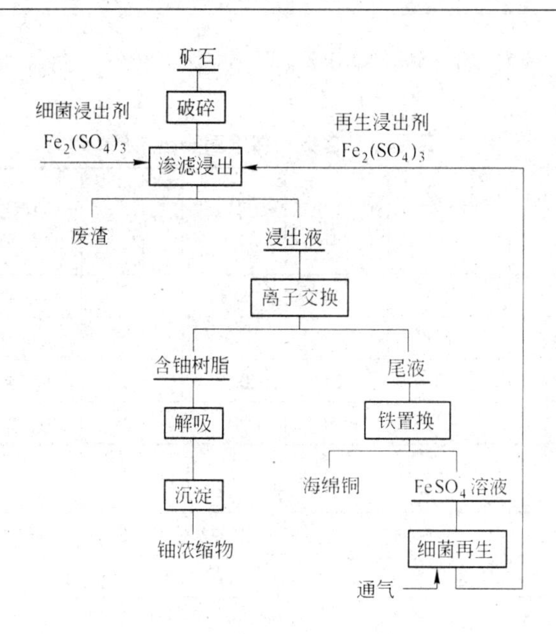

图5-4 铜铀矿石微生物浸出工艺流程图

以上几种物料分别用4个渗滤池浸出，其投料顺序为：浮选尾矿、重选尾矿与矿泥（1∶1）的混合物料，炉渣与矿泥（1∶1）的混合物料，井下贫矿。

浸出过程中使用的微生物是氧化亚铁硫杆菌，菌种取自安徽省铜官山铜矿的酸性矿坑水中。首批浸出剂是用硫酸溶解废铁屑产生的 $FeSO_4$ 溶液（Fe^{2+} 的浓度为26 g/L）制备的。其制备方法是：首先将氧化亚铁硫杆菌所需要的其他营养物质加入 $FeSO_4$ 溶液中，然后把菌种接种进去，并在常温（20～30℃）下充气培养1～3 d，使其中的 Fe^{2+} 几乎全部氧化为 Fe^{3+}。以此培养液作为第一批浸出剂，给入渗滤浸出池进行浸出。待浸出过程稳定以后，则用置换沉淀铜以后的母液，经细菌氧化再生后送回渗滤浸出池。

在这一生产流程中，铀的浸出反应为：

$$U_3O_8 + Fe_2(SO_4)_3 + 2H_2SO_4 = 3UO_2SO_4 + 2FeSO_4 + 2H_2O \tag{5-24}$$

浸出液中的铜和铀采用离子交换法分离，回收铀以后的尾液再用废铁置换法回收铜。其生产指标如表5-1和表5-2所示。整个生产流程的金属回收率为 Cu 85% ~90%、U 68% ~80%，每 1 kg 铜消耗铁 1.5 ~2.5 kg。

表 5 -1 含铜物料细菌浸出结果

物料	粒度/mm	原 Cu 品位/%	浸出时间/d	浸出渣含 Cu 质量分数/%	液计浸出率/%	渣计浸出率/%
浮砂	未加工	0.202	21	0.02	—	90.1
重砂矿（1:1）	未加工	1.00	50	0.10	—	90.0
炉渣矿泥（1:1）	炉渣 -0.074	1.557	70.75	0.23	98.74	85.2
井下贫矿	-2	0.56	31	0.08	91.22	85.7

表 5 -2 铁置换沉淀铜的结果

浸出液组成/g · L^{-1}				温度/℃	时间/h	母液组成/g · L^{-1}				Cu 置换率/%	海绵铜/%
Cu^{2+}	Fe^{2+}	Fe^{3+}	pH 值			Cu^{2+}	Fe^{2+}	Fe^{3+}	pH 值		
4.25	1.90	3.24	2.0	17 ~18	22	0.067			7.5	98.41	63.71
6.24	0.015	6.12	2.0	25 ~19	10	0.10	16		4.5	98.40	61.60

5.1.3.2 鲁姆 · 荣格利（Rum Jungle）铜矿的微生物堆浸工艺

澳大利亚的康津 · 卫奥廷托（Conzine Riotinto）公司从 1965 年开始用微生物堆浸工艺从鲁姆 · 荣格利铜矿的废矿石堆中浸出铜。这一地区的气候温暖、干燥，年平均气温接近 32℃，对微生物生长特别有利。鲁姆 · 荣格利铜矿的矿石中，有用矿物是以黄铜矿为主的含铜硫化物矿物，在矿体的上部分布着一些易碎的氧化铜矿石。由于选矿厂的生产能力有限，致使选别尾矿的品位较高。为了充分回收金属，该矿采用微生物浸出工艺从尾矿和废弃的氧化铜矿石中回收铜。

鲁姆 · 荣格利（Rum Jungle）铜矿采用微生物浸出场地的平面布置如图 5 -5 所示。其中硫化矿堆的铜品位为 1.61%，氧化矿堆的铜品位为 2%。所采用的生产工艺流程如图 5 -6 所示。

在浸出生产中，先用微生物（氧化亚铁硫杆菌）浸出硫化矿，产生的酸性浸出液用于浸出氧化矿。由于用微生物浸出的氧化铜矿矿石量远远大于硫化铜矿的矿石量，所以氧化硫化矿产生的 H_2SO_4 不能完全满足生产需要。为了解决这一问题，在浸出过程中，不断向生产流程中加入铀冶炼厂的酸性废液，以提高浸出剂的酸度。

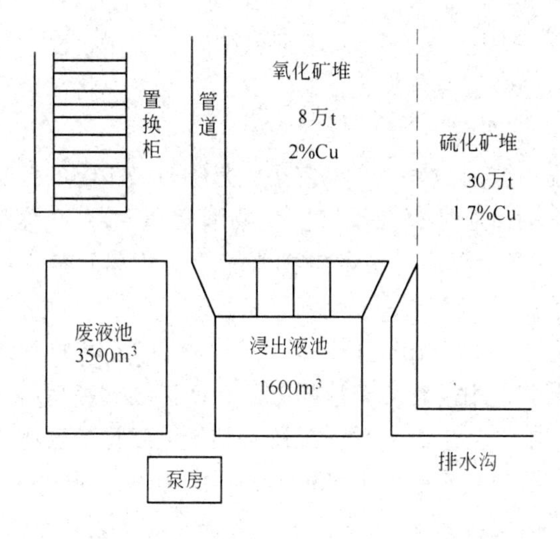

图5-5 鲁姆·荣格利矿微生物堆浸工艺场地平面布置图

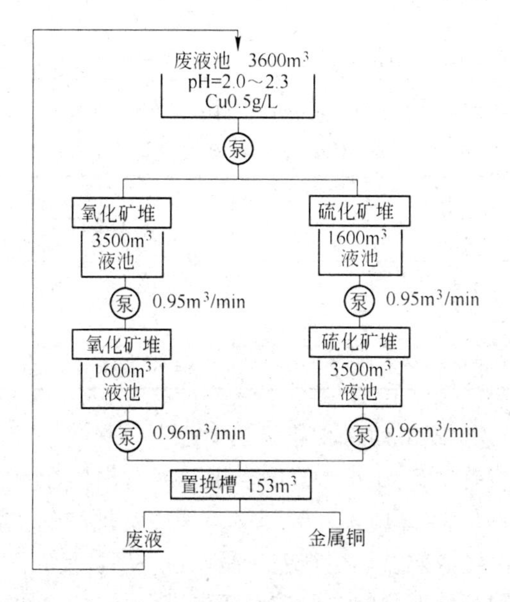

图5-6 鲁姆·荣格利矿堆浸流程图

在堆浸生产过程中，重点控制的工艺参数是溶液的酸度。因为当 pH > 2.1 时会产生铁沉淀，给浸出过程带来不利影响。为了防止沉淀生成，生产中将 pH 值控制在 1.5 ~ 1.8 之间。浸出过程中，氧化还原电位维持在 400 mV 以上。另外，为了避免铁沉淀，在浸出过程中把流入硫化矿堆的溶液含铁量控制在 5 g/L 以下，这就需要将部分尾液经处理后排放掉。

生产过程中控制的另一个工艺条件是维持微生物的营养供应。在矿石的浸出过程中，通常存在足够微生物消耗的 Mg、K 等无机盐，但有时会缺少 N、P。所以，对于微生物所需要的营养元素，都需要定期测定，及时调整。

此外，为了强化浸出过程，矿堆中必须有足够的氧气。为此，鲁姆·荣格利铜矿采用了轮流布液的方法，使矿堆交替润湿和干燥，使空气自动吸入矿堆内。矿石交替干湿还有利于毛细管扩散作用的发挥，矿石干燥时，溶解的金属由毛细管排出；再润湿时，新的浸出剂又被吸入毛细管中，浸出更深部的金属。另一方面，露天环境中的自然风化作用，会在矿石中形成更多、更深的毛细管，使大块矿石内部的金属也能溶解出来。

鲁姆·荣格利铜矿微生物堆浸工艺的生产数据如表 5 - 3 所示。生产中采用置换法回收铜，每千克海绵铜消耗铁 1.1 ~ 1.5 kg。

表 5 - 3　Rum Jungle 矿堆浸生产数据

项　目	Cu	ΣFe	Fe^{2+}	pH 值
硫化矿堆循环液	0.15	3.6	3.4	2.2
从硫化矿堆到氧化矿堆溶液	0.66	3.0	2.6	1.2
进入置换池浸出液	1.20	2.8	2.2	1.7
从置换池排出的尾液	0.16	4.6	4.5	2.1

5.1.3.3　*废铜矿石的微生物堆浸工艺*

在美国，所有铜矿山采出的矿岩中，废石率均在 60% 以上。这些废石的铜品位一般为 0.15% ~ 0.75%，采用常规的选矿方法或湿法冶金工艺回收铜，经济效益往往很差，所以曾一度被废弃。为了利用这部分铜矿资源，阿利桑那州的一些矿山率先进行了微生物堆浸工艺的试验研究。结果表明，利用微生物堆浸工艺从这些废石中回收铜可以获得非常可观的经济效益，从而使废铜矿石的微生物堆浸在美国得到了迅速普及，许多矿山和公司利用这种工艺获得了巨大的经济效益。表 5 - 4 列出了美国几家公司对废铜矿石进行微生物堆浸的基本情况。这些公司所采用的堆浸系统的布置情况大致如图 5-7 所示，具体的生产数据如表 5-5 所示。这些矿山和公司用微生物堆浸法，每年从废铜矿石堆中回收的铜约占其铜产量的 10%。

表 5-4　美国几家公司的废铜矿石细菌堆浸情况

矿山或公司	废石产量 /$t \cdot d^{-1}$	废石堆含 Cu 质量分数/%	海绵铜产量/$t \cdot a^{-1}$	浸出、沉淀操作工人数
巴格达德（Bagdad）矿	36000	0.25～0.75	7800	18
卡南尼（Cananea）矿山公司	49000	0.2～0.4	3300	7
钦诺（Chino）矿	52000	0～0.5	27000	23
铜王后（CopperQueen）矿	60000	0.3	5000	
埃斯珀兰扎（Esperanza）矿	18000	0.15～0.4	2000	3
神灵（Lnspiration）矿	26000		3800	6
迈阿密（Miami）铜公司	28000		13000	
雷（Ray）矿	5000	0.24	9000	11
银钟（SilverBell）矿	2000		2400	4
犹他（Utah）矿			20000	31

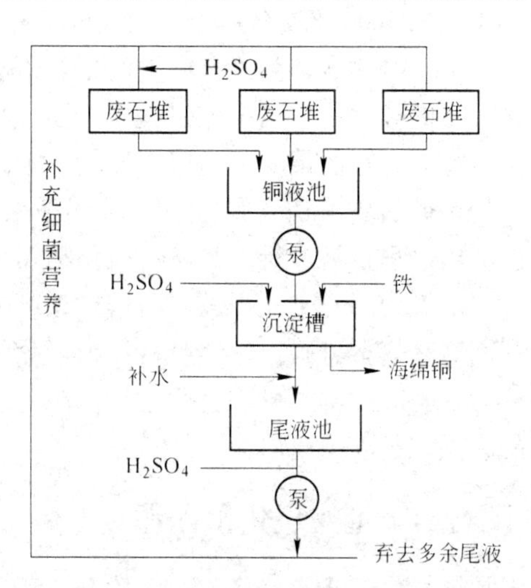

图 5-7　美国几家公司的废石细菌堆浸系统的布置图

表5-5 含铜废矿石细菌堆浸数据

矿山或公司	堆浸作业前的浸出剂					堆浸后来自废石堆的浸出液				每吨溶液加酸量 /kg
	pH值	Cu /g·L^{-1}	Fe^{2+} /g·L^{-1}	Fe^{3+} /g·L^{-1}	流量 /m^3·min^{-1}	pH值	Cu /g·L^{-1}	Fe^{2+} /g·L^{-1}	Fe^{3+} /g·L^{-1}	
巴格达德(Bagdad)	2.0	0.02	4.0	0.2	12.5	2.5	1.1	0.03	2.0	7.5
卡南尼(Cananea)公司	2.75	0.15	20.0	0.2	4.5	2.0	1.5	6.0	12.0	0
钦诺(Chino)矿	3.5	0.2	3.5	0.1	42	2.5	2.0	0.9	0.8	1.6
铜王后(CopperQueen)矿	3.5	0	1.0	0	8.0	2.0	1.4	3.5	3.0	0
神灵(Lnspiration)矿	2.65	2.24	5.0	0.5		1.9	1.9	3.3	2.7	
雷(Ray)矿	3.4	0.08	2.4	0.06	19	2.4	1.0	0.7	1.3	4.9
银钟(Silver Bell)矿	3.3	0.01	1.7	0.04	3.4	2.4	1.1	0.1	0.5	
犹他(Utah)矿	2.4	0.1	2.5	0.02	7.6	2.5	1.2	1.0	1.0	

废铜矿石的微生物堆浸同样是利用氧化亚铁硫杆菌，菌种大都是取自从废铜矿石堆流出来的酸性水中。在生产过程中，大部分矿山都不进行微生物含量的测定，仅通过测定溶液的 pH 值、*Eh* 值以及 Fe^{2+} 和 Fe^{3+} 的浓度间接掌握微生物的生长情况。

在这些废铜矿石的微生物堆浸作业中，细菌需要的 O_2、CO_2 和其他无机营养物质，都直接来自于空气和矿石中，一般情况下不另外加入。只有在个别情况下，经测定认为确有必要时，才给予部分补充。

另外，在废铜矿石的微生物堆浸操作过程中，还必须重视硫化物氧化反应放出的热量对浸出过程的影响。在气候比较温暖的地区，浸出较大的废矿石堆时，如果矿石中的硫含量较高，则必须采取一定的散热、降温措施，以保证浸出过程正常进行。当然，硫化物氧化反应放出的热量并不是对浸出过程都不利。对于较小的矿石堆或在寒冷地区进行的微生物堆浸工艺，利用这些热量可以很好地维持浸出环境的温度，加快矿石的浸出速度。例如，美国的肯尼科特公司在犹他矿采用此方法，顺利地从被冰雪覆盖的废铜矿石堆中浸出铜。

5.2 难处理金矿石的微生物氧化预处理

生产上，将用常规氰化工艺不能将矿石中的金顺利提取出来的金矿石称为难处理金矿石。按矿石类型分，难处理金矿石有硫化物矿石、炭质矿石和碲化物矿石。多金属共生的含金硫化物矿石，在中国乃至全世界的储量都比较丰富，分布也非常广泛。统计数字表明，难处理金矿石的金储量占世界黄金总储量的60%左右，这足以说明解决难处理金矿石的提金问题具有非常重要的意义。

导致金矿石难处理的原因主要包括以下几个方面：

（1）金被包裹。这种情况指的是在常规条件下本来可以被氰化物顺利溶解的自然金，被包围在氰化物不能溶解的其他矿物之中，形成了含金包裹体，由于金不能与氰化物接触而无法被溶解。包裹在金颗粒表面的矿物通常有黄铁矿（FeS_2）、砷黄铁矿（FeAsS）、黄铜矿（$CuFeS_2$）和石英（SiO_2）等。这种含金包裹体的尺寸一般都小于7 μm，称作微细包裹体或亚微细包裹体，通过细磨无法使金暴露出来。

（2）炭质物的影响。炭质难处理金矿石中含有一定数量的有机碳和无机碳，这些炭质物具有一定的活性，可以吸附金，从而使氰化过程中溶解下来的金，一部分又被反吸附在炭质物上，形成所谓的“贵液浸吞”现象，降低金的氰化浸出率。此外，有些炭质物还可能与金形成一种比较稳定的难溶络合物，从而使金不能被氰化物溶解。

（3）金属硫化物的影响。难处理金矿石中的金属硫化物矿物除了有可能对金颗粒形成包裹之外，由于它们有一定的导电性，还会因它们与金颗粒接触而导致金阳极的溶解钝化。其次，这些金属硫化物还能同矿浆中的氰化物、氧或碱发生化学反应，消耗浸出剂，与此同时，反应生成的含氰产物进入溶液后，往往会降低金的溶解速度。

难处理金矿石的微生物氧化预处理工艺正是为了解决上述几个问题，尤其是金被包裹的情况而提出的。

5.2.1 难处理金矿石微生物氧化的试验研究新探索

难处理金矿石的微生物氧化工艺是近30年发展起来的一种新工艺，由于它的工艺流程简单、投资少、生产成本低且不污染环境，所以越来越受到人们的重视。除了已研究的比较成熟的采用氧化亚铁硫杆菌酸性环境氧化、碱性环境氰化浸金的工艺之外，一些新的探索尚处于试验研究阶段。

5.2.1.1 耐热微生物的利用

布赖尔利（Brieley）等人于1986年首次进行了用耐热微生物和用

氧化亚铁硫杆菌浸出金矿石的对比试验研究，结果如表5-6所示。处理的金精矿含Au 45.3 g/t、FeS_2 36%、FeAsS 23%、CuS 1%。对这一金精矿直接进行氰化浸出时，金的浸出率仅为5.5%。采用的微生物氧化条件为：矿浆浓度5%、pH=1.5，通入含体积分数5% CO_2的空气混合气体，搅拌速度为500 r/min，氧化时间为7 d。

表5-6 不同细菌氧化浸出金精矿的结果

菌种及氧化浸出温度	Fe溶解率/%	Fe沉淀率/%	Fe浸出率/%	最大铁溶解速率/$mg \cdot h^{-1}$	氰化浸出率/%
氧化铁硫杆菌（30℃）	17.2	12.2	29.4	52.1	55.5
耐热硫杆菌（50℃）	26.9	20.2	47.1	61.0	56.0
硫化裂片菌（60℃）	78.5	5.8	84.4	177.1	91.0

由表5-6中的结果可以看出，采用硫化裂片菌氧化这一金精矿时，无论是矿石中铁的浸出率，还是氧化渣中金的氰化浸出率，都远远高于采用氧化亚铁硫杆菌氧化时获得的指标。

利用耐热细菌的另一个例子，是研究人员利用耐热混合培养菌，对澳大利亚一含有砷黄铁矿和黄铁矿的金精矿所进行的氧化浸出研究。在试验中，氧化浸出矿浆的浓度为15%，温度为40~45℃，氧化时间为7~10 d。砷的氧化浸出率为70%~80%，氧化渣中金的氰化浸出率为88%~92%。所进行的对比试验结果表明，用耐热细菌氧化处理难处理金精矿的效果明显优于采用氧化亚铁硫杆菌时获得的指标。

5.2.1.2 *微生物培养同矿石浸出分开进行的工艺*

在微生物搅拌浸出工艺中，由于浸出周期长且要求的矿浆浓度又比较低，所以必须采用容积很大或数目很多的反应器。因此，不仅输送矿浆和维持微生物生长消耗了大量能量，而且得到的也是浓度很低的浸出液。这既降低了微生物浸出贵金属的经济效益，也否定了利用常规的连续搅拌浸出设备进行微生物浸出回收贱金属的可行性。

为了缩短微生物浸出的周期，提高经济效益，英国的戴维·梅克（Davy Mekee）有限公司与加的夫大学（University of Cardiff）理工学院合作进行了大量的试验研究。他们认为，被处理物料给微生物的生长繁殖带来的不利影响，是导致微生物浸出速度较慢的一个主要原因，而这一不利影响正是由于微生物的生长繁殖和矿物浸出在同一设备中进行而造成的。另一方面，由于微生物生长要求的环境条件往往与矿物浸出的最佳条件有着明显的差异，加之微生物对反应槽中重金属离子的毒性及温度等因素的变化又非常敏感，所以在实际操作中很难达到协调一致。正是基于这些原因，戴维·梅克公司提出了所谓的“分离器-发生器”的工艺设计构思。

设计的中心思想是将微生物的生长繁殖和矿物氧化过程分开进行，以避免两个过程要求的工艺条件互相抵触。在此设计中，用一个单独的设备培养微生物。设计者将这一设备称作发生器。在发生器中可严格控制温度、pH 值、搅拌强度、通气速度、金属离子浓度及固体含量等，使微生物在最佳条件下快速生长。发生器生产出的含菌溶液用泵送至浸出槽，进行硫化物矿石的氧化浸出。

微生物发生器产出的含菌液中，微生物的浓度很高，其 pH 值仅有 1.5 左右，*Eh* 大于 500 mV，Fe^{3+} 的浓度可达 10 g/L。用此含菌高铁溶液氧化处理一难浸金矿石的试验结果表明，可以使金的氰化浸出率由 40% ~50% 提高到 90% 左右，氧化时间由 7 ~10 d 缩短到 3 ~5 d，矿浆浓度由 10% 提高到 20%。这些数据充分证明，这一新型工艺设计可以明显改善微生物的氧化浸出过程。

5.2.1.3 含炭质物难处理金矿石的微生物氧化浸出

对于金颗粒单纯被金属硫化物矿物包裹的情况，经微生物氧化预处理后，一般都可以通过氰化浸出获得较高的金浸出率。然而，若矿石中还含有炭质物，则微生物氧化后的浸金效果仍然不稳定。这主要是因为，在含有炭质物的金矿石中，金颗粒不仅被硫化物矿物包裹，也被炭质物包裹或与炭质物形成一些比较稳定的络合物。此外，在氰化浸金过程中，具有吸附活性的炭质物对已浸出来的金还具有吸附能力，使之重新附着在固体矿粒上。

为了解决含炭质物难处理金矿石的金回收问题，有人对美国的一些炭质金矿进行了大量的试验研究。所用矿石的化学组成及直接氰化浸出特性如表 5-7 所示。

由表 5-7 中的数据可以看出，矿石中的炭质物对浸出金的吸附能力非常强。例如，矿石 C_{10} 的直接氰化浸出率仅有 8.8% ~13.6%，而炭质物吸附金的能力却高达 86%。用兼性耐热微生物对矿石 C_{10} 进行氧化预处理的试验结果如表 5-8 所示。

表5-7 几种炭质金矿的化学组成及浸出特性

矿石	化学组成					金的氰化浸出率/%	炭质物吸附金的能力/%
	w(Fe)/%	w(S)/%	w(As)/%	w(Au)/g·t^{-1}	w(Ag)/g·t^{-1}		
C_1	1.5	0.4	0.1	6.2	0.4	24.6~25.7	100
C_2	3.1	3.0	1.0	6.5	0.4	44.3~45.3	19
C_7	2.3	0.8	0.0	4.5	1.6	47.2	64
C_9	1.9	1.3	0.3	3.3	2.8	39.5~42.3	75
C_{10}	2.0	0.7	0.1	13.1		8.8~13.6	86

表5-8 不同浸出方法浸出炭质金矿（C_{10}）的结果

浸 出 方 法	铁浸出率/%	金浸出率/%
直接氰化浸出		8.8
直接炭浸		59.0
15%矿浆、细菌氧化氰化浸出	49	35.9
15%矿浆、细菌氧化炭浸	49	93.6

从表5-8中的数据可以看出，用耐热菌氧化预处理后进行氰化浸出，使金的浸出率由直接氰化浸出的8.8%提高到35.9%，然而，用细菌氧化后，在有活性炭存在的条件下进行氰化浸金，金的浸出率却高达93.6%。这说明，微生物氧化预处理并不能消除矿石中的炭质物对已溶解金的吸附活性。表5-9中的实验数据使这一观点得到了进一步证实。

表5-9 酸处理及细菌氧化对炭吸附活性及金浸出率的影响

矿石	处理方法	铁浸出率/%	溶解金吸附率/%	金氰化浸出率/%
C_1	直接氰化	0	100	25.7
	酸化后氰化	64	17	56.0
	细菌氧化、氰化	71	9	71.0
C_2	直接氰化	0	19	45.3
	酸化后氰化	49	5	63.3
	细菌氧化、氰化	100	3	82.2
C_7	直接氰化	0	64	47.2
	酸化后氰化	22	6	50.0
	细菌氧化、氰化	63	3	73.3
C_9	直接氰化	0	75	42.3
	酸化后氰化	43	21	76.7
	细菌氧化、氰化	85	25	71.1

由表5－9中的数据可以看出，矿石经酸化处理后，有大量铁溶出，同时矿石中炭质物对金的吸附率也大大降低，金的浸出率有所提高。经细菌氧化预处理以后，由于消除了硫化物矿物对金的包裹现象，使金的浸出率又有一定程度的提高，但矿石中的炭质物对金的吸附现象并未彻底消除。

为了进一步探讨这一问题，研究者又用消附剂对矿石和微生物氧化预处理的浸渣进行了处理，其试验结果如表5－10所示。

表5－10　消附剂及炭浸法对金浸出效果的影响

浸出方法	金浸出率/%			
	C_1	C_2	C_9	C_{10}
原矿直接氰化	24.8	44.3	39.5	13.6
原矿用消附剂处理后氰化	80.5	40.6	67.8	44.6
原矿炭浸	68.5	50.7	68.8	56.9
细菌氧化后氰化	82.8	80.8	77.7	53.8
细菌氧化、消附剂处理、氰化	86.4	80.4	84.5	79.7
细菌氧化后炭浸	94.1	83.6	90.2	91.0

注：矿石酸化至pH值为1.4～1.6，温度50℃，消附剂搅拌处理20～40 h。

表5－10中的数据表明，无论是矿石还是微生物氧化预处理的浸渣，用消附剂处理后，金的氰化浸出率都有一定程度的提高。但是，微生物氧化预处理以后，对浸渣进行炭浸，可以更好地改善金的浸出指标。这充分表明，炭质金矿经微生物氧化预处理以后，浸渣仍有一定的吸附活性，要获得满意的金浸出率，必须对微生物浸出渣用消附剂处理后再进行氰化或用炭浸法浸出，尤其是采用炭浸法，金的浸出效果更佳。

5.2.1.4　用硫脲代替氰化物浸出微生物氧化后的浸渣

通常的难处理金矿石微生物氧化预处理氰化浸金工艺，是先在酸性条件（pH值为1.8左右）下，用微生物将包裹金颗粒的金属硫化物矿物氧化浸出，然后进行固液分离，将滤饼再次制浆并用石灰中和，最后在碱性条件（pH值为9左右）下进行氰化浸金。由于在酸性条件下氧化，碱性条件下浸金，所以在两个过程之间必须设置固液分离、再次制浆及中和工序。如果使氧化和浸金都在酸性条件下进行，则既可以简化生产流程，又可以节省中和费用。为此，有研究者提出了微生物氧化-硫脲浸金的工艺，并进行了大量的试验研究。硫脲浸金的反应为：

$$Au + Fe^{3+} + 2CS(NH_2)_2 = Au[CS(NH_2)_2]_2^{+} + Fe^{2+} \quad (5-25)$$

$$Au + Fe^{3+} + 3CS(NH_2)_2 = Au[CS(NH_2)_2]_3^{+} + Fe^{2+} \quad (5-26)$$

所用的试料是新墨西哥州皮科斯（Pecos）矿的含金、铅、锌硫化物矿石的浮选尾矿，其中含 Au 1.75g/t、Ag 22.5g/t、Cu 0.44%、Zn 0.68%、Pb 0.54%、Fe 12.6%、S 10.20%。在搅拌反应器中进行微生物氧化，使用的微生物是氧化亚铁硫杆菌，浸出温度为35℃，pH 值为2.3，浸出时间为10~30 d。

物料经微生物氧化后，直接加入硫脲浸金，其操作条件为：矿浆浓度25%、pH=2.3或1.3，浸出温度35℃，硫脲浓度为0.5 mol/L，采用的氧化剂为过硫酸氢钾，用量为0~3.33 g/L，浸出时间为4 h。浸出结果如表5-11所示。

表5-11 用硫脲从微生物浸渣中浸出金和银的试验结果

细菌浸出时间/d	硫脲浸出时间/h	pH 值	金银浸出率/%			
			不加过硫酸氢钾		加过硫酸氢钾	
			Au	Ag	Au	Ag
0	4	1.3	16.7	40.0	23.0	45.0
10	4	1.3	35.0	49.0	60.0	58.2
15	4	1.3	39.5	52.0	69.4	63.2
20	4	1.3	49.0	58.8	89.1	74.0
30	4	1.3	50.6	60.8	92.3	78.4
30	4	2.3	43.6	52.4	66.0	56.0

由表5-11中的试验结果可以看出，浮选尾矿经微生物氧化预处理30 d后直接用硫脲浸出，在加入氧化剂的情况下，可使金的浸出率达92%以上，比没经微生物氧化预处理的浸出指标提高了69.3%。pH=2.3时的浸出效果不佳，主要是在此条件下形成了黄钾铁矾沉淀所致。研究者基于上述试验结果，建议采用图5-8所示的工艺流程。

由试验结果和推荐的流程可以看出，用硫脲代替氰化物，在不降低金浸出率的情况下，使生产流程得到了明显简化。只是由于硫脲对氧化亚铁硫杆菌的毒性较强，其浓度超过0.1 mol/L以后，就能明显抑制微生物的生长，所以不能使微生物氧化和硫脲浸金在同一槽内进行。如能培育出耐硫脲能力强的微生物或开发出对氧化亚铁硫杆菌毒性较小的酸性环境浸金药剂，将会使这一工艺流程更具吸引力。

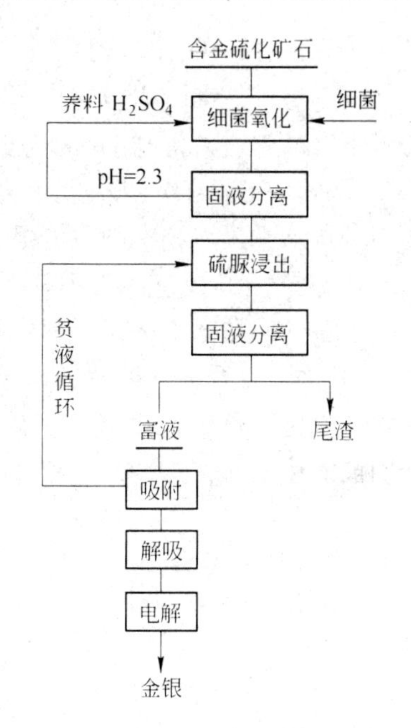

图 5-8 细菌氧化硫脲浸出提取金银推荐流程

5.2.2 微生物氧化难处理金矿石的作用机理

前已述及，用微生物对难处理金矿石进行的氧化预处理，主要是在微生物的催化作用下，使那些包裹在金颗粒表面的金属硫化物溶解，以达到暴露金的目的。因此，微生物在难处理金矿石氧化预处理过程中的作用，就是它们对金属硫化物矿物氧化浸出的作用。

包裹在金颗粒表面的金属硫化物矿物主要是黄铁矿和砷黄铁矿，它们的氧化反应为：

（1）黄铁矿（FeS_2）

$$4FeS_2 + 15O_2 + 2H_2O = 2Fe_2(SO_4)_3 + 2H_2SO_4 \quad (5-27)$$

$$FeS_2 + Fe_2(SO_4)_3 = 3FeSO_4 + 2S \quad (5-28)$$

（2）砷黄铁矿（FeAsS）

$$4FeAsS + 13O_2 + 6H_2O = 4H_3AsO_4 + 4FeSO_4 \quad (5-29)$$

$$2FeAsS + Fe_2(SO_4)_3 + 6O_2 + 4H_2O = 2H_3AsO_4 + 4FeSO_4 + H_2SO_4 \quad (5-30)$$

其中式 5-27 和式 5-29 是微生物对矿石氧化浸出的直接催化作用，而式 5-28 和式 5-30 则是微生物对矿石氧化浸出的间接催化作用。

上述反应生成的 $FeSO_4$ 和 S 同样也可以在微生物的作用下发生氧化反应：

$$4FeSO_4 + 2H_2SO_4 + O_2 = 2Fe_2(SO_4)_3 + 2H_2O \quad (5-31)$$

$$2S + 3O_2 + 2H_2O = 2H_2SO_4 \quad (5-32)$$

溶解下来的砷，常常与 Fe^{3+} 形成砷酸铁沉淀，而使砷留在浸渣中，即：

$$2H_3AsO_4 + Fe_2(SO_4)_3 = 2FeAsO_4\downarrow + 3H_2SO_4 \quad (5-33)$$

要使砷重新进入液相，则需要提高矿浆的 pH 值。其反应为：

$$FeAsO_4 + 3OH^- = Fe(OH)_3\downarrow + AsO_4{}^{3-} \quad (5-34)$$

砷黄铁矿在微生物作用下的氧化过程可表示为图 5-9 的模式。从图 5-9 中可以看出，砷黄铁矿的氧化过程既需要氧，也需要酸，同时在它的氧化过程中也生成酸。矿石中的 Fe、S 和 As 经过微生物作用，分别被氧化成 Fe^{3+}、$SO_4{}^{2-}$ 和 $AsO_4{}^{3-}$。

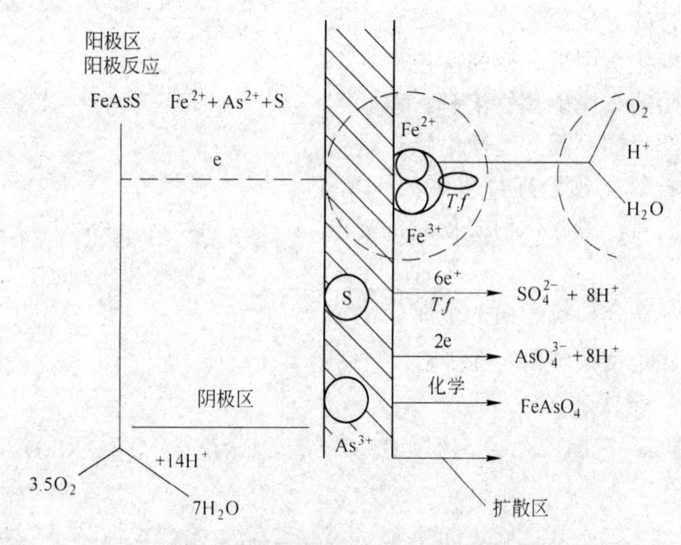

图 5-9　黄铁矿微生物氧化过程模式

难处理金矿石经微生物氧化预处理以后，包裹在硫化物矿物中的金已暴露出来。经固液分离后，液相送浸出剂氧化再生工序，固相用石灰中和后，送氰化浸金作业。其浸出反应为：

$$4Au + 8NaCN + 2H_2O + O_2 = 4NaAu(CN)_2 + 4NaOH \quad (5-35)$$

$$4Ag + 8NaCN + 2H_2O + O_2 = 4NaAg(CN)_2 + 4NaOH \quad (5-36)$$

5.2.3　难处理金矿石微生物氧化浸出的工艺流程

难处理金矿石的微生物氧化浸出工艺与常规的金矿石氰化浸出工艺

相比，只是在氰化浸出前增加了一个微生物氧化预处理作业。对于堆浸来说，就是在堆置好的矿石堆上，先用微生物浸出剂在酸性条件下进行氧化预处理，将矿石中的部分硫化物矿物破坏掉。氧化作业完成后，将溶解的硫酸盐从矿石堆中清洗出去，然后用石灰将矿堆中和至流出的液体呈碱性。最后再喷洒氰化物溶液浸出金。其浸出工艺流程如图5-10所示。

对于含砷金精矿，所采用的工艺流程如图5-11所示。流程中包含了两段微生物氧化脱砷，含砷的氧化浸出液，在送回氧化脱砷作业之前，通过调节pH值，沉淀一部分砷，以避免砷浓度过高对微生物生长造成不利影响。

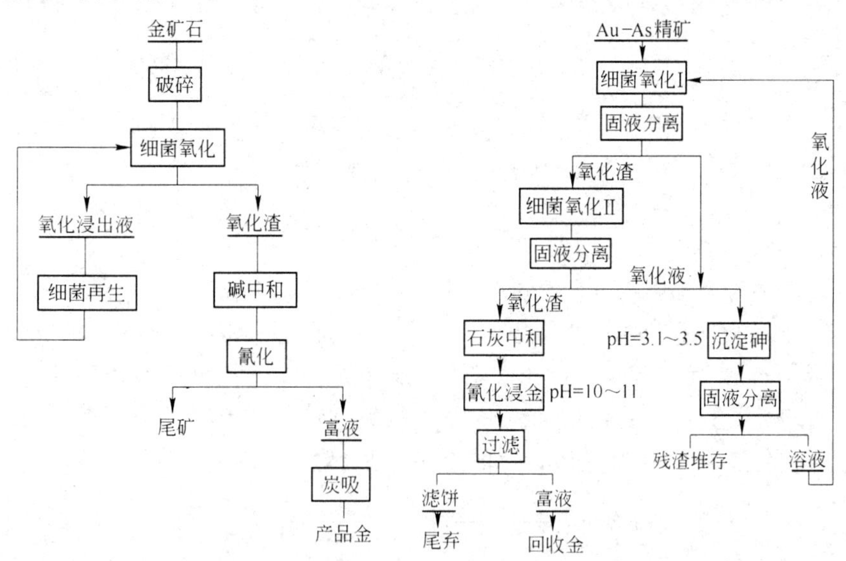

图5-10 难处理金矿石微生物氧化堆浸工艺流程

图5-11 含砷金精矿微生物氧化脱砷-氰化浸金流程

利用微生物氧化工艺从含金硫化物矿石尾渣中提取金的流程如图5-12所示。这些尾渣可以是常规氰化浸金厂的尾渣，也可以是湿法提取其他金属的尾渣。

对于这些含有黄铁矿等金属硫化物矿物的尾渣，先经浮选处理，得到含金的硫化物矿石精矿。然后在酸性条件下，对此精矿进行微生物氧化处理，氧化浸出液经过一个膜过滤器，除去一部分铁后送回微生物氧

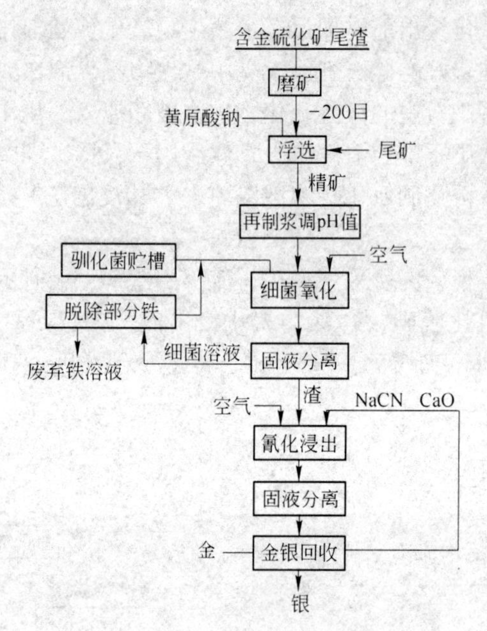

图 5－12　含金尾渣微生物氧化浸金流程

化工序，氧化渣用石灰中和后，用氰化物浸出金和银。

除了上述 3 种工艺流程外，戴维·梅克公司还根据“分离器－发生器”的工艺设计构思，提出了图 5－13 和图 5－14 所示的两种难处理金矿石的微生物氧化提金工艺流程。其中图 5－13 所示的流程适合处理含黄铁矿的金精矿，而图 5－14 所示的流程则适合处理含砷黄铁矿的金精矿。

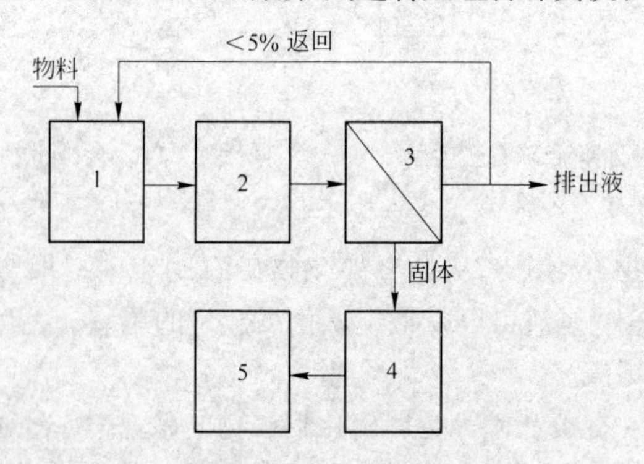

图 5－13　含黄铁矿金矿石微生物氧化浸金流程

1—物料调节；2—浸出；3—固液分离；4—pH 调节制浆；5—氰化浸出

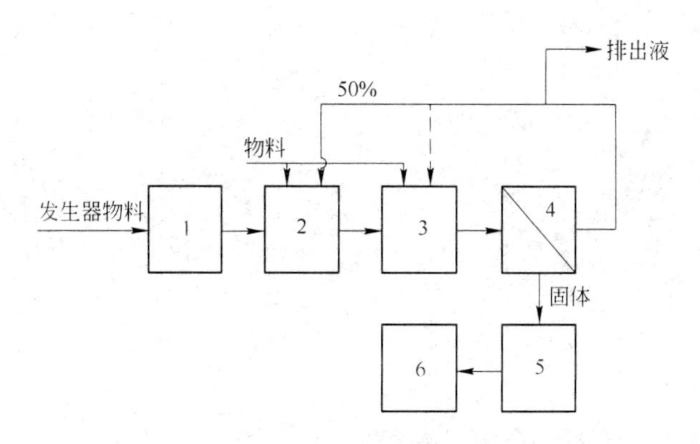

图5-14 含砷黄铁矿金矿石微生物氧化浸金流程

1—菌液制备；2—物料调节；3—浸出；4—固液分离；5—pH调节制浆；6—氰化浸出

由于微生物氧化黄铁矿比氧化砷黄铁矿困难，所以需要先在调节槽中使微生物大量繁殖，然后再进入浸出槽氧化黄铁矿，同时还需要严格控制浸出槽的操作条件。氧化过程完成后进行固液分离，将一少半氧化浸出液送回调节槽，以便控制系统中的铁浓度。

处理含砷黄铁矿的金精矿时，先在发生器中制备含菌的高铁浸出剂，然后将此浸出剂加入调节槽，在此与砷黄铁矿混合后送入浸出槽进行氧化脱砷。为了控制含砷量，将砷黄铁矿分别加入调节槽和浸出槽。在浸出槽中，砷黄铁矿主要被 Fe^{3+} 氧化。含砷氧化浸出液不返回发生器，而是返回调节槽，由微生物氧化再生后进入浸出槽。为了控制循环液中的砷浓度，固液分离后大约排放掉50%的氧化浸出液。

5.2.4 难处理金矿石微生物氧化过程的影响因素及工艺条件控制

难处理金矿石微生物氧化过程的影响因素及工艺条件控制主要包括以下几个方面。

5.2.4.1 微生物适应性的影响

微生物对环境的适应程度是影响氧化浸出效果的主要因素。图5-15是微生物的适应程度与脱砷效果之间的关系。从图5-15中可以看出，利用不适应的微生物氧化砷黄铁矿时，经过12 d，脱砷率才达到20%，而采用已适应的细菌，在相同时间内却能使砷的脱除率达到60%。这说明在用来处理矿石之前，对微生物进行驯化是必不可少的。

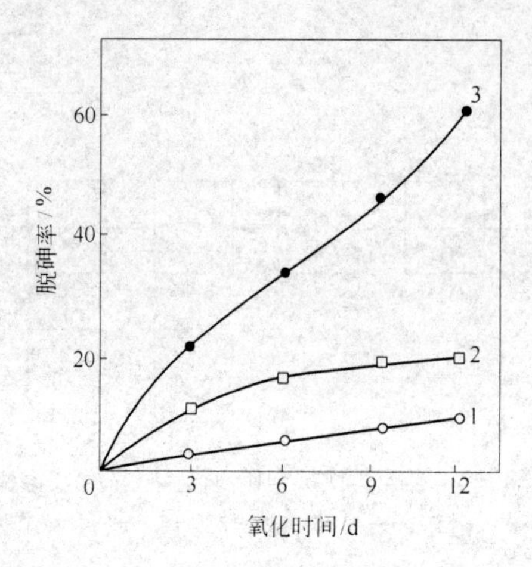

图5-15　微生物适应程度对氧化活性的影响

1—无菌；2—未适应菌；3—适应菌

5.2.4.2　*矿石中砷含量对微生物氧化脱砷的影响*

图5-16和图5-17所示的试验结果表明，矿石中砷含量越高，脱砷时微生物受到的不利影响也就越大，浸出剂中微生物细胞的数目也越少；随着氧化时间的延长，矿石中砷含量不断下降，浸出剂中的微生物细胞数目也相应逐渐增加；原矿含砷量越低，微生物的氧化脱砷率越高。因此，在氧化浸出含砷量较高的金精矿时，应适当控制精矿的给入速度，以避免溶解砷浓度过高而影响微生物的活性。

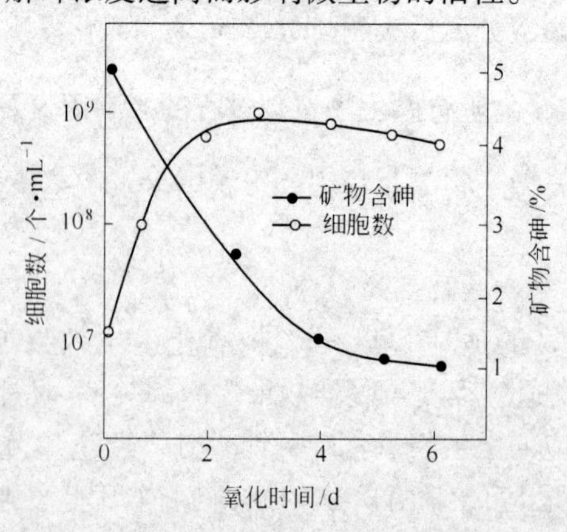

图5-16　矿物含砷量与微生物浓度的关系

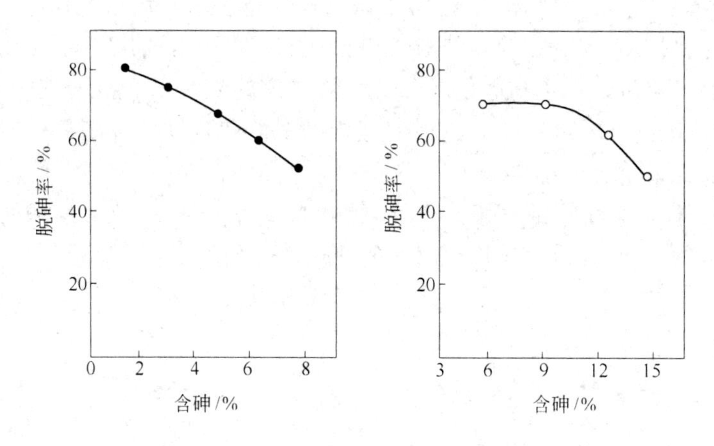

图 5-17 矿物含砷量与脱砷率之间的关系

虽然经过驯化的氧化亚铁硫杆菌可承受的最高砷浓度为 15 g/L，但在实际操作中，一般都把砷的浓度控制在 4 g/L 以下。为了控制砷浓度，必要时可以对固液分离后的浸出液，在返回浸出作业前进行沉淀降砷处理。

5.2.4.3 砷离子价态的影响

砷离子价态对细菌氧化 Fe^{2+} 的影响如图 5-18 所示。

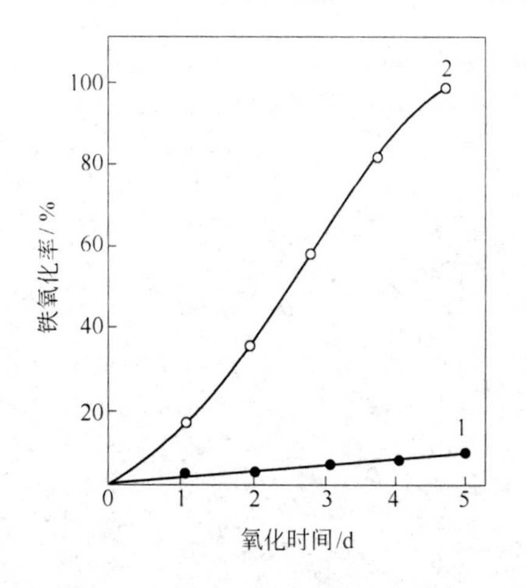

图 5-18 砷离子价态对细菌氧化 Fe^{2+} 的影响

1—As（Ⅲ）2 g/L，pH = 2.3；2—As（Ⅴ）2 g/L，pH = 2.3

砷离子价态不同，对氧化亚铁硫杆菌产生的毒性也不同。从图5-18中可以看出，在同样砷浓度和pH值条件下，经过3 d的微生物氧化，含五价砷的微生物氧化剂可以氧化50%的Fe^{2+}，而含有三价砷时，却仅仅氧化35%的Fe^{2+}。这说明五价砷对氧化亚铁硫杆菌氧化能力的影响要比三价砷的小得多。

砷离子毒性对细菌溶解Fe^{2+}的影响如图5-19所示。在细菌与Fe^{3+}作用下As（Ⅲ）浓度随时间的变化情况如图5-20所示。

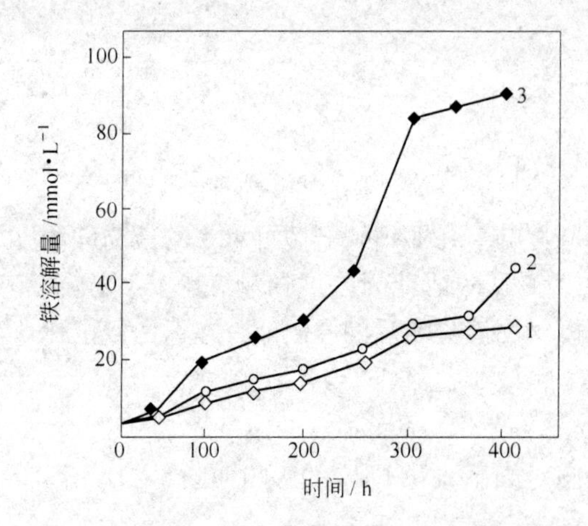

图5-19 砷离子毒性对细菌溶解Fe^{2+}的影响

1—As（Ⅴ）56 mmol/L；2—As（Ⅲ）19 mmol/L；3—无砷

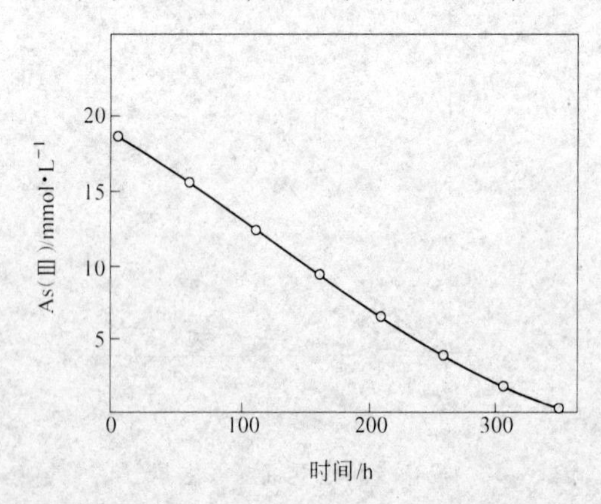

图5-20 在细菌与Fe^{3+}作用下As（Ⅲ）浓度随时间的变化情况

图 5－19 的结果表明，在同样的 Fe^{2+} 氧化率时，氧化亚铁硫杆菌能耐受的五价砷的浓度是三价砷的 3 倍。此外，应该指出的是，三价砷对微生物氧化浸出过程的影响主要发生在初始阶段，因为在细菌氧化浸出环境中，三价砷是不稳定的，图 5－20 所示的实测结果表明，经过数天时间，大部分三价砷即被氧化为五价砷。

5.2.4.4　pH 值对微生物脱砷的影响

图 5－21 是矿浆的 pH 值对氧化亚铁硫杆菌脱砷效果的影响。从图 5－21 中可以看出，微生物生长最活跃的 pH 值范围，也就是它们氧化破坏砷黄铁矿的最佳酸度。在实际生产中，由于微生物对硫化物矿物的氧化过程既消耗酸，也产生酸，所以，在微生物氧化浸出过程中，矿浆的 pH 值将随着矿石中硫的含量变化而波动。当矿石含硫较高，而碱性氧化物的含量又较低时，矿浆的 pH 值将随着细菌氧化过程的进行而下降。当 pH 值降至 1.0 或 1.3 以下时，为了保证氧化浸出过程正常进行，应加石灰进行调整。反之，当矿石中硫的含量较低，而碱性氧化物的含量又较高时，矿浆的 pH 值则会随着氧化过程的进行而不断上升。当 pH 值超过 3 时，为了避免 Fe^{3+} 发生如下的水解反应：

$$Fe_2(SO_4)_3 + 6H_2O \longequal Fe_2(OH)_6 \downarrow + 3H_2SO_4 \qquad (5-37)$$

$$Fe_2(SO_4)_3 + 2H_2O \longequal 2Fe(OH)SO_4 \downarrow + H_2SO_4 \qquad (5-38)$$

在矿粒表面形成铁沉淀层，而影响氧化浸出效果，必须用 H_2SO_4 对矿浆的 pH 值进行及时调整。

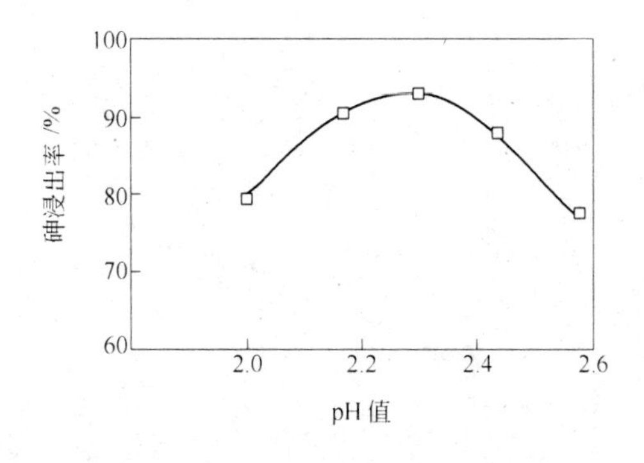

图 5－21　酸度对微生物脱砷的影响

5.2.4.5　*矿石粒度的影响*

从浸出动力学的角度来看，矿石的粒度越小，比表面积越大，微生物与矿石接触的机会也就越多，这既有利于微生物从矿石中吸收营养，又有利于氧化过程的进行。因此，随着矿石粒度的下降，微生物的活性和浸出速度都会明显上升。表5－12中的测定数据充分证明了上述分析的正确性。

表5－12　不同含砷精矿粒度的脱砷效果

矿　样	矿物表面积 /$m^2 \cdot g^{-1}$	无菌对照	细菌氧化	
		浸4 d	浸2 d	浸4 d
原矿样	0.82	3.6%	9.2%	14.1%
干磨样	1.93	42.0%	60.5%	78.5%

从表5－12中可以看出，不进行再磨的精矿样，经微生物氧化4 d，脱砷率仅为14.1%；而经过再磨使矿样的比表面积增加一倍后，经同样的氧化时间，脱砷率提高到78.5%。当然，矿石的粒度越细，磨矿费用就越高，所以对矿石的微生物搅拌浸出工艺来说，入浸矿石的适宜粒度需要通过技术经济分析来确定。

5.2.4.6　*矿浆浓度的影响*

矿浆浓度对微生物氧化浸出过程的影响情况如图5－22和图5－23所示。

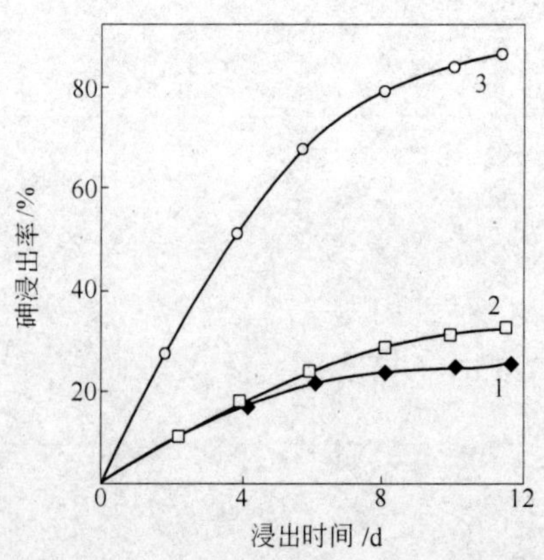

图5－22　矿浆浓度对砷浸出率的影响

1—液固比为2∶1；2—液固比为10∶1；3—液固比为50∶1

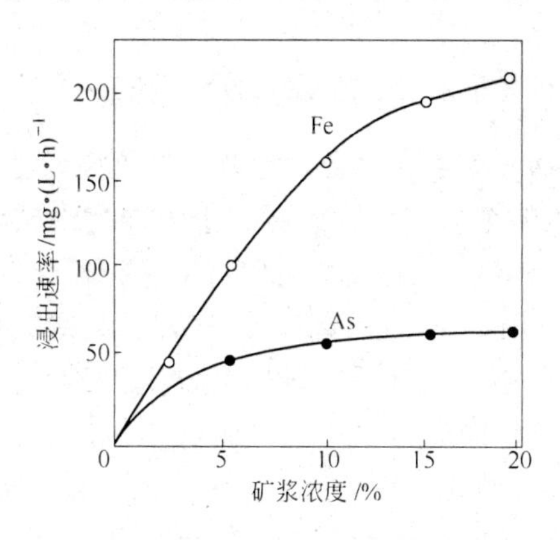

图 5－23 矿浆浓度对铁和砷浸出速率的影响

从图 5－22 中可以看出，液固比为 50∶1 时，经 12 d 氧化浸出，脱砷率达 80% 以上，而液固比为 10∶1 时，同样时间内的脱砷率仅有 30%。图 5－23 中的测定结果表明，矿浆浓度对微生物氧化脱砷的影响明显大于对微生物浸出铁的影响。

除了上述影响因素之外，矿浆温度、微生物的营养条件、通气情况等，对微生物的氧化浸出过程都有一定程度的影响。几种影响因素与微生物氧化浸出工艺的经济效益之间的关系如图 5－24 所示。

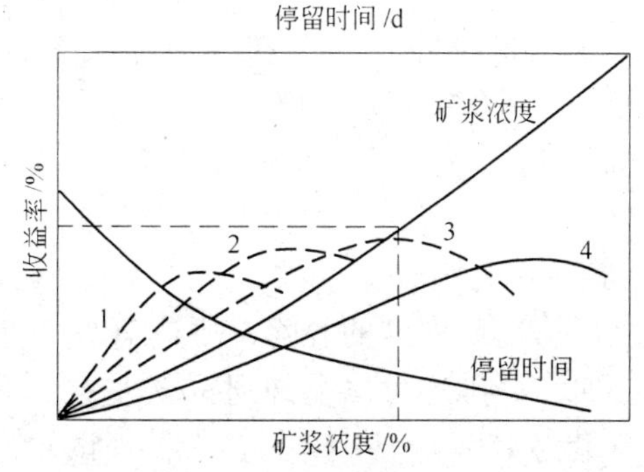

图 5－24 矿浆浓度、停留时间及充气速率对微生物浸出效益的影响

（注：1～4 充气量增加）

图 5－24 中的几个变量对微生物浸出工艺经济效益的影响是相互制约的。因此，最佳工艺条件的选择需要通过较大规模的连续试验，并综合反应器和搅拌器的设计、热量平衡、工艺过程的控制等因素来确定。

5.2.5　难处理金矿石微生物氧化预处理的应用

5.2.5.1　广西平南县六岭金矿细菌氧化浸出工艺

广西平南县六岭金矿产出的矿石属于含砷黄铁矿型难处理金矿石，其浮选精矿含砷3%以上，对这一精矿直接进行氰化浸出，金的浸出率仅有70%～72%，用焙烧法进行氧化预处理，又造成环境的严重污染。为了解决这一问题，六岭金矿采用微生物氧化脱砷－氰化浸金的工艺流程，于1980～1983年间进行了小型试验和扩大试验，获得了良好的效果。使用的微生物是氧化亚铁硫杆菌，采用的氧化脱砷工艺条件为：

（1）培养基。初次培养细菌的培养基成分为：$(NH_4)_2SO_4$ 0.45 g/L，K_2HPO_4 0.15 g/L，KCl 0.05 g/L，$MgSO_4 \cdot 7H_2O$ 0.5 g/L，$Ca(NO_3)_2 \cdot 2H_2O$ 0.01 g/L，$FeSO_4 \cdot 7H_2O$ <60 g/L（或加含砷金精矿200 g/L），pH = 2.3。开始浸出时，加入上述培养基，浸出正常以后，仅加 $(NH_4)_2SO_4$ 和 K_2HPO_4。

（2）接种量。使用细菌浓度为 1×10^8 个/mL以上的含菌液，接种量为10%～20%。

（3）pH值。浸出开始时控制pH = 1.8～2.3，之后略有下降。

（4）温度。控制在28～30℃之间，当超过37℃时进行冷却。

（5）充气量。充气量控制在0.15～0.18 L/（min · L）之间。

（6）精矿粒度。－0.074 mm >90%。

（7）矿浆浓度。精矿含砷低于4%时为20%～30%；含砷4%～8%时为10%～20%，含砷高于8%时为10%以下。

（8）浸出时间4～6 d。

经细菌氧化之后，精矿中砷的脱除率可达70%以上。若将浸出渣加稀盐酸溶解数小时，脱砷率可以上升到90%左右。采用以上的工艺条件，进行了投料量为150～1034 kg的多次扩大试验，试验用精矿的化学组成如表5－13所示。扩大试验在通气搅拌槽中进行，槽的容积为1.31～3.24 m^3，扩大试验结果如表5－14所示。

精矿氧化脱砷以后进行氰化浸金的工艺条件为：NaCN浓度0.1%，CaO浓度0.02%，矿浆浓度25%，浸出时间为24 h。此外，为了抑制精矿中的炭吸附金，在氰化浸出过程中每千克精矿加入2 mL煤油。金的浸出结果表明，当精矿中的砷含量由5%左右降到2%～3%（相当于

表 5－13 扩大试验用金精矿的化学组成

成 分	$w(As)/\%$	$w(Au)/g \cdot t^{-1}$	$w(Ag)/g \cdot t^{-1}$	$w(S)/\%$	$w(Fe_2O_3)/\%$	$w(Cu)/\%$
1981 年试样	3.25	52.4	65.0	13.86	22.25	0.090
1982 年试样	2.27	32.7	35.0	11.76	19.00	0.092
成 分	$w(Pb)/\%$	$w(Zn)/\%$	$w(Bi)/\%$	$w(Se)/\%$	$w(C)/\%$	$w(Te)/\%$
1981 年试样	3.50	0.85	0.002	0.002	5.00	<0.0001
1982 年试样	1.68	0.65	0.002	0.002	8.26	<0.0001

表 5－14 六岭金矿细菌脱砷扩大试验结果

项目 \ 序号		1	2	3	4	5	6	7
矿量/kg		154	179	181	201	220	351	1034
矿浆浓度/%		15.7	17.9	18.1	20.0	21.0	33.0	25.7
充气量/L·(min·L)$^{-1}$		1.62～1.94	1.48～1.67	1.47～1.74		1.14～1.52		0.56～0.64
pH 值	开始	2.0	2.0	2.0	2.4	1.7	3.0	2.0
	结束	1.5	1.5	1.5	1.4	1.6	1.6	1.7
温度/℃	最低	18	30	30	27	28	25	29
	最高	35.5	35	34	33	32	32	37
精矿原含砷量/%		5.73	5.73	5.48	4.37	5.41	4.44	2.78
脱砷率/%	4 d	58.8	56.1	71.0	68.4	66.7	66.5	32.3
	5 d	59.0	61.6	75.0			69.3	34.9
	6 d	86.6①	66.7	90.8①			75.0	

①菌氧化渣再加稀盐酸（4%）溶浸。

脱砷率40%～60%）时，金的氰化浸出率可达到87%。与直接氰化浸出相比，金的浸出率提高了15个百分点以上。

5.2.5.2 澳大利亚的哈伯·莱茨金精矿细菌氧化厂

位于澳大利亚西部的惠姆（WhimCreekPry）公司在对含砷黄铁矿的难处理金矿石进行了系统的微生物氧化脱砷试验研究的基础上，进行了这一工艺的半工业试验。试验用物料含 As 16.7%、Fe 28%、S 34%、Ni 1.2%、Au 70 g/t，粒度为－0.045 mm 占80%。试验应用的微生物是一种中等耐热混合培养菌，可耐受45℃的温度。经过驯化培养，这种细菌可以在砷浓度高达15g/L的环境中正常生长。

半工业试验装置由四个细菌氧化反应器、一个锥形固液分离器和两个中和反应器组成。这些设备安装在一辆载重量为 30 t 的重型卡车上。浸出分三段进行，浸出槽的配置为 2∶1∶1。各个浸出槽都备有加热与通气系统。浸出矿浆的浓度为 15%，给料速度为 500 kg/d。

经过细菌氧化处理，精矿中砷的脱除率为 83%。氧化脱砷后，矿浆经过固液分离和石灰中和处理，然后用氰化物浸金。金浸出率与砷溶解率之间的关系如图 5 – 25 所示。

由图 5 – 25 可以看出，对于这种精矿，要得到满意的金浸出率，必须将精矿中的砷脱除 90% 左右。这说明含砷矿物对金颗粒的包裹程度相当严重。各氧化浸出阶段的氧吸收速度如图 5 – 26 所示。根据这些数据可以计算出各段所需要的通气量。

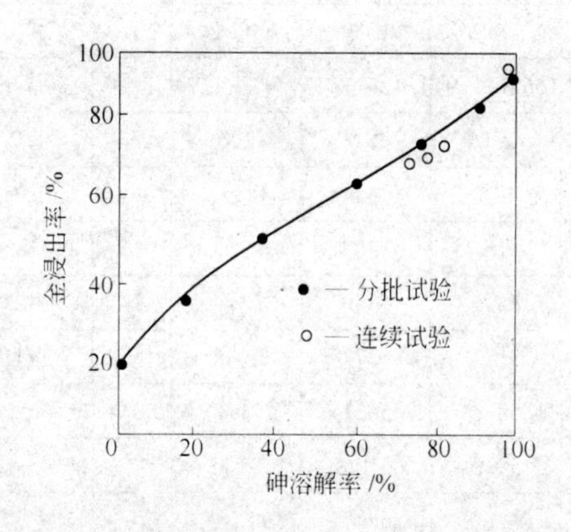

图 5 – 25　精矿中砷溶解率与金浸出率的关系

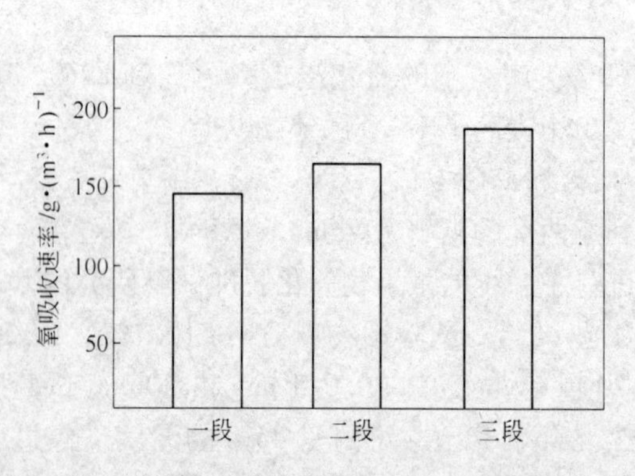

图 5 – 26　连续试验中稳定条件下各段氧吸收速率

根据半工业的试验结果，计算出含砷金精矿的微生物氧化预处理工艺的操作费用分配情况如表 5－15 所示。

表 5－15 细菌氧化含砷黄铁矿金精矿费用分配表

项目	能耗	中和费	酸耗	细菌营养	劳务	维修	管理
费用分配/%	35.4	35.3	11.3	6.1	4.5	4.3	3.1

在半工业试验的基础上，澳大利亚于 1992 年建成了哈伯 · 莱茨（Harbour Lights）微生物氧化提金工厂，每天可处理 40 t 金精矿。

5.2.5.3 奥林匹亚金矿微生物氧化工艺的半工业试验

位于希腊北部的奥林匹亚金矿是一种极难处理的含砷金矿，矿石经选别得到的精矿成分如表 5－16 所示。

表 5－16 奥林匹亚金精矿的组成情况

化学组成	Fe	S	As	ZnO	CuO	PbO	SbO	Au	Ag
含　量	40%	41%	12%	0.8%	0.08%	0.7%	0.12%	26 g/t	35 g/t

精矿中的主要金属矿物为黄铁矿和砷黄铁矿，金绝大部分以细粒浸染和微细粒包裹状态均匀分布在黄铁矿和砷黄铁矿中。把这一精矿磨到约 －0.06 mm 后直接氰化浸出，金和银的浸出率分别为 4% 和 40%；磨到 －0.035 mm 时，两者的浸出率分别为 12% 和 60%。由此可见，为了提高金的氰化浸出率，必须对这种精矿进行氧化预处理。

为了解决这种矿石的提金问题，奥林匹亚金矿就焙烧氧化、加压氧化和细菌氧化三种预处理方法进行了试验研究。所采用的微生物氧化工艺流程如图 5－27 所示。采用的微生物是氧化亚铁硫杆菌，氧化反应温度为 30 ~ 40℃，pH = 1 ~ 2，氧化时间为 40 ~ 72 h。

根据试验结果，奥林匹亚金矿就建立一座年处理能力为 10 万 t 的选矿厂，进行了三种氧化工艺的技术经济对比。三种氧化工艺的金、银回收率分别为：焙烧氧化，Au 70%，Ag 70%；加压氧化，Au 97.5%，Ag 50%；细菌氧化，Au 94%，Ag 90%。当时各种产品的价格为：Au 15.873 美元/g（450 美元/OZ），Ag 0.229 美元/g（6.5 美元/OZ），H_2SO_4 60 美元/t。三种氧化工艺的技术经济指标如表 5－17 和表 5－18 所示。

由表 5－17 和表 5－18 中的数据可以看出，细菌氧化工艺的投资最

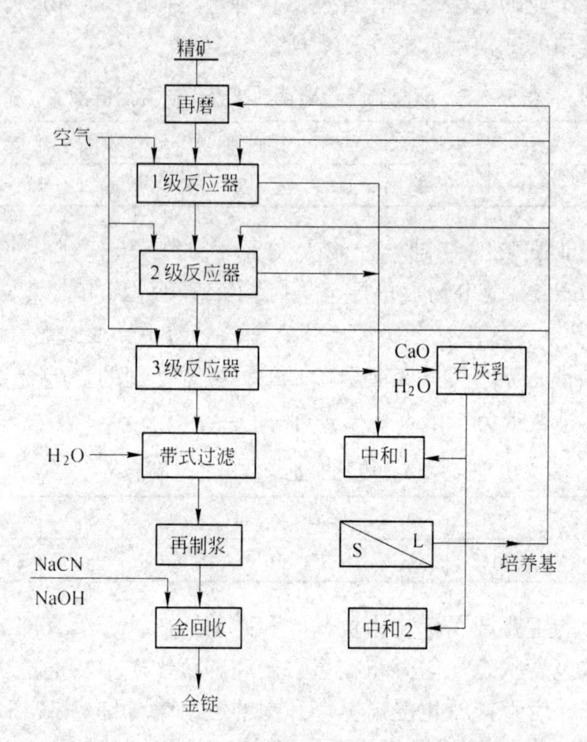

图 5－27　奥林匹亚金精矿细菌氧化提金工艺流程图

表 5－17　各种处理工艺得到的产品

年产量	焙烧Ⅰ	焙烧Ⅱ	加压氧化	细菌氧化
金/kg	1820	1820	2575	2444
银/kg	2450	2450	175	3150
硫酸/t	86000	125000	0	0
三氧化二砷/t	0	15000	0	0

表 5－18　各工艺相对应的投资和生产成本

项　　目	焙烧Ⅰ	焙烧Ⅱ	加压氧化	细菌氧化
与细菌氧化的投资对比	2. 8	2. 6	2. 5	1
生产成本/百万美元 · a^{-1}	7	6	11. 4	9
产值/百万美元 · a^{-1}	32	34. 4	36. 7	36

少，不到其他两种工艺的50%；产值与加压氧化工艺的相当，但明显比焙烧工艺的高；生产成本比焙烧氧化工艺的高，但比加压氧化工艺的低。

5.2.5.4 费尔维细菌氧化提金厂

费尔维（Fairview）金矿位于南非东部。矿石中的金属矿物主要是黄铁矿和毒砂，其次还有少量的黄铜矿、闪锌矿、辉铜矿、方铅矿、磁黄铁矿和镍黄铁矿。金以微细粒分布在黄铁矿和毒砂中，大部分金的粒度小于0.2 μm。用常规的氰化工艺浸出，金的浸出率仅有36%。

选矿厂处理的矿石含Au 8 g/t、S 1.38%、As_2O_3 0.58%。利用浮选工艺选出的金精矿含Au 118 g/t、S 20%、As_2O_3 8%。工厂原来采用焙烧氧化法对金精矿进行预处理，但由于生产费用较高及对环境污染严重，后经大量的试验研究以及焙烧、加压和细菌三种氧化方案对比，费尔维金矿决定用微生物氧化工艺代替原来的焙烧氧化工艺。

费尔维金矿在小型试验的基础上，首先建立了一个日处理750 kg金精矿的中间试验厂，经过中间试验，于1986年建成一个处理能力为10 t/d的细菌氧化提金工厂，其工艺流程如图5-28所示。

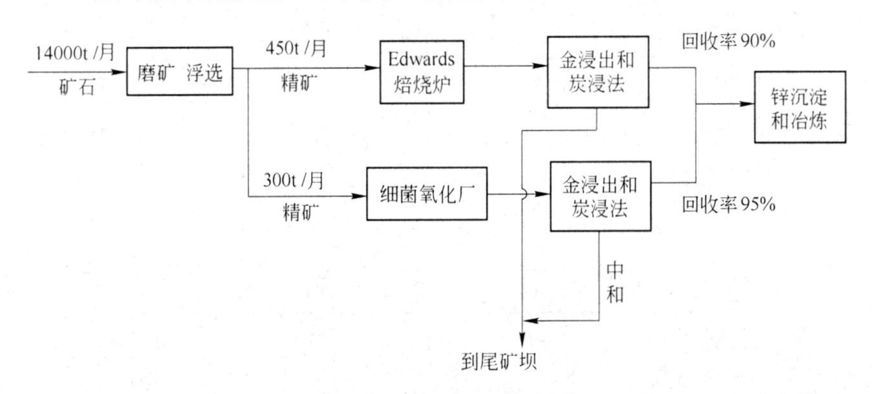

图5-28 费尔维微生物氧化提金厂的生产流程示意图

采用微生物氧化工艺使金的回收率比采用焙烧氧化工艺提高了5个百分点。试生产结束后，费尔维微生物氧化提金厂的处理能力提高到了35 t/d。

5.2.5.5 塞米特金矿的微生物氧化厂

加拿大的贾恩特·贝微生物工艺公司，从20世纪80年代初开始进行难处理金矿石的微生物氧化预处理工艺研究。该公司首先对北美洲和澳大利亚的数十种难处理金精矿进行了小型试验研究，结果表明，经细菌氧化预处理后氰化浸出，金的浸出率均有不同程度的提高。在此基础上，他们又选用 3 种比较典型的难处理金精矿进行了连续试验。试验在 3 个串联的容积为 5 L 的空气搅拌浸出器中进行。3 种金精矿的组成情况如表 5－19 所示。

定期过滤末段浸出矿浆，滤渣经洗涤、中和以后，进行氰化浸金处理，滤液经过沉淀铁、砷以后送回浸出槽。细菌氧化工艺的操作条件如表 5－20 所示。

表 5－19 金精矿的化学组成

矿样类型	$w(Fe)/\%$	$w(As)/\%$	$w(S)/\%$	$w(C)/\%$	$w(Au)/g \cdot t^{-1}$	$w(Ag)/g \cdot t^{-1}$
黄铁矿－砷黄铁矿型	20～25	5～7	15～18	—	240	30～50
黄铁矿－砷黄铁矿型	20～24	6～8	16～21	—	61～77	18～27
黄铁矿－炭质物型	14～24	0.3	15～17	7	110～150	100～200

表 5－20 细菌氧化工艺操作条件

氧化条件		矿样Ⅰ(FeS_2 + FeAsS)	矿样Ⅱ(FeS_2 + FeAsS)	矿样Ⅲ(FeS_2 + C)
精矿再磨		再磨	再磨	不磨
矿浆浓度/$g \cdot L^{-1}$		200	200	200
浸出段数		2	2	1
浸出时间/h		94	100	36
硫化矿氧化速度/$mg \cdot (L \cdot h)^{-1}$	一段	415	353	458
	二段	104	179	
	平均	206	266	458
硫化矿氧化率/%		77.6	88.7	49.3

3 种试验用矿样中，硫化物矿物的氧化率与金浸出率的关系如图 5－29 所示。

从图 5－29 可以看出，3 种矿样达到 97%～98% 的金浸出率所要求的硫化物矿物氧化率分别为：矿样Ⅰ：75%，矿样Ⅱ：84%，矿样Ⅲ：51%。

贾恩特·贝公司于 1985 年进行了为期 4 个月的工业试验。试验所用物料是取自加拿大东部的一种含黄铁矿和砷黄铁矿的混合金精矿。

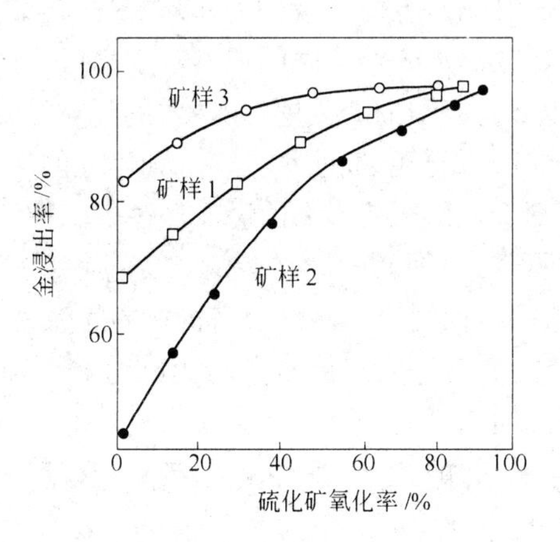

图5-29 硫化矿氧化率与金浸出率之间的关系

最佳氧化率：矿样1，75%；矿样2，84%；矿样3，51%

贾恩特·贝公司微生物氧化工业试验采用的工艺流程如图5-30所示。

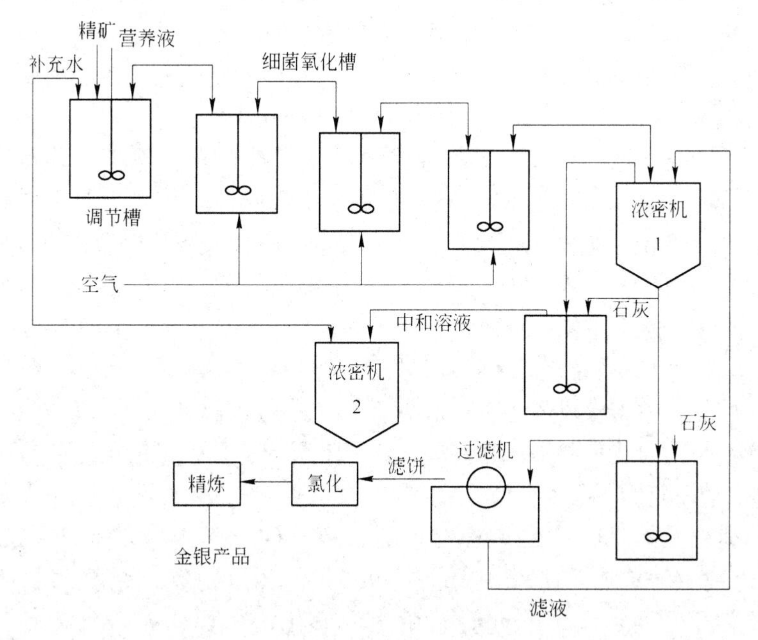

图5-30 微生物氧化提金工业试验流程图

首先将精矿和细菌营养液在规格为 ϕ0.7 m×1.52 m 的玻璃钢给料调节槽中制浆。矿浆给入3个串联的玻璃钢细菌氧化槽。氧化槽的规格为 ϕ0.61 m×0.9 m，容积为167 L。用通水的不锈钢蛇纹管把反应温度控制在35℃左右。从槽子底部通入空气。氧化好的矿浆进入浓密机1，在这里加入絮凝剂。从浓密机出来的溢流经过中和槽，使溶解的砷、铁及硫酸盐沉淀为石膏、砷酸铁和黄钾铁钒，沉淀过程的pH值为3.5～4.0。沉淀后的清液送回浸出工序。浓密机1的底流进入另一个中和槽，中和到pH=10.5，然后进入过滤机进行固液分离，滤饼送氰化工序浸出金和银，滤液返回浓密机。

微生物氧化浸出的工艺条件为：精矿粒度，-0.074 mm 占90%；矿浆浓度，200 g/L；充气量，0.066 L/(min·L)；浸出温度，35℃左右；物料在每个槽中的停留时间，47 h左右；氰化浸出时间，8 h。

浸出试验结果为：硫化物矿物氧化率，第一段达62%，第二段达78%，第三段达94%；铁的氧化速率，660 mg/(L·h)；砷的氧化速率，280 mg/(L·h)；空气中氧的利用率，54.5%；氧化浸出的固体溶出量，30%左右；金的氰化浸出率，98%；银的氰化浸出率，68%；氰化物用量，4 kg/t矿石；絮凝剂用量，100 g/t矿石。

基于上述试验结果，1987年贾恩特·贝公司在贾恩特·耶卢·尼菲（Giant yellew knife）矿山公司的塞米特金矿，建立了一个生产能力为10 t/d的微生物氧化提金厂。塞米特金矿原来采用常规的氰化浸出工艺，金的回收率仅有65%～75%。改用细菌氧化工艺后，金的回收率提高到95.6%。

5.2.5.6 中国的微生物氧化提金厂

目前，中国已投入生产的难处理金矿石微生物氧化提金厂有5家，部分生产厂的技术参数和指标如表5-21所示。其中1家采用的生产流程如图5-31所示。

利用图5-31所示流程处理的金精矿的化学组成如表5-22所示，金精矿的粒度为-38 μm占99.5%。微生物氧化系统的空气通入量为0.06 $m^3/(m^3 \cdot min)$，微生物氧化槽的操作条件如表5-23所示。

表 5－21 几家微生物氧化提金厂的生产技术参数及指标

项 目	烟台黄金冶炼厂	莱州天承公司	辽宁天利公司
处理能力/$t \cdot d^{-1}$	80	150	110
矿浆浓度/%	16	18～20	24～26
氧化时间/d	6	5～6	5.5
氧化温度/℃	40～48	39～41	38～52
溶液中铁含量/$g \cdot L^{-1}$		30～45	
溶液中砷含量/$g \cdot L^{-1}$		8～15	20
总硫氧化率/%		80～95	
金回收率/%	95～96	93～97	95

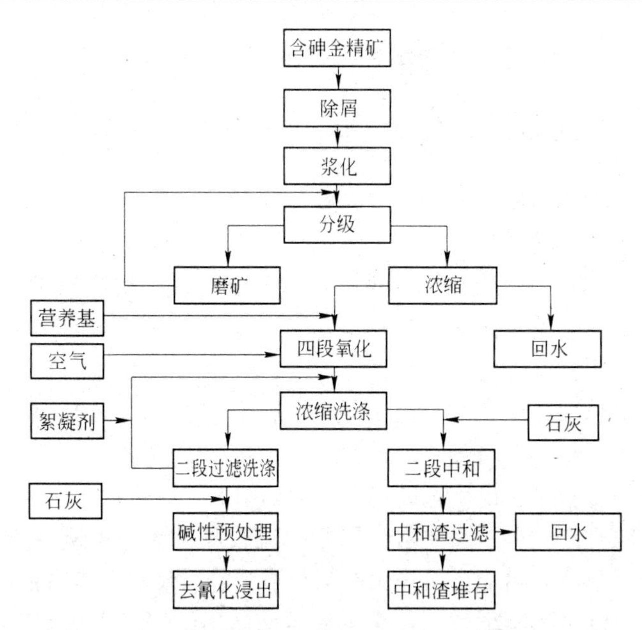

图 5－31 中国某微生物氧化提金厂的工艺流程图

表 5－22 金精矿化学组成

成分	Au	Ag	$w(Cu)$	$w(Pb)$	$w(Zn)$	$w(As)$	$w(Sb)$	$w(S)$	$w(C_{石})$	$w(C_{有})$
含量	52.7 g/t	79.6 g/t	0.33%	0.11%	0.26%	3.58%	0.39%	24.42%	3.68%	0.30%

成分	$w(Al_2O_3)$	$w(TFe)$	$w(Ti_2O)$	$w(SiO_2)$	$w(CaO)$	$w(MgO)$	$w(K_2O)$	$w(Na_2O)$	$w(MnO)$
含量	5.94%	22.42%	0.65%	0.11%	2.75%	1.74%	1.68%	0.21%	0.041%

表 5－23　几家微生物氧化提金厂的生产技术参数及指标

微生物氧化作业	一段	二段	三段	四段
pH 值	2.0	1.7	1.4	1.2
Eh/mV	550	570	580	605
温度/℃	41	41	41	41
Fe^{3+}/g · L^{-1}	10	15	18	23
Fe^{2+}/g · L^{-1}	0.4	0.34	0.3	0.15

5.3　铀矿石的微生物浸出

5.3.1　微生物浸出铀的工艺流程

大多数铀矿石中都或多或少含有一些硫化物矿物，尤其是黄铁矿更为普遍，铀矿石的微生物浸出工艺正是基于这一事实而提出的。其浸出原理就是在微生物的作用下，黄铁矿首先氧化成硫酸高铁 $Fe_2(SO_4)_3$，$Fe_2(SO_4)_3$ 在有硫酸存在的条件下，可以把元素铀从矿石中溶解出来，其主要反应为：

$$U_3O_8 + Fe_2(SO_4)_3 + 2H_2SO_4 = 3UO_2SO_4 + 2FeSO_4 + 2H_2O \quad (5-39)$$

$$UO_2 + Fe_2(SO_4)_3 = UO_2SO_4 + 2FeSO_4 \quad (5-40)$$

铀矿石微生物浸出工艺的基本流程如图 5－32 所示。

对于较富的铀矿石，要求的回收率比较高，多采用搅拌浸出工艺，浸出后进行固液分离或直接采用矿浆吸附工艺回收铀。提取铀以后的澄清尾液，可以全部用细菌氧化再生后送回浸出工序，也可以部分再生，部分排放，以维持流程中物料平衡，防止某些有害杂质产生积累，给浸出过程带来不利影响。

对于贫铀矿石、废铀矿石或小矿点采出的铀矿，常采用堆浸法或槽浸工艺，在这种情况下，可以省去流程中的细磨和固液分离工序。通过浸出直接得到浸出液，然后用离子交换法或溶剂萃取法从浸出液中回收铀。

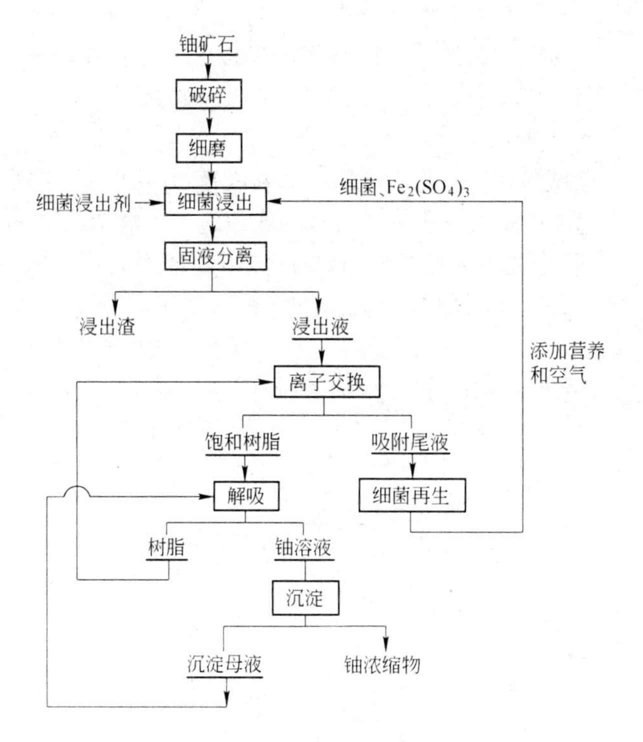

图 5-32 铀矿石微生物浸出工艺的基本流程

5.3.2 铀矿石微生物浸出工艺的应用

5.3.2.1 中国湖南某铀矿贫铀矿石的微生物堆浸

为了充分利用中国的铀矿资源，1967～1969 年北京铀矿选冶研究院和中国科学院微生物研究所合作，对湖南一铀矿的贫矿石进行了微生物浸出的小型试验和半工业试验研究。试验用矿石是该矿放射分选厂排出的尾矿，其主要成分的分析结果如表 5-24 所示。

表 5-24 矿样主要成分的分析结果

成 分	U	Fe	CaO	MgO	Al	Mo	S	P	SiO_2	烧失
含量(质量分数)/%	0.017	1.87	1.11	0.56	1.46	0.032	1.40	0.14	85.24	3.65

所用的微生物是从该矿的酸性矿坑水中分离出来的氧化亚铁硫杆菌。小型试验用矿石的粒度为 -30 mm 和 -10 mm，浸出时间为 40 d，

浸出剂的 pH 值为 1.5。浸出渣中的铀含量小于 0.01%，铀浸出率为 50% ~60%。与同样条件下的稀硫酸堆浸相比，可以节省 80% 的硫酸。基于小型试验结果，研究者又进行了扩大试验研究。

（1）厂地堆浸试验

厂地堆浸试验用矿石量为 30 t，矿石粒度为 -50 mm，试验流程如图5-33 所示。矿石堆在一块不透水的场地上，矿堆高 1.85 m。浸出分周期进行，每周期 2 ~4 d。第一周期的浸出剂是酸化水，把 pH 值调节到 1.5，然后接入 50% 的含菌液。以后各周期用提取铀后的尾液加入 5% 的上周期浸出液作为浸出剂。每周期浸出剂用量均为矿石量的 2.5%，整个浸出过程的浸出剂用量为矿石总量的 34.5%。

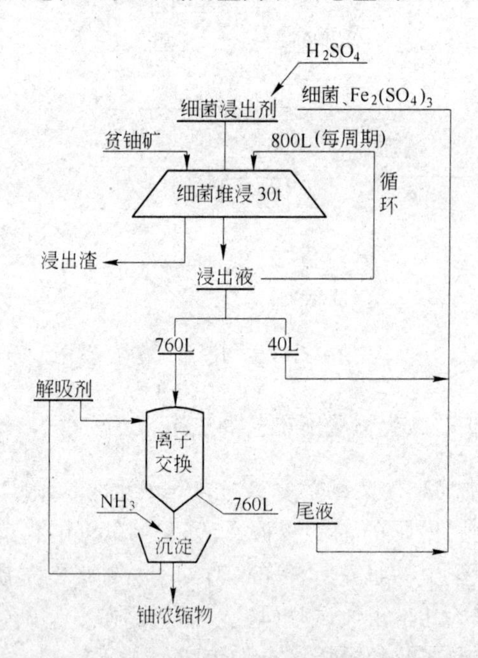

图 5-33　铀矿石的微生物堆浸试验流程图

在每一个周期内，浸出剂循环喷洒，其喷洒速度为 20 ~ 40 L/（m^3 · h），浸出期间的温度变化为 25 ~37℃。浸出过程共持续了 42 d，每天淋浸 12 h，间歇 12 h。浸出结束后，用 pH =2.0 的酸化水冲洗 1d，然后在矿堆中布点取样，制备浸出渣分析样品。浸出试验结果如表 5-25 和表 5-26 所示。

表 5－25 不同粒度矿石的浸出效果

粒　级	－50 mm	－50～30 mm	－30 mm
原矿品位/%	0.0177	0.0156	0.0204
渣品位/%	0.0102	0.0122	0.0095
浸出率/%	42.3	21.8	53.5

表 5－26 浸出液组成

成　分	U	SO_4^{2-}	PO_4^{3-}	NH_4^+	NO_3^-	Ca^{2+}	Mg^{2+}	Fe^{2+}	Fe^{3+}	Mo
含量/$g \cdot L^{-1}$	0.24	18.7	0.39	微量	0.023	2.0	1.48	0.051	5.72	0.192

通过浸出，每吨矿石产出平均含铀 0.24 g/L 的浸出液 0.3 m^3。平均酸耗为每吨矿石 2.43 kg，仅为搅拌酸浸的 3%～4%，比酸法堆浸的酸耗低 80% 以上。用离子交换法回收铀以后的尾液，重新接入微生物浸出剂制备工序。由于微生物的活性较好，从第一周期起，Fe^{3+} 与 Fe^{2+} 的浓度比就大于 1。在以后的各个周期中，Fe^{2+} 几乎全部被氧化成为 Fe^{3+}。

由于浸出剂中含有较高浓度的 Fe^{3+}，使得铀矿物能迅速地从矿石中溶解出来。另一方面，由于浸出液中已包含了氧化亚铁硫杆菌所需要的全部营养物质（见表 5－26），所以在浸出过程中不需要补加任何营养物质。

（2）工业生产试用效果

在前述半工业试验的基础上，又在该矿的酸法堆浸场进行了工业试生产。这项工作是在一个正在进行酸法浸出的矿堆上进行的。这堆矿石的矿石量约为 2000 t，矿堆高大约 2 m，矿石的铀品位为 0.02% 左右。经过 30 d 的酸浸，共回收铀 34 kg，浸出液中铀的浓度已下降到 20 mg/L。在此条件下改用微生物浸出工艺，浸出液中铀的浓度不久便回升到 160 mg/L。经过 42 d 的微生物浸出，又回收了 34 kg 铀。加上前一段的酸浸，铀的总浸出率比仅用酸浸提高了 5 个百分点，浸出时间缩短了三分之一，节省了 80% 的酸耗。

5.3.2.2 加拿大斯坦洛克铀矿的微生物浸出

加拿大的斯坦洛克铀矿是一座老矿山。由于多年开采，矿石的品位下降，生产成本上升。为了提高经济效益，该矿从 1964 年 10 月起，停止普通开采，改用微生物原位浸出工艺。在矿山的1200个开采工作面（每个工作面的平均面积为540 m^2）上用微生物浸出法回收矿柱和低品位矿石中的铀，采用的生产流程如图5－34所示。使用的微生物浸出剂就是该矿的酸性矿坑水，其pH值为3.0左右。斯坦洛克铀矿采用微生物原位浸出工艺，每月生产6800～7300 kg的U_3O_8，到1965年夏季，该矿的生产成本已由原来的每千克U_3O_8 11美元降到了7.7美元。

与斯坦洛克铀矿位于同一地区的米利根铀矿，也于1964年停止了通常的采矿作业，采用与斯坦洛克铀矿相似的微生物原位浸出工艺。经过一年多的生产，从地下采空区浸出了57607 kg的U_3O_8。

这一地区的旦尼生铀矿，借鉴上述两个矿山的生产经验，在正常开采铀矿石的同时，利用本矿的酸性矿坑水进行微生物原位浸出。所得浸出液中的铀浓度为8 g/L。两种方法并用，既增加了铀的产量，又提高了铀的品位，从而使矿山的经济效益得到了明显改善。

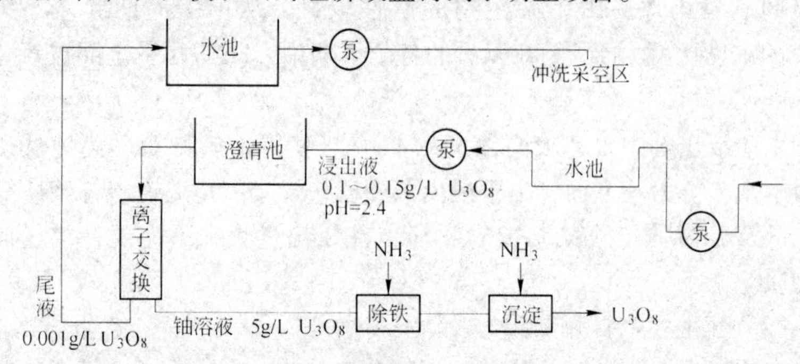

图5－34 斯坦洛克矿的微生物原位浸出生产流程

5.3.2.3 *铀矿石的微生物搅拌浸出*

加拿大一铀矿的生产实践表明，在铀矿石的微生物搅拌浸出工艺中，矿浆浓度是影响微生物活性的主要因素，其实测结果如表5－27所示。从表5－27中可以看出，随着矿浆浓度的增加，微生物的活性明显下降。

为了减少矿浆浓度给微生物浸出过程造成的不利影响，该矿采用逆流倾析式微生物搅拌浸出流程（见图5－35）。用普通浓密机做浸出设备，建立了一个细菌搅拌浸出中间试验厂。所用浓密机的规格为ϕ0.95 m×4.5 m。待处理的矿浆由第一槽加入，浸出渣由第六槽排出。

表 5 – 27 矿浆浓度对细菌浸出效果的影响

试验编号	矿浆浓度/%	电位/mV	Fe^{3+}/Fe^{2+}	铀浸出率/%
1	20	560	105	89
2	30	510	35	88
3	40	490	25	87
4	50	415	0.5	84

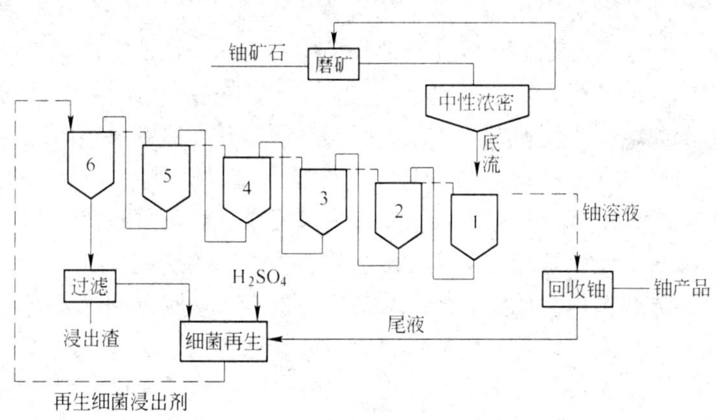

图 5 – 35 铀矿石逆流倾析式微生物搅拌浸出流程图

浸出剂由第六槽加入，浸出液由第一槽排出，矿浆与浸出剂逆向流动。由第一槽排出的富浸出液，用离子交换法或溶剂萃取法回收铀。回收铀以后的尾液进入充气槽，经微生物氧化再生后送回浸出系统。

浸出用的矿石含 U_3O_8 0.12%，粒度为 –0.074 mm 占 65%，矿浆浓度为 35%，在浓密机中加热到 32℃。浸出剂是含 $Fe_2(SO_4)_3$ 为 6 g/L、pH = 1.8 的细菌氧化溶液；采用高压空气搅拌。当浸出时间为 31 h 时，铀浸出率为 86%，当浸出时间延长到 45h 时，铀的浸出率增加到 90%。

5.4 锰矿石的微生物处理

5.4.1 概述

中国是锰矿资源比较丰富的国家，截至 2002 年底，中国大陆已查明锰矿区 239 处，累计探明锰矿石储量 6.4 亿 t 以上，保有储量超过

5.9亿t，这些锰矿资源的突出特点是贫而难选。在已探明的锰矿石储量中，碳酸锰矿石占73%，平均含锰21.14%。这些碳酸锰矿大多属沉积型，因在地槽区沉积速度较快，Mn、Fe、P等元素未得到充分沉积分异，同时，共沉淀使磷绝大部分以极其细微（-20 μm）的磷灰石或胶磷矿形式分布在锰矿物的晶粒之间或碳酸锰团块中，这不仅使碳酸锰矿石的磷含量偏高，也给磷锰分离带来了极大困难。

在钢铁和合金中磷是一种有害元素，磷锰比（P/Mn）高造成含锰合金脆性增加、易断裂，因此对冶金用锰矿石的磷锰比有严格要求。

中国的碳酸锰矿石的磷锰比平均在0.01左右，属高磷贫碳酸锰矿石。鉴于此，解决锰矿资源供给的关键是研究开发能有效地脱除高磷贫碳酸锰中的磷和提高锰品位的技术。为此，在“七五”期间国家组织有关部门进行了相应的技术攻关。攻关过程中，着重进行了电解、炉外脱磷、富锰渣还原氨浸和高梯度磁选等技术方法的研究。

电解法技术最为成熟，但产品单一，事实上锰资源的供给不可能全部靠此法来解决；炉外脱磷虽可直接得到硅锰合金，但代价高昂；黑锰矿法存在设备腐蚀严重等问题；氨浸法仍停留在实验室小型试验水平上，前景堪忧；高梯度磁选虽可提高锰品位，但因磷被包裹其中而无法实现降磷的目的，若采用此法降磷，需进一步降低原矿粉碎粒度，从而又引发动力消耗过高、设备磨损严重、微细颗粒自动团聚而需使用分散剂等问题。鉴于上述技术方法尚未能从根本上解决高磷贫碳酸锰资源的合理利用问题，研究开发新技术方法就显得尤为迫切。

微生物地球化学的研究成果表明，由于微生物的催化作用，可以使Mn（Ⅱ）在常温常压、近中性的环境中氧化成Mn（Ⅳ），借助微生物的作用使碳酸锰矿石中的$MnCO_3$全部氧化成MnO_2。碳酸锰矿石被氧化后，其锰品位总有一定程度的上升，这表明利用微生物的催化氧化作用，可以提高碳酸锰矿石的锰品位。

用微生物从低品位氧化锰矿石、硫化锰矿石和矿泥中提取锰的研究已进行多年。前苏联、日本等进行了用无色杆菌属（*Achromobacter*）的细菌浸出氧化锰矿石和碳酸锰矿石的试验研究，用该细菌浸出尼柯波尔矿的矿石和矿泥中的锰，反应6d后锰的浸出率可达80%~98%。前苏联用氧化亚铁硫杆菌浸出含锰13.6%（MnO_2形式的锰占75%，$MnCO_3$形式的锰占6.1%）的矿泥，细菌浸出3 d后，有98.5%的锰被浸出来。

1992 年美国学者 Thomas H. J. 发表评论文章指出，美国已用混合菌成功地使碳酸盐和氧化矿中的锰溶解，若能解决营养需要及进一步提高浸出率，锰的细菌浸出即可实现工业化。美国矿务局正积极致力于这方面的研究工作。中国湖南锰矿公司也曾对桃江的高硫锰矿石进行过细菌浸出、生产化学用锰的试验研究工作。

自 1901 年 Jackson 报道了细菌对锰氧化物的沉淀作用后，在 1913 年第一次观察到 Mn^{2+} 被细菌和真菌氧化；Bromfield 于 1956 年发现了锰氧化的酶反应，1978 年发现并证实了锰氧化的非酶反应；从 1993 年起，东北大学资源与环境微生物技术研究室结合自然科学基金研究课题，用从矿坑水中分离出来的锰氧化细菌进行了高磷贫碳酸锰矿石的初步氧化试验研究。

前苏联的 Panala A. B. 用胶质芽孢杆菌（*Bacillus mucilaginosus*）对锰矿石进行脱磷，使锰矿石平均含磷降低了 35%。此外，郝瑞霞的研究结果表明，微生物在氧化锰的同时，也具有一定的脱磷能力。

微生物的合成与分解代谢需要一定的营养条件，其中主要包括提供合适的 C、N、P 源，其比例大体为 100∶10∶1。就磷而言，微生物需吸收磷来构成细胞组分，如磷脂等；同时，微生物需吸收磷来合成三磷酸腺苷（ATP）进行产能代谢。因此，从某种意义上讲，没有磷源，微生物也就失去了生命的基础。许多微生物在磷源匮乏时，代谢都受到严重抑制。

5.4.2 锰矿石的微生物富锰降磷机理

磷灰石和磷酸钙都是难溶性化合物，如羟基磷酸钙 $Ca_{10}(PO_4)_6(OH)_2$ 的 $K^0sp = 1.0 \times 10^{-112}$（25℃），$Ca_3(PO_4)_2$ 的 $K^0sp = 2.0 \times 10^{-29}$（25℃），它们在溶液中存在下列溶解反应：

$$Ca_{10}(PO_4)_6(OH)_2 \longrightarrow 10Ca^{2+} + 6PO_4^{3-} + 2OH^- \quad (5-41)$$

$$Ca_3(PO_4)_2 \longrightarrow 3Ca^{2+} + 2PO_4^{3-} \quad (5-42)$$

由于细菌合成细胞组分和产能代谢需要磷及过量摄磷，而使平衡右移；同时，因代谢产酸使磷以各种酸根的形式（如 HPO_4^{2-}、$H_2PO_4^-$ 等）存在于溶液中，亦促使平衡右移。因此，难溶磷酸盐的解离是由于磷被细菌吸收、过量摄取及酸溶造成的，这里也不排除代谢产物对

Ca^{2+}的配合作用对解离的贡献。

细菌过量摄磷是因为在适宜生长的条件下生长繁殖的细菌，体内有多余的能量可使其富集无机磷成聚磷酸盐并储存于细胞内，以备营养缺乏时代谢所需。这一富集过程可表示为：

$$\text{Pi} + \text{ADP} = \text{ATP} \tag{5-43}$$

$$\text{聚磷酸盐} + \text{ATP} = \text{聚磷酸盐} + \text{ADP} \tag{5-44}$$

式中，Pi 为磷酸根；ADP 为二磷酸腺苷；ATP 为三磷酸腺苷。

当溶液 pH 值较低时，小分子有机酸进入细胞内，细菌可通过如下过程来调整胞内 pH 值，以维持正常生长：

$$\text{聚磷酸盐} + H_2O = \text{聚磷酸盐} + \text{Pi} + \text{能量} \tag{5-45}$$

在产生的能量作用下，将 H^+ 排出细胞外，并释放磷，故溶液中的磷浓度在此条件下会增加。

从应用的角度看，脱磷率是重要指标，增加营养物浓度并通气可进一步提高脱磷率。在实验室内，采用搅拌加充气进行脱磷试验时，获得的脱磷率为 61%，脱磷后锰矿石的磷锰比由原来的 0.0127 降到 0.005 以下。若进一步提高锰矿石的质量，使磷锰比（P/Mn）<0.003，需使脱磷率达到 76% 以上，因此强化微生物的脱磷效果是应用此技术的关键。

5.4.3　锰矿石的微生物浸出及氧化

中国的研究工作者，曾利用氧化亚铁硫杆菌对产于湖南的一种含硫锰矿石进行了浸出锰研究。试验用矿石的化学组成如表 5-28 所示。所采用的浸出剂为利瑟恩培养基接种 20% 的菌液，通气培养至 Fe^{2+} 全部氧化为 Fe^{3+}，该溶液含 Fe^{3+} 25g/L 以上，pH = 1.8。在这种情况下，浸出过程首先是矿石中的 Fe 和 S 被细菌氧化成 $Fe_2(SO_4)_3$，然后是 $Fe_2(SO_4)_3$ 对锰矿物的溶解浸出，其反应为：

$$3MnCO_3 + Fe_2(SO_4)_3 + 3H_2O \longrightarrow 3MnSO_4 + 2Fe(OH)_3 + 3CO_2 \tag{5-46}$$

$$3MnS + Fe_2(SO_4)_3 + 6H_2O \longrightarrow 3MnSO_4 + 2Fe(OH)_3 + 3H_2S \tag{5-47}$$

浸出的工艺流程图如图 5-36 所示。矿样的粒度为 -0.13mm，矿浆浓度为 7%，浸出温度为 60℃，浸出时间为 3 h，SO_2 还原温度为 60℃，SO_2 含量为 2%；亚铁还原液中 SO_3^{2-} 与 $S_2O_3^{2-}$ 的浓度和小于 15 mg/L。

表 5-28 试样的矿物组成与主要元素含量

矿 样	矿物组成（质量分数）/%				化学组成（质量分数）/%			
	硫锰矿	菱锰矿	锰方解石	硅酸锰	Mn	Fe	S	SiO_2
高硫矿	5.66	2.77	10.16	3.98	22.73	3.71	7.25	16.40
夹层矿	1.93	5.17	9.89	0.30	16.77	4.22	3.16	24.12

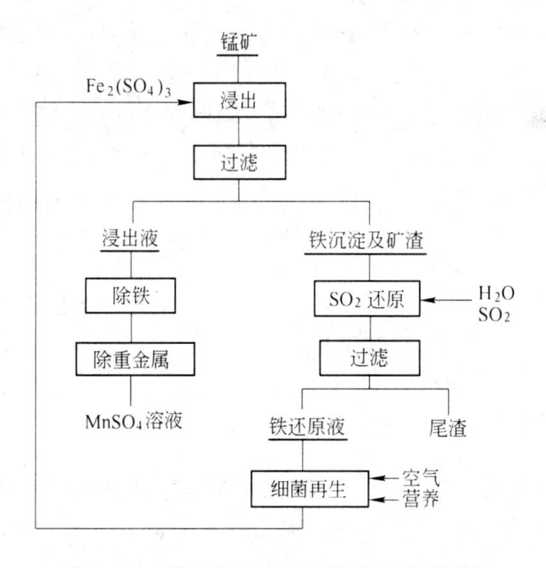

图 5-36 微生物浸出锰矿石的工艺流程图

经过微生物氧化浸出，高硫锰矿石的锰浸出率为 80.8%，夹层矿的锰浸出率为 99.03 %，两种矿样的综合浸出率为 82.5%，SO_2 的吸收率达 90%。高硫锰矿的详细浸出指标如表 5-29 所示。由表中的数据可以看出，硅酸锰的浸出效果最差。

表 5-29 高硫锰矿石的微生物浸出结果 (%)

项 目	含锰	硫化锰	氧化锰	锰方解石	菱锰矿	硅酸锰	浸出率
原矿	24.1	3.32	0.69	10.11	5.03	4.52	80.8
尾渣	7.28	0.0	0.0	0.0	0.24	6.82	

此外，利用其他种类的微生物对锰矿石进行的浸锰试验研究，也获得了较理想的效果。例如，在 pH = 6.6、温度为 28℃ 的条件下，用 2 m^3 水和 4 m^3 含有节杆菌属的微生物的培养基，对 100 kg 锰矿粉浸出 15 d，得到的浸出结果为：采用节杆菌属的微生物，锰的浸出率达 78.4 %；采用生丝微菌属的微生物，锰的浸出率达 85.4%。

印度普纳（Poona）大学和中国东北大学对高磷锰矿石进行了微生物脱磷和微生物氧化富锰脱磷的试验研究。前者用节杆菌属的一些微生物，对高磷锰矿石进行的脱磷试验结果表明，这一属的细菌可有效地脱除锰矿石中的磷。后者用生丝微菌属、生金菌属和芽孢杆菌属中一些细菌，对高磷碳酸锰矿石进行的微生物氧化锰和分解磷的试验结果表明，微生物能有效地氧化碳酸锰矿石中的 Mn^{2+}，其氧化能力甚至超过他们对纯碳酸锰中 Mn^{2+} 的氧化能力；此外，这些微生物在氧化锰的同时，还具有一定的脱磷能力，可以使锰矿石中的磷含量得到一定程度的降低。

5.5 其他矿石的微生物浸出

5.5.1 镍和钴矿石的微生物浸出

对硫化镍矿石进行的氧化亚铁硫杆菌浸出研究结果表明，浸出针镍矿时，14 d 可以浸出 70% 的镍；浸出镍黄铁矿时，5d 可以浸出 87% 的镍。这证明，在硫化镍矿石的微生物浸出过程中，细菌既起到了直接催化作用，也通过产生的 Fe^{3+} 发挥了一定的间接催化作用。

对于细磨的、钴主要以硫化物矿物存在的钴矿石，用氧化亚铁硫杆菌进行的浸出试验结果表明，在 12% 的矿浆浓度下，钴的浸出速率为 490 mg/（L·h）。其浸出反应为：

$$2CoS + 2H_2SO_4 + O_2 \xlongequal{} 2CoSO_4 + 2H_2O + 2S \quad (5-48)$$

中国也曾采用图 5-37 所示的工艺流程，进行了微生物浸钴的试验研究。试验用物料是钨矿石的浮选尾矿，试验条件和浸出结果为：试样粒度为 -0.10mm 占 75%，浸出剂 pH = 2.0 ~ 2.5，浸出矿浆的固液比为5∶1，浸出温度为 28 ~ 35℃，浸出时间为 9 ~ 10 d，通气量为 0.19 ~ 0.21 m^3/（min·m^3），钴浸出率为 37.8%。

浸出所用的微生物是氧化亚铁硫杆菌，浸出的矿物主要是辉砷钴矿和砷黄铁矿，浸出过程的反应为：

$$4CoAsS + 6H_2O + 13O_2 \xlongequal{} 4H_3AsO_4 + 4CoSO_4 \quad (5-49)$$

$$4FeAsS + 6H_2O + 13O_2 \xlongequal{} 4H_3AsO_4 + 4FeSO_4 \quad (5-50)$$

由于微生物浸钴工艺的流程长、浸出速度慢，致使这种工艺目前尚没有在工业生产中得到推广应用。

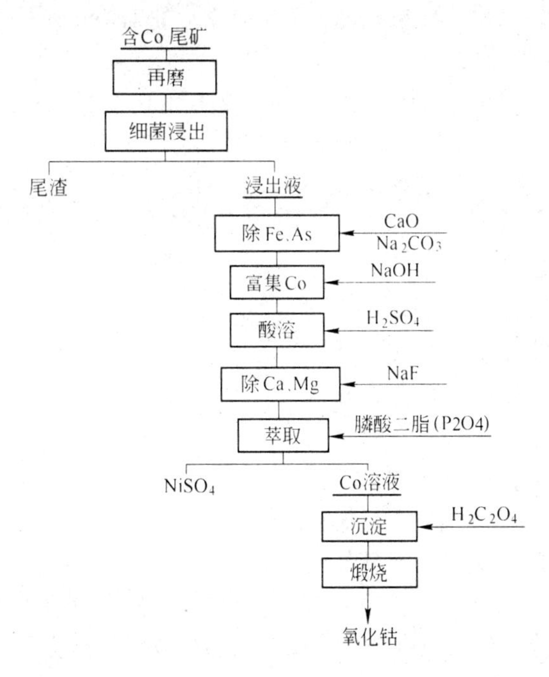

图 5-37 含钴尾矿的微生物浸出提钴流程

5.5.2 铅和锌矿石的微生物浸出

试验研究结果表明，氧化亚铁硫杆菌还可以有效地催化闪锌矿和一些铅矿物的氧化反应。例如：

$$ZnS + 2O_2 \xlongequal{} ZnSO_4 \quad (5-51)$$

基于这一原理，研究者曾进行了含锌硫化物矿石的细菌浸出试验研究。结果表明，在适宜的条件下，锌的浸出速率可达 150 mg/（L · h)。

用微生物浸出锌精矿的试验结果表明，控制适宜的浸出条件，浸出液中的锌浓度可以达到 120 g/L。此外，研究者用微生物对 Pb – Cu – Fe

多金属硫化物矿石的浸出试验研究结果表明，在矿石粒度为 -0.043 mm、矿浆液固比为 30:1 的条件下，浸出 11 d，铅的浸出率可以达 70%。

5.5.3　钼矿石的微生物浸出

钼矿石的微生物浸出机理，主要是微生物对辉钼矿的氧化反应有一定的催化作用，即：

$$2MoS_2 + 6H_2O + 9O_2 = 2H_2MoO_4 + 4H_2SO_4 \qquad (5-52)$$

试验研究结果表明，钼的浸出速率在有菌条件下比无菌时快 5 倍。

应该指出的是，尽管氧化亚铁硫杆菌对辉钼矿的氧化过程有明显的催化作用，但在没有铁存在的条件下，钼的浸出速率却比较低，如有的研究人员在没有铁存在的条件下，用微生物对辉钼矿浸出 270 d，钼的浸出率却仅有 35% ~55%。然而，当矿浆中有 Fe^{3+} 存在时，微生物对钼的浸出能力却能得到大幅度提高。Fe^{3+} 对微生物浸钼能力的影响情况如图 5-38 所示。

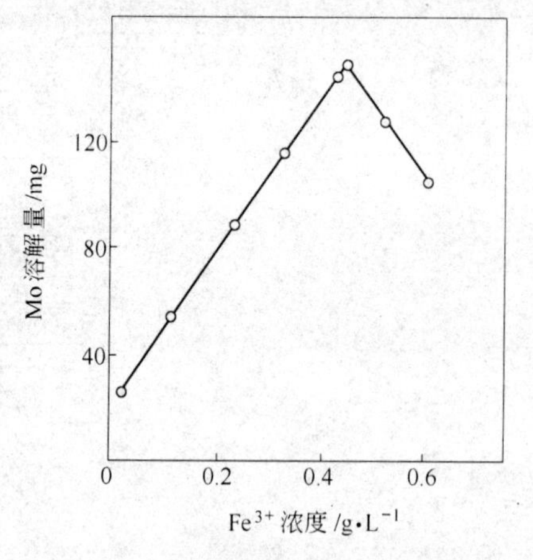

图 5-38　Fe^{3+} 对微生物浸钼的影响

此外，研究还发现，有一种嗜热的硫化裂片菌对钼的氧化能力比氧化亚铁硫杆菌的要强得多。

5.5.4　稀有金属矿石的微生物浸出

5.5.4.1　镓和锗的微生物浸出

镓和锗多以硫化物矿物的形式存在于矿石中，氧化亚铁硫杆菌对它们的氧化浸出过程既有直接催化作用，也有间接催化作用。就镓来说，浸出过程的化学反应为：

$$Ga_2S_3 + 6O_2 = Ga_2(SO_4)_3 \qquad (5-53)$$

$$Ga_2S_3 + 3Fe_2(SO_4)_3 = Ga_2(SO_4)_3 + 6FeSO_4 + 3S \qquad (5-54)$$

对含镓1.18%的黄铜矿矿石进行的浸出试验结果表明，无菌条件下浸出液中镓的浓度仅为微生物浸出液的8%～10%。当矿浆浓度为25%时，细菌浸出液中镓的浓度最高可达2250 mg/L。

锗的微生物浸出过程与镓的浸出过程类似。用氧化亚铁硫杆菌，在硫代硫酸钠溶液中，对含镓和锗的表生矿石进行的浸出试验结果如表5－30所示。表5－30中的结果表明，硫代硫酸钠的浓度对锗的浸出率具有非常显著的影响。

表5－30 硫代硫酸钠浓度对细菌浸出锗的影响

每75mL溶液中的 $Na_2S_2O_3$ 含量/g	锗提取量/mg · L^{-1}	
	有　菌	无　菌
1	3.44	6.11
2	11.70	7.06
3	14.00	6.90
4	16.68	8.23
5	18.51	8.35

此外，一些研究结果还表明，可以用黑曲霉菌浸出铅冶炼厂烟道回收粉尘中的镓或用排硫杆菌氧化浸出方铅矿中的锗。

5.5.4.2 含锑硫化物矿物的微生物浸出

研究结果表明，氧化亚铁硫杆菌和变体锑细菌等都能氧化辉锑矿。其反应为：

$$Sb_2S_3 + 6O_2 = Sb_2(SO_4)_3 \quad (5-55)$$

反应生成的硫酸锑在微生物的作用下进一步氧化，即：

$$Sb_2(SO_4)_3 + 2H_2SO_4 + O_2 = Sb_2(SO_4)_5 + 2H_2O \quad (5-56)$$

上述反应的最佳条件为：pH＝1.7，温度为35℃；辉锑矿转变成硫酸锑的转化率为55%～64%。

除了镓、锗、锑外，另外一些稀有金属元素也可以在微生物的作用下进行氧化浸出。例如，节杆菌属、假单胞菌属和曲霉菌属的一些细菌可以用来从锂辉石中提取锂；氧化亚铁硫杆菌可以用来从铋、铜共生的硫化物矿石中提取铋，从钒矿石中提取钒；从含硫化镉的矿石中提取镉。只是这些方面的研究工作非常有限，尚待开展深入细致的试验研究。

参考文献

1 吕文广，郑景宜. 细菌氧化在难处理含砷硫金矿石中取得重大进展［J］. 地质科技管理，1998，6：55～57

2 Zhang Yi，Yang Zaixian，He Wei，et al. Method for manufacture of electrolytic cooper from sulfide ores by boileachingm［P］. CN 1197120 A. 1998－10－28

3 Richard Winby，Paul Miller，Mike Rhodes，et al . Bioleaching process for copper recovery from chacopyrite or sulfide ores［P］. WO 2000023629 Al. 2000－4－27

4 William J Kohr，Vandy Shrader，Chris Johansson. Heap boileaching of copper from chalcopyritic ore concertrates using thermophilic bacteria for increased process temperature（P），WO 2000036168 Al. 2000－6－22

5 王文潜，王喜良. 难浸金矿预氧化处理方法评价及新进展［J］. 云南冶金，1997，26（6）：30～34

6 Fan Shoulong，Wang Jinxiang. Technology of heap leaching of gold ore with microbial preoxidation and apparatuss for bacteria culture［P］. CN 112116 A. 1996－4－24

7 Borje Lindstrom，Jan Eric Sundkuist，Ake Sandstrom. Two－stage boileaching of sulfide－ore feed containing metal values and toxic arsenic［P］. Eur. Pat. Appl. EP 1050593 Al. 2000－11－8

8 Hector M Lizama，Robert G Frew，et al. Selective bioleaching of zinc［P］. US 6103204 A. 2000－8－15

9 Basson，Petus；Miller，Deborah Maxine；Dew，David William. Recovery of zinc from complex－sulfide ore concentrates by bioleaching and electrowining［P］. WO 2001018266 Al. 2001－3－15

10 David William Dew，Deborah Maxin Miller. Selective recovery of nickel and copper from sulfide－ore concentrates by bioleaching with acid recycling［P］. WO 2001018270 Al. 2001－3－15

11 David William Dew，Petrus Basson，Alan Norton，et al. Recovery of nickel from nickel bearing sulfide minerals by boileaching［P］. WO 2001018268 Al. 2001－3－15

12 Murthy K S N，Natarajan. The role of surfacee attachment of *Thiobacillus ferrooxidans* on the *biooxidation* of pyrite［J］. Minerals and metallurgical，2000，17（2）：20～25

13 Sampson M I，Philips C V，Blakell R C. Influence of attachment of acidophilic bacteria the oxidation of mineral sulfides［J］. Minerals Engineering，2000，13（4）：373～389

14 Sampson M I，Philips C V，Ball A S. Invetigation of the attachment of *Thiobacillus ferrooxidans* to mineral sulfides using scaning electron microscopy analysis［J］. Minerals Engineering，2000，13（6）：643～656

15 Third K A，Cord Ruwiish R，Watling H R. The role of iron－oxidizing bacteria in stimulation or inhibition of chalcopyrite boileaching［J］. Hydrometallurgy，2000，57：225～233

16 Renato Arredondo，Alberto Garcia，Jerez Carlos A. Partial removal of lipopolysaccharide from

Thiobacillus ferrooxidans affects its adhesion to solids [J]. Applied and Enviromental Microbio - logy, 1994, 2846 ~ 2851

17 小西康裕, 浅井悟, 德重雅彦等. 好酸性好热性细菌 *Acidianus brierleyi* [J]. 资源, 1999, 115: 585 ~ 590

18 关晓辉, 赵以恒, 刘海宁等. 硫化矿 (矿石) 的生物氧化机制研究 [J]. 东北电力学报, 1999, 19 (2): 1 ~ 9

19 张维庆, 魏德洲, 沈俊. 氧化亚铁硫杆菌对黄铜矿的氧化作用 [J]. 矿冶工程, 1999, 19: 30 ~ 33

20 Kumar Shrihari R, Gandhi K S, et al. Role of cell attachment in leaching of chalcopyrite mineral by *Thiobacillus ferrooxidans* [J] . Appl. Microbiol. Biotechnol. , 1991, 36 (2): 278 ~ 282

21 Taxiarchou M, Adan K, Kontopoulos A. Bacterial oxidation conditions for gold extraction from Olympias refractory arsenical pyrite concentrate [J]. Hydrometallurgy, 1994, 36: 169 ~ 185

22 Shrihari, Jayant M. Modak, Kumar R, et al. Dissolution of particles of pyrite mineral by direct attachment of *Thiobacillus ferrooxidans* [J]. Hydrometallurgy, 1995, 38: 175 ~ 187

23 Gomez E, Blazquez M L, Ballester A, et al. Study by SEM and EDS of chalcopyrite bioleaching using a new thermophilic bacteria [J]. Minerals Engineering, 1996 (9): 985 ~ 999

24 Bartels C C, Chatzitheodorou G, Rodriguez - Levia M, et al. Novel technique for investingation and quantifyication of bacterial leaching by *Thiobacillus ferrooxidans*. Biotachnology and bioengineering [J]. 1989, 33: 1196 ~ 1204

25 Karavaiko G I, Smolskaja L S, Golyshian O K, et al. Bacterial pyrite oxidation: Influence of morphologyical physical and chemical propertyes [J]. Fuel Processing Technology, 1994, 40: 151 ~ 165

26 Bliht K, Ralph D E, Thurgate S. Pyrite surfacees after bioleaching: a mechanism for biooxidation [J]. Hydrometallurgy, 2000, 58: 227 ~ 237

27 笹木圭子, 恒川昌美, 金野英隆等. *Thiobacillus ferrooxidans*によゐ黄铁矿の浸出挙动と矿物表面のキヤテクタリゼーツヨン [J]. 资源与素材, 1993, 109 (1): 29 ~ 35

28 Boon M, Heijnen J J. Chemical oxidation kinetics of pyrite in bioleaching processes [J]. Hydrometallurgy, 1998, 48: 27 ~ 41

29 Boon M, Snijder M, Hansford G S, et al. The oxidation kinetics of zinc sulphide with *Thiobacillus ferrooxidans* [J]. Hydrometallurgy, 1998, 48: 171 ~ 186

30 张冬艳, 张通. 细菌浸出黄铜矿过程中黄铁矿的影响行为 [J]. 湿法冶金, 1997, 2: 4 ~ 7

31 张广积, 方兆珩. 生物氧化浸矿机理和动力学 [J]. 国外金属矿选矿, 2000, 6: 17 ~ 20

32 Toro L, Paponetti B, Cantalini C. Precipitate formation in the oxidation of ferrous ions in the presence of *Thiobacillus ferrooxidand* [J]. Hydromretallurgy, 1988, 20: 1 ~ 9

33 Nemati M, Harrison S T L. A comparative study on thermophilic and mesophilic biooxidation of ferrous iron [J]. Minerals Engineering, 2000, 13 (1): 19 ~ 24

34 Chavarie C, Karamanev D. Comparison of the kinetics of ferrous iron oxidation by three differrent

stains of *Thiobaillus ferrooxidans* [J]. Geomicrobiology Journal Volume, 1993, 11: 57 ~ 63

35 张冬艳. 氧化亚铁硫杆菌的菌数测定法 [J]. 内蒙古工业大学学报, 1996, 15 (1): 62 ~ 65

36 Tuorinem O H, Kelly D P. Studies on the growth of *Thiobacillus ferrooxidans* [I]. Use of membrane filter and ferrous iron agar to detemine viable numbers and comparison with CO_2 - fixation and iron oxidation as measures of growth [J]. Arch Microbiol, 1973, 88: 285 ~ 298

37 Visca P, Bianchi E, Polidoro M. A new solid medium for isllation and enumeration of *Thiobacillus ferrooxidans* [J]. J Gen Appl Microbiol, 1989, 35: 71 ~ 81

38 Manning H L. New medium for isolation iron - oxidating and heterotrophic acidophilic bacteria from acid mine drainage [J]. Microbiology, 1975, 30 (6): 1010 ~ 1016

39 Garcia O, Mukai J K, Andrade C B. Growth of *Thiobacillus ferrooxidans* on solid medium: Effects of some surfacee - Active agents on coliny formation [J]. J Gen Appl Microbiol, 1992, 38: 279 ~ 282

40 Khalid A M, Bhatti T. An improved solid medium for isolation, enumeration and genetic investingations of artotrophic iron - and sulphur - oxidixing bacteria [J]. Appl Microbiol Biotechnol, 1993, 39: 259 ~ 263

41 《浸矿技术》编委会. 浸矿技术 [M]. 北京: 原子能出版社. 1994. 431 ~ 496

42 丁育清, 卢寿慈, 安蓉. 难处理金矿石的细菌氧化提金技术及工业应用 [P]. 黄金, 1996, 6: 32 ~ 37

43 Baeeos M E C, Rawlings D E, Woods D R. Mixotrophic growth of a *Thiobacillus ferrooxidans* strain [J]. Applied and Environmental Microbiology, 1984, 47 (3): 593 ~ 595

44 Visca P, Bianchi E, Polidoro M, et al. A New Solid Medium ferrooxidans on Solid Medium: Effects of Some Surface - Active Agents on Colony Formation [J]. J. Gen. Appl. Microbiol, 1992, 38: 279 ~ 282

45 Garcia O, Mukai J K, Andrade C B, et al. Growth of *Thiobacillus ferrooxidans* on Solid Medium: Effects of Some Surface - Active Agents on Colony Formation [J]. J. Gen. Appl. Microbiol, 1992, 38: 279 ~ 282

46 Sugiuo T, Uemura S, Makino I, et al. Sensitivity of iron - oxidizing bacteria, *Thiobacillus ferrooxidans* and *Leptospirillum ferrooxidans*, to bisulfite ion [J]. Applied and Enviromemtal Microbiology, 1994, 722 ~ 725

47 Govardus A H de Jong, Win. Hazeu, Piet B, et al. Ploythionate degradation by tetrathionate hydrolase of *Thiobacillus ferrooxidans* [J]. Microbiology, 1997, 143: 499 ~ 504

48 Sanhueza A, Ferrer I J, Vargas T, et al. Attachment of *Thiobacillus ferrooxidans* on synthetic pyrite of varying structural and electronic properties [J]. Hydrometallurgy, 1999, 51: 115 ~ 129

49 Sampson M I, Philips C V, Blake R C. Influence of the attachment of acidophilic bacteria during the oxidation of mineral sulfides [J]. Minerals Engineering, 2000, 13 (4): 373 ~ 389

50 Sampson M I, Phillips C V, Ball A S. Investigation of the attachment *Thibacillus ferrooxidans* using scanning electron microscopy analysis [J]. 2000, 13 (6): 643 ~ 656

51 Schrenck M O, Edwards K J, Goodman R M, et al. Distribution of *Thiobacillus ferrooxidans* and *Leptospirillum ferrooxidans* [J]: Implication for Generation of Acid Mine Drainage, Science, 1998, 279 (5356): 1519 ~ 1522

52 Kelly D P. Physiology and biochemistry of unicellular sulfur bacteria [M]. In Autotrophic Bacteria, ed. By H G Schlegel, Bowien B. Springer – Verlag, New York: 1989, 193 ~ 217

53 Takauwa S, Yamanaka T. Dokuritsu eiyou saikin no seibutsugaku (Biology of chemoautotrophs) (in Japanese) [M]. Protein, Nucleic Acid and Enzyme, 1988, 33: 2569 ~ 2578

54 Kazuo Nakamura, Hideo Miki, Yoshifumi Amano. Cell growth and accumulation of *Thiobacillus thiooxidans* S3 in a pH-controlled thiosulfate medium [J]. J. Gen. Appl. Microbiol., 1990, 36: 369 ~ 376

55 Boon M, Heijnen J J. Chemical oxidation kinetics of pyrite in bioleaching processes [J]. Hydrometallurgy, 1998, 48: 27 ~ 41

56 Boon M, Brasser H J, Hansford G S, et al. Comparison of the oxidation Kinetics of different pyrites in the presence of *Thiobacillus ferrooxidans* or *Leptospirillum ferrooxidans* [J]. Hydrometallurgy, 1999, 53: 57 ~ 72

57 Gomez E, Biazquez M L, Ballester A, et al. Study by SEM and EDS of chalopyrite bioleaching using a new thermophilic bacteria [J]. Minerals Engineering, 1996, 9 (9): 985 ~ 999

58 小西康裕, 浅井悟, 得重稚彦等. 好酸性好热性细菌 *Acidianus brierleyi.* によゐ黄铜矿の浸出 [J]. 资源と素材, 1999, 115: 585 ~ 590

59 Fikret Kargi, James M Robinson. Remove of Sulfur compounds from coal by the *Thermophilic* organism Sulfolobus acidocaldarius [J]. Applied and Environmental Microbiology, 1982, 44 (4): 878 ~ 883

60 李智伟. 难浸金矿的细菌氧化工艺发展趋势 [J]. 云南冶金, 1997, 26 (3): 1 ~ 6

61 姜成林, 徐丽华著. 微生物资源学 [M]. 北京: 科学出版社, 1997, 166 ~ 167

62 Tamara F. Kondratyeva, Lyudmila N, et al. Zinc and arsenic – resistant strains of *Thiobacillus ferrooxidans* have increased copy numbers of chromosomal resistant genes [J]. Microbiology, 1995, 141: 1157 ~ 1162

63 王敖全. 细菌适应突变研究进展 [J]. 微生物学报, 39 (3): 282 ~ 285

64 Attia Y A, El – Zeky M. Bioleaching of gold pyrite tailings with adapted bacteria [J]. Hydrome tallurgy, 1989, 22: 291 ~ 300

65 Barros M E C, Rawlings D E, Woods D R. Production and regeneration of *Thiobacillus ferrooxidans* spheroplasts [J]. Appled and Enviromental Microbiology, 1985, 50 (3): 721 ~ 723

66 Henry L, Ehrlich, Corale L, et al. Microbial mineral recovery Part Ⅰ: Bioleaching and biobeneficiation [M]. Newyork: McGraw – hill Publishing Company Professional and Reference Division composition unit, 1990, 29 ~ 35

67 Grogan Dennis W. Selectable mutant phenotypes of extremely thermophilic archaebacterium Sulfolobus acidocaldarius [J]. Journal of Bacteriology, 1991, 173 (23): 7725 ~ 7727

68 Satoru Kondo, Akihiko Yamagishi, Tairo Oshima. Positive selection for uracil auxotrophs of the

sulfur – dependent thermophilic archaebacterium sulfolobus acidocaldarius by use of 5 – Fluoroorotic Acid [J]. Journal of Bacteriology, 1991, 173 (23): 7698 ~ 7700

69 Zhang Zaihai, Liu Jianshe, Hu Yuehua, et al. Study of UV – inducted mutagenesis of ferrous oxidizing activity of *Thiobacillus ferrooxidans* [J]. 中国有色金属学报（英文版）, 2001, 11 (5): 795 ~ 780

70 Berger DavidK, Woods DavidR, Rawlings DouglasE. Complementation of Escherichia coil (NtrA) – dependent formatehydr Hydrogenlyase activity by a cloned *Thiobacillus ferrooxidans* NtrA gene [J]. Jounal of Bacteriology, 1990, 172 (8): 4399 ~ 4406

71 Peng Jibin, Yan Wangming, Bao Xuezhen. Expression of heterogenous arsenic resistance genes in the obligately autotrophic bioming bacterium *Thiobacillus ferrooxidans* [J]. Applied and Environmental Microbiology, 1994, 60 (7): 2653 ~ 2656

72 徐海岩，颜望明，刘振盈等. 利用氧化亚铁硫杆菌抗砷工程菌 *Tf* – 59 (pSDX3) 处理含砷金精矿 [J]. 应用与环境微生物学报，1997，3 (4): 366 ~ 370

73 Hector M, Lizama, Isamu Suzuki. Bacterial leaching of a sulfide ore by *thibacillus ferrooxidans* and *thiobacillus thiooxidans*, Part Ⅱ: Column leaching studies [J]. Hydrometallurgy, 1989, 22: 301 ~ 310

74 姜成林，徐丽华著. 微生物资源学 [M]. 北京：科学出版社，1997. 159 ~ 236

75 Lasse Ahonen, Olli H, Tuovinen. Catalytic effects of silver in the microbiological leaching of finely ground chalcopyrite – containing ore materials in shake flasks. Hydrometallurgy, 1990, 24: 219 ~ 236

76 Comez E, Ballester A, Blazquez M L, et al. Hydrometallurgy, 1999, 51: 37 ~ 46

77 邱冠周，王军，钟康年等. 铜矿石银催化剂研究 [J]. 矿冶工程，1998，3: 22 ~ 25

78 胡岳华，张在海，邱冠华等. Ag^+ 在细菌浸出中的催化作用研究 [J]. 矿冶工程，2001，21 (1): 24 ~ 28

79 Yonger Sharon, Dresiger David Bruce, Munoz Jesus. Silver – catalyzed process for boileaching of copper from chalcopyrite ore heap [P]. WO 2000037690 Al. 2000 – 6 – 29

80 James A U S King. Heap bioleaching of sulfide ores with a partial recycling initiation [P]. US 6207443 BI 27 2001

81 Sharp James E, Karlage Kelly L, Yong Tom. Bioleaching of sulfide ore concentrates precoated on ball – shaped performs for increased surface contact in acidic slurry [P]. WO 9851828 Al 1998 – 11 – 19. 28

82 Norton Alan, Batty John De Klerk, Dew David William, et al. Concentration of precious metal in ore sesidue by boileaching of sulfides in slurry with oxygen injection [P]. WO200001018267 Al. 2001 – 3 – 15. 39

83 David Willam Dew, Petrus Basson, Miller, Deborah M axine. Bioleaching of copper sulfide ores in heaed slurry with controlled oxygen feed. WO 20001018269 Al. 2001 – 3 – 15

84 David Willam Dew, Petrus Basson. Bioleaching of sulfide ores and minerals in a slurry using thermophilic cacteria and oxygen injection [P]. WO 20001018262 A2. 2001 – 3 – 15

85 Nakamura K, Noike T, Matsumoto J. Effect of operational conditions on biological Fe（Ⅱ）oxidation with rotating biological contactors [J]. Water Res 1986, 20: 73～77

86 Carrnza F, Garcia M J. Kinetic comparison of support materials in the bacterial ferrous iron oxidation in packed－bed column [J]. Biorecovery, 1990, 2: 15～27

87 Laney E D, Tuovinen O H. Ferrous iron oxidation by *Thiobacillus ferrooxidans* cells immo－bilized in polyurethane foam support paricles [J]. Appl. Microbiol. Biotechnol, 1984, 20: 94～99

88 Mazuelos A, Romero R, Palencia I, et al. Continuous ferrous iron biooxidation in flooded packed bed reactors [J]. Minerals Engineering, 1999, 12: 559～564

89 Karamanev D G. Model of the biofilm structure of *Thiobacillus ferrooxidans* [J]. Biotechnol, 1991, 20: 51～64

90 Mazuelos A, Carranza F, Palencia I, et al. High efficiency ractor for the biooxidation of ferrous iron [J]. Hydrometallurgy, 2000, 58: 269～275

91 Johnson John A, Stoner, Daphne L, Larsen Eric D, et al. Learning－based controller for biotechnology processes [P]. WO 9958479 Al. 1999－11－18

92 Petrus Basson, David William P. Dew. Stirred－bath apparatus with oxygen injection and stirring for increased mass transfer into heated ore－leaching slurry. WO 2001018263 Al. 2001－3－15

93 Sundvist, Jan－eric. Selective extraction suitable for electrowinning of metal values recovered from sulfuric－acid leaching solution [P]. EP 1063308 A2. 2000－12－27

94 Dennis H Green, Jeff Meuller. Membrane separation for purification of sulfuric acid from biological oxidation of sulfide ores [P]. WO 2000050341 Al. 2000－8－31

95 童雄，郭学军，黄庆柒等．从活化能角度探讨细菌氧化硫化矿的机理 [J]．有色金属，1998，50（2）：76～80

96 Herry L, Ehrlich, Brieliey Corale L. In: Microbioal mineral recovery [M]. R. R. Donnelley and Son Company, 1990: 1～105

97 杨显万，邱定蕃．湿法冶金 [M]．北京：冶金工业出版社，1997，282～366

98 Bang Sookie S, Sandeep S Deshapande, Kenneth N Han. The oxidation of galena using *Thiobacillus ferrooxidans* [J]. Hydrometallurgy, 1995, 37: 181～192

99 张在海，胡岳华，邱冠周等．从细菌学角度探讨硫化矿物的细菌浸出 [J]．2000，2：15～18

100 张在海，胡岳华，邱冠周等．不同富集菌种的浸矿比较研究 [J]．有色矿冶，2000，（2）：15～18

101 柳建设，邱冠周，王淀佐等．氧化亚铁硫杆菌在氧化过程中的铁行为 [J]．湿法冶金，1997，（3）：1～3

102 施巧琴，吴松刚．工业微生物育种学 [M]．福建：福建科技出版社，1991，45～48

103 Buchanaa R E, Gibbons N E. 伯杰细菌鉴定手册．第8版 [M]．中国科学院微生物研究所译．Beijing: Metallurgical Industry Press, 1984．633

104 关广岳．金属矿床氧化带微生物地球化学 [M]．北京：科学出版社，2000

105 孙家富．我国锰矿资源现状及锰业发展对策 [J]．中国锰业，1994，12（6）：3～5

106　林琦，汪国栋．我国锰资源的论证［J］．中国锰业，1995，13（2）：8～11
107　姚培慧主编．中国锰矿志［M］．北京：冶金工业出版社，1995：68～120
108　黄枢，肖琪．锰矿石脱磷新工艺研究［J］．中国锰业，1993，11（4）：27～31
109　刘尧．十年来我国锰矿选矿技术的新进展［J］．中国锰业，1992，10（2～3）：84～88
110　鲍志戎，于湘辉，李维．铁锰氧化还原细菌研究概况［J］．微生物学通报，1996，23（1）：48～50

第 6 章　煤炭微生物脱硫

矿物燃料是当今世界的主要能源，其中煤炭资源蕴藏量占总能源的75%以上，在煤炭的利用过程中，有害物质以各种方式排入周围环境，造成严重的环境污染，最突出的污染物 SO_2 是形成酸雨的主要物质。酸雨是指 pH 值低于 5.6 的降水，包括酸性雨、酸性雪、酸性雾和酸性露。

酸雨的产生与工业化的形成有着密切的关系，随着工业生产的快速发展，用煤量大幅度增加，大量的 SO_2 和 NO_x 排入大气，并在大气或水滴中转化为硫酸和硝酸，最终形成酸雨。酸雨不仅使湖泊变成酸性，使水生生物死亡，同时也会导致大面积森林死亡。其次，酸雨还会加速许多建筑物、桥梁、水坝、工业装备、供水管网、动力和通讯设备等的腐蚀。此外，酸雨还会导致地面水呈酸性，使地下水中的金属含量增高，饮用这种水或食用酸性河水中的鱼类会对人体健康产生危害。酸雨还可以使土壤的物理化学性质发生变化，导致土壤中植物营养元素 K、Na、Ca、Mg 等的淋滤流失，使土壤中有机质含量降低，活化土壤中有毒元素。

从英国化学家史密斯 1872 年提出“酸雨”这一术语到 20 世纪 50 年代，酸雨就已成为了一个全球性的环境问题。1972 年瑞典第一次把酸雨问题作为国际性问题，在斯德哥尔摩召开的联合国人类环境会议上提出。由于酸雨对生态系统造成严重危害，现已成为威胁世界环境的十大主要问题之一。酸雨的影响范围由起初仅限于欧洲和北美的工业发达国家，已逐渐扩大到了众多发展中国家。

在中国，从能源构成、消费和总量来看，煤炭自 1980 年以来所占的比例一直在75% 左右，石油和天然气约占 20%，水电约占 5%。因此煤炭是中国最主要的能源，这一状况至少在未来 20～30 年内不会改变。中国每年约有 2500 万 t SO_2 排入大气，其中 90% 来自煤的燃烧。

中国在 1979 年首先在贵州省的松桃县和湖南省的长沙市、凤凰县等地出现酸雨，此后，又相继在重庆、上海、南京、常州等地出现酸雨。尤其是 1982 年夏季，在重庆市连降酸雨，降水 pH 值大都在 4.0 以下，导致大面积的农作物受害、川东地区松林大面积衰亡，同时还使重庆市的建筑物受到严重腐蚀。

中国煤矿采出的原煤，含硫量一般在0.38%～5.32%之间，平均含硫量为1.72%，其中含硫量不小于3%的高硫煤约占煤炭储量的1/3、占生产原煤的16.67%。随着煤矿开采深度的增加，中国主要矿区生产原煤的含硫量都有增加的趋势。对煤炭进行脱硫，已成为国家洁净煤技术的主要研究内容之一。因此，开发经济有效的脱硫技术已成为了一项紧迫任务，对大幅度减少 SO_2 等大气污染物的排放量，在环境允许的条件下扩大煤炭的利用，减少煤炭的外部成本及大幅度提高煤炭的利用效率和经济效益，促使能源生产和消费，实现由粗放型向集约型的转变等具有重要意义。

6.1 煤炭中硫的形态及形成

从煤质分析的统计结果来看，煤中硫的分布形态具有一定的规律性。对于全硫含量在0.5%以下的煤来说，多数以有机硫为主，主要来自原始植物中的蛋白质。对于全硫大于2%的高硫煤来说，其中硫的赋存形态绝大多数以无机硫，尤其是黄铁矿硫为主，仅有少数是以白铁矿硫的形态存在。只有极少数特殊情况，高硫煤中的硫是以有机硫为主。煤中硫酸盐硫的含量一般不超过0.1%～0.2%。

6.1.1 煤炭中硫的形态和特性

煤炭中的有机硫是指与煤的有机结构相结合的硫；而无机硫则是以无机硫形态存在的硫，通常以晶粒状态夹杂在煤中。另外，在有些煤中还有少量的单质硫。

(1) 煤炭中的有机硫

由于煤的有机质化学结构十分复杂，因此煤炭中有机硫的组成也极为复杂，至今对煤中有机硫的认识还不够充分，但大体上测定出煤中有机硫以硫醇（R—SH）、硫化物或醚类（R—S—R）、含噻吩环的芳香体系、硫醌类、二硫化合物RSSR′或硫蒽类等形式存在。

含有上述结构的有机硫化合物从干馏煤所得到的焦油产品中都能检测到，但含量却有所不同。在这些含硫有机物中，噻吩类硫的结构是非常稳定的，即使在高温炭化时也能与有机质缩聚成高分子硫化物。另外，在噻吩类有机硫中，二苯并噻吩中的硫最难脱除，其次是噻吩、苯并噻吩、萘并苯噻吩等。

（2）煤炭中的无机硫

煤炭中的无机硫主要以硫化物矿物的形式存在，少量以硫酸盐的形式存在。硫化物矿物以黄铁矿（FeS_2）为主，有时有少量的白铁矿（FeS_2）、砷黄铁矿（FeAsS）、黄铜矿（$CuFeS_2$）、方铅矿（PbS）和闪锌矿（ZnS）；硫酸盐矿物主要是石膏（$CaSO_4$）和绿矾（$FeSO_4 \cdot 7H_2O$）。

煤炭中的黄铁矿和白铁矿的化学成分都是 FeS_2，以结核或晶粒分散在煤块中或裂隙中，所不同的是两者的晶格结构。黄铁矿通常为等轴晶系，化学性质非常稳定，反应性比白铁矿的明显差。白铁矿通常为斜方晶系，化学稳定性明显比黄铁矿差，当加热到450℃时，白铁矿就能缓慢地转变成黄铁矿，而且这种变化是不可逆转的。

煤炭中的硫酸盐通常以钙、铁、镁、钡盐的形式存在，尤其以 $CaSO_4$ 的形式居多，它们在煤炭中的比例与煤接触空气的时间有关。

（3）煤炭中的全硫

煤炭中各种形态硫的总和叫做全硫，记为 S_t。也就是说，全硫通常就是煤中的硫酸盐硫（记为 S_s）、黄铁矿硫（记为 S_p）、单质硫（记为 S_{el}）和有机硫（记为 S_o）的总和，即：

$$S_t = S_s + S_p + S_{el} + S_o$$

在煤炭的燃烧过程中，黄铁矿硫、单质硫和有机硫都能发生氧化反应，释放出 SO_2，所以又称为可燃硫；而硫酸盐硫在煤炭燃烧过程中不发生变化，煤炭燃烧后仍残留在煤灰中，故又被称为不可燃硫。

6.1.2 煤炭中硫的形成过程

煤是由植物形成的，而植物又由纤维素、半纤维素、木质素、果胶质、树脂、蜡质、孢子、花粉、角膜质及蛋白质等组分组成（如莎草植物中含有7% ~10%的蛋白质，一般的木本植物也含1% ~7%的蛋白质），且蛋白质中硫的含量在0.3% ~2.4%，大多在0.5% ~1%左右。所以对于全硫含量在0.5%以下的低硫煤来说，其中的硫分可认为都是来自成煤物质中的蛋白质。而对于硫含量在2% ~4%以上的高硫煤来说，其中的硫分不仅仅来自植物，还和煤层形成之前的海浸有关。高硫煤中硫的形成主要有以下几个过程。

（1）煤的有机质与硫酸盐接触

研究结果表明，凡是含硫高的煤层，绝大部分都与海水有关。硫酸盐含量平均为0.6%的海水侵入煤层后，因为海水中有大量的硫酸根离子，当海水退去时，就有相当数量的 SO_4^{2-} 残存在煤层中。因此，海水中的硫酸盐（主要是硫酸镁）是煤炭中硫酸盐硫的主要来源。

（2）硫酸铁的形成

在原始物质沉积和煤层形成的各个阶段，外来水源会带进含铁组分，但在许多情况下水流的侵入程度决定于煤层上面覆盖岩石的渗透性等自然状况。例如，外来水可以透过煤层顶部覆盖的石灰岩或沙岩顶板，把含铁溶液带进来，渗透流入煤层的含铁化合物与易溶的硫酸盐进行反应，生成硫酸铁。其化学反应方程式为：

$$Fe(OH)_2 + MgSO_4 \rightleftharpoons FeSO_4 + Mg(OH)_2 \tag{6-1}$$

$$2Fe(OH)_3 + 3MgSO_4 \rightleftharpoons Fe_2(SO_4)_3 + 3Mg(OH)_2 \tag{6-2}$$

同时，石灰岩又会增加介质的碱性，从而促使煤层中的硫酸铁向黄铁矿和有机硫转化。

（3）黄铁矿和有机硫的形成

当植物在泥炭沼泽中经历泥炭化过程时，常会释放出 CH_4 等还原性气体。这些气体能使硫酸盐还原成硫化氢；硫化氢再与硫酸铁反应生成黄铁矿及单质硫，其反应为：

$$2FeSO_4 + 5H_2S \rightleftharpoons 2FeS_2 + 2S + H_2SO_4 + 4H_2O \tag{6-3}$$

黄铁矿生成时所产生的单质硫，在泥炭沼泽的还原环境下，与泥炭的有机质反应能生成碳－硫键而形成有机硫。例如，苯环中—C ═ C—基能发生被硫原子的取代反应。煤干馏时，单质硫与煤有机质的反应也很明显。因此，在黄铁矿形成的同时所产生的单质硫，对煤炭中有机硫的形成具有重要作用。

此外，当泥炭沼泽中存在较多铁离子时，也会形成黄铁矿、白铁矿以及磁黄铁矿等硫化物矿物。

6.2　煤炭脱硫微生物的种类及其生理特征

已报道的可用来脱除煤炭中硫的微生物有：硫杆菌属（*Thiobacillus*）、细小螺旋菌属（*Leptospirillum*）、硫化叶菌属（*Sulfolobus*）、假单胞菌属（*Pseudomonas*）、贝氏硫细菌属（*Beggiatoa*）、埃希氏菌属（*Escherichia*）等。

6.2.1 用于脱除煤炭中无机硫的菌种

用于脱除煤炭中黄铁矿硫的微生物主要有氧化亚铁硫杆菌和氧化硫硫杆菌。匹兹堡能源研究中心利用氧化亚铁硫杆菌进行脱除煤炭中无机硫的试验结果表明，在实验室内，当 pH = 2.0 时，对 -0.074mm 的煤粉，进行 14d 的微生物脱硫处理，使其中的无机硫脱除了 80%；经过 30d 的处理，无机硫的脱除率达到 95%。

另外，还有一类喜热微生物，包括硫化裂片菌属中的酸热硫化裂片菌，能够以煤炭中的无机硫作营养物质而大量繁殖，同时生产大量的菌体蛋白。这类微生物在 70℃ 高温下能够生存，所以其代谢速度较快，用 3 ~ 6d 的时间，即可脱除煤炭中 75% 的黄铁矿硫。

6.2.2 用于脱除煤炭中有机硫的菌种

具有脱除煤炭中有机硫能力的微生物有假单孢菌属、不动杆菌、根瘤菌等。其中最著名的是 Lsbister 等人用 DBT（二苯稠环噻吩）分离到一株假单孢菌 CB1 菌株，可以使煤炭中有机硫的脱除率达到 18% ~ 47%。后来 Lsbister 又用饰变法培育出一株代号 CB2 的改良菌，并用 CB1/CB2 的混合菌获得更好的脱硫效果。

美国气化工艺研究所也培育出了一种混合菌，称为 IGT - S，用于脱除伊利诺煤田 IBC - 101 煤中有机硫的试验结果表明，将煤磨细到 -0.074mm、经过 21d 的生物处理，可使煤中的有机硫脱除 64%。

6.2.3 煤炭脱硫微生物的生理特征

用于脱除煤炭中硫的微生物主要有 3 种基本类型：

（1）喜温微生物，它们大都是在室温或稍高些温度下生长的嗜酸微生物，例如某些硫杆菌类；

（2）喜热微生物，它们是在相当高的温度下生长的嗜酸微生物；

（3）变种的土壤细菌，它们在室温和接近中性条件下生长，例如美国大西洋研究公司开发的突变体种 CB1 等。

用于煤炭脱硫的喜温微生物在 18 ~ 40℃ 下生存，耐酸性，适宜生长的 pH 值范围为1.0~5.0。最常见的是氧化亚铁硫杆菌，它可使黄铁矿氧化形成可溶性硫酸盐，尚未证明这类细菌可以除去煤炭中的有机硫。另一种是氧化硫硫杆菌，它也可以催化黄铁矿的氧化溶解反应，但不如氧化亚铁硫杆菌的催化效果好。研究结果表明，这两种细菌的混合培养菌对黄铁矿氧化溶解的速度比任何单独一种的都要快得多。1978年美国学者 Dugan 等用氧化亚铁硫杆菌与氧化硫硫杆菌的混合菌处理煤，使其中的黄铁矿硫脱除率达到了97%。

能够用于煤炭脱硫的微生物的特性如表6－1所示。

表6－1　煤炭脱硫微生物的特性

微生物种类	细胞形状	细胞壁性质	能　源	营养类型	生长温度/℃	酸度（pH值）
硫杆菌属	杆	G^-	Fe^{2+}、S^0、无机硫化物	严格和兼性自养	20~40	1.2~5.0
硫螺菌属	弯曲	G^-	Fe^{2+}、FeS_2	严格自养	20~40	1.0~5.0
假单胞菌属	杆	G^-	有机硫化物	异养	28	7~8.5
大肠杆菌	杆	G^-	有机硫化物	异养	30~40	7.0
红球菌属	球		有机硫化物	异养	30	7.0
硫杆菌属	杆	G^+	Fe^{2+}、S^0、无机和有机硫化物	兼性自养	20~60	1.1~5.0
芽孢杆菌属	杆	G^+	有机硫化物	异养	28	7~8.5
硫化叶菌属	不规整球	G^-	Fe^{2+}、S^0、无机和有机硫化物	异养	40~90	1.0~5.8
排硫球菌属和甲烷杆菌属	球或杆	G^-	Fe^{2+}、S^0、无机和有机硫化物	兼性自养	50~80	0.6~1.6
Pyrococcus 菌属	球		$S^0 \rightarrow H_2S$、H_2	厌氧异养	100	0.6~1.6

6.3　煤炭微生物脱硫的方法及研究进展

6.3.1　煤炭微生物脱硫方法

目前燃煤脱硫的方法主要分为燃烧前脱硫、燃烧中固硫和燃烧后烟气脱硫3类。

燃烧前脱硫是在煤炭燃烧前就脱去煤中硫分，避免燃烧过程中硫的形态改变，减少烟气中 SO_2 的含量，减轻对尾部烟道的腐蚀，降低运行和维护费用。

煤炭燃烧前脱硫可分为物理法、化学法和微生物法。物理法（如浮选法脱硫等）虽然成本低，但精煤产率也往往偏低，资源损失严重。化学法（如熔融碱法（TRM）、BHC 热碱液浸出法等）虽然在脱除煤炭中无机硫的同时，还能脱除部分有机硫，但这种脱硫方法大多数是在高温、高压和强氧化 - 还原条件下进行的，设备投资和生产费用通常都比较高，而且在这样的条件下，煤的结构常常被破坏，热值损失大，难以在工业上大规模应用。与物理法和化学法比较，微生物法具有脱硫反应条件温和、成本低、能耗低等优点，因而受到广泛关注。

燃烧过程中固硫就是在煤的燃烧过程中，添加粉末状固化剂，与煤炭燃烧过程生成的 SO_2 发生化学反应，生成 $CaSO_4$、$MgSO_4$ 等固态物质，从而将 SO_2 固化在炉渣中，达到减少 SO_2 排放量的目的。在实际生产中常常用石灰石（$CaCO_3$）作为固硫剂，将其粉碎到合适的粒度喷入炉内。石灰石在高温下分解成 CaO 和 CO_2，CaO 在氧化性气氛中与 SO_2 发生如下反应：

$$2CaO + O_2 + 2SO_2 \longrightarrow 2CaSO_4 \tag{6-4}$$

这一反应受温度的限制，其最佳反应温度是 800 ~ 850℃，温度低于或高于此范围时，固硫效率都会明显降低。尤其是当炉膛的温度超过 1200℃时，已生成的 $CaSO_4$ 会发生分解反应，释放出 SO_2，使固硫的目的无法实现。

燃烧后烟气脱硫（FGD）依据脱硫产物是否回收，可分为抛弃法和回收法两种；按产物的干湿形态可分为湿法（石灰石抛弃法、石灰石膏法、双碱法、亚钠循环法、氨肥法、氧化镁法、海水烟气脱硫法）、半干法（喷雾干燥法）和干法（循环流化床干法烟气脱硫、电子束烟气脱硫法）。按脱硫剂的使用情况可分为再生法和非再生法。其反应原理都是使煤炭燃烧生成的 SO_2 通过与脱硫剂反应生成相应的硫酸盐，从而将其脱除。FGD 经过小试和中试已投入工业运行。其主要问题是设备投资太高、技术复杂、副产品难以处置。

煤炭微生物脱硫方法主要有浸滤法和微生物预处理 - 浮选法两种。

6.3.1.1　*浸滤法*

采用浸滤法对煤炭进行脱硫，方法简单，操作方便，固定投资费用低，但存在生产周期长、脱硫效率低、产生大量酸性废液等问题。

用于煤炭微生物浸滤脱硫过程的反应器可分为固定床堆沥式和浆态床流动式两大类。前者将煤炭堆放在开放的固定位置或移动床上，含有脱硫微生物的喷淋液从表面喷下，在液体通过煤层的渗透过程中，微生物与含硫物质接触并发生反应，使其转化为水溶性物质，随沥出液排出。后者的特征是煤炭经磨细后与含微生物的液体介质混合成浆，在封闭的反应槽内接触。为满足微生物生长所需的碳源和氧源，将 CO_2、空气或 O_2 通入反应系统；为保证微生物正常生长，并使之与煤炭颗粒均匀接触，各种混合装置或混合方式被应用在反应器内，如机械搅拌器、气提、气体搅拌等。

显然，堆沥比浆态反应更简便易行，成本也比较低，但其反应速率比后者慢得多。一般认为，堆沥时煤炭的比表面积是黄铁矿氧化速率的主要影响因素，而在浆态反应中，微生物的活性是速控因素。

目前，各种微生物脱硫反应器均是在上述两种方式的基础上开发的，典型的反应器有环形堆沥池、Pachuca 反应器、溢排循环反应器、气提循环反应器和水平旋转管反应器等。

6.3.1.2　*微生物预处理－浮选法*

浮选法是常用的传统煤炭脱硫方法。微生物预处理－浮选法就是将微生物的作用与常规的浮选过程结合在一起，强化煤炭颗粒与含硫矿物颗粒之间的表面性质差异，改善浮选脱硫效果。这种脱硫法的优点是，在脱除煤中黄铁矿的同时，可以降灰，具有同时脱硫、脱灰的特点，而且不产生酸性废液。

6.3.2　煤炭微生物脱硫的研究进展

迄今为止，国内对微生物煤炭脱硫研究较多的是脱除黄铁矿硫，且仅限于试验室小型试验。例如，钟慧芳等人用含菌液（10^8 ~ 10^9 个细菌/mL，初始 pH 值为 1.6 ~ 1.7）与粒度为 －0.074 mm 的煤，配制成 20 % 浓度的浆体，在 28 ~ 30℃下，搅拌反应 3d。结果表明，借助这一过程，可脱除煤炭中 95% 以上的黄铁矿硫。

1959 年 Zarubina 等首次报道了利用微生物浸出工艺，脱除烟煤、次烟煤、褐煤中硫的可能性，发现用微生物处理煤样30d，可脱掉其中23%~27%的硫。1972年，研究者在试验研究工作中发现，他们新分离出的一株喜热细菌，当有0.02%酵母精存在时，其繁殖能力大大提高，同时可以使硫的氧化速度显著加快。

赵郁超等在对氧化亚铁硫杆菌进行培养、驯化的基础上，进行了煤炭的微生物浸出脱硫试验研究。结果表明，在接种量为3×10^6个细胞/mL、煤粉粒度为 -0.074 mm、煤浆固体质量分数为10%的条件下，经过10 d处理，脱硫率达到50.5%；经过20d处理，脱硫率可达88%以上。

中国科学院微生物研究所的研究人员利用氧化铁硫杆菌，在pH = 1.55~1.70、细菌浓度为$10^8\sim10^9$个细胞/ mL的条件下，经过10~15d的浸出，使煤炭中黄铁矿硫的去除率达到86.11%~95.16%。

与此同时，中国东北大学的林永波、梁海军、周志付等采用经黄铁矿和煤样分别驯化过的氧化亚铁硫杆菌，进行了煤炭的微生物浸出脱硫和微生物预处理-浮选脱硫试验研究。对于含硫2.31%（其中无机硫为1.68%）的煤样，在实验室利用微生物预处理-浮选工艺，获得了全硫脱除率55%的良好指标。对同一样品采用微生物浸出脱硫工艺，经过20d的处理，全硫脱除率达到了54.41%。

中国利用微生物脱除煤炭中有机硫的一则报道是，利用从油田的土壤中分离到的DBT菌株，经过15d的连续浸出，使试验用煤样中的有机硫脱除了22.2%~32.0%。

国外对微生物脱除煤炭中硫的研究，不仅进行了脱除黄铁矿硫的研究工作，在有机硫的脱除方面也取得了很大进展。

Attia等人对匹兹堡两种含硫分别为3.8%和1.59%的煤样进行了试验研究。前一种煤样的粒度为-0.074 mm，在pH=2.0的条件下，用氧化亚铁硫杆菌处理后，经固液分离，再加水配成浓度为5%的矿浆，在接近中性条件下浮选。结果表明，随着黄铁矿对氧化亚铁硫杆菌驯化时间和对煤进行预处理时间的增加，黄铁矿硫和灰分的脱除率均有所提高。用经过28d驯化的细菌处理煤样10 min后浮选，可以脱除煤样中80%以上的黄铁矿硫和60%以上的灰分。

美国矿务局与PETC合作对匹兹堡的煤样进行了两种堆沥试验。一是将23t粒度小于50 mm的粗粒煤在室内沥滤，一年后大约有50%的黄铁矿硫被脱除；二是对两个10 t、粒度为6～18 mm的精煤，分别在室内和室外进行堆沥。结果表明，室内与室外无明显差异。

在欧共体的资助下，一个处理量为50 kg/h的煤炭微生物脱硫试验装置，于20世纪90年代初在意大利的托雷斯港建成，并于1992年9月首次用于试验研究工作。研究者采用氧化亚铁硫杆菌、在分成两组的6个体积为7.5 m^3 的搅拌槽式生物反应器中、对粒度为－0.04 mm的煤进行预处理。试验煤浆的固体质量分数为6.5%～41.5%，达到稳定的时间约为10 d，当煤浆流量为250 L/h时，在前5个反应器内脱除90%以上黄铁矿硫的时间约为6.254 d，相应于黄铁矿中铁的溶解速率为36 g/（m^3·h），生物反应器处理1 t干燥煤耗电200 kW·h。

印度的A. 哈特纳伽利用细菌预处理－油团聚综合技术，对印度阿萨姆的煤样进行了脱除黄铁矿硫的试验研究。结果表明，当煤样粒度为－0.250 mm、预处理时间为2.5～30 min时，可脱除97%的黄铁矿硫；当煤样粒度为－0.8 mm或－0.4 mm、预处理时间为4 h时，黄铁矿硫的脱除率为90%。

在用微生物脱除煤炭中的有机硫方面，Isb ister等曾采用Ps. *putida*的突变体CB1在一个处理量为1135 kg/d的试验装置上进行了试验研究，生物反应器为简单的空气搅拌槽。Arctech也曾用CB1在一个处理量为4.54 kg/d的小型装置上，对多种煤样进行了试验研究。试验结果表明，采用CB1可以将煤样中的有机硫脱除10%～29%。

此外，Kargi在0.2 m的浅池中进行了分步脱除煤炭中无机硫和有机硫的试验。首先采用极喜热的*S. acidocaldriuds*、在70℃和pH＝2.5的条件下，用4～6 d将黄铁矿硫脱除。然后用在含DBT（二苯稠环噻吩）的介质中单独培养微生物菌种，进行28 d的脱除有机硫试验。

另外，有的研究人员将煤炭微生物技术与非生物乳化技术相结合，提出了煤炭脱硫的生物－非生物综合新技术，大大缩短了脱硫反应时间。

6.3.3　煤炭微生物浸出脱硫原理

6.3.3.1　煤炭中无机硫的浸出脱除机理

当水和氧存在时，黄铁矿可被氧化为 SO_4^{2-} 和 Fe^{2+}，但反应很缓慢。当存在某些嗜酸的硫杆菌时，黄铁矿的氧化过程将大大加快，其中可能包括两种途径，一是黄铁矿直接被微生物氧化为 SO_4^{2-} 和 Fe^{3+}；二是对 Fe^{2+} 有氧化能力的硫杆菌将 Fe^{2+} 迅速氧化为 Fe^{3+}，Fe^{3+} 作为强氧化剂与金属硫化物反应，将黄铁矿氧化为 SO_4^{2-} 或元素硫。

与上述两种途径相对应的是微生物脱除煤炭中黄铁矿硫的两种作用形式，即通常所说的直接作用和间接作用。直接作用是指微生物参与了黄铁矿的氧化过程，使煤中的黄铁矿发生降解，生成高价铁离子和硫酸根。间接作用是指微生物催化氧化黄铁矿所生成的 SO_4^{2-} 和 Fe^{3+}，又可以作为氧化剂，加速黄铁矿的氧化溶解过程。这两种作用实际上同时发生，将煤中的黄铁矿氧化溶解，使煤炭中的黄铁矿硫从固相转入液相，从而达到脱硫的目的。

在借助微生物作用使黄铁矿发生溶解的过程中，间接氧化作用极为重要。当 Fe^{3+}/Fe^{2+} 大于 2 时，该过程可自发进行，而且在微生物存在下，黄铁矿的溶解和反应速率可加快 1×10^5 倍。但应该指出的是，只有当 pH 值小于 4 时，间接氧化作用才发生。因为在较高 pH 值下，Fe^{3+} 将形成氢氧化铁沉淀。

6.3.3.2 煤炭中有机硫的浸出脱除机理

煤炭中的有机硫主要以噻吩基（C_4H_4S—）、巯基（—SH）、硫醚（—S—）和多硫链（—S—）$_x$ 等形式存在于煤的大分子结构中，为分子水平分布，通过物理方法很难脱除。以 DBT 为模型化合物的脱硫机理分为两种：一是以硫代谢为目的的 4－S 途径；二是以碳代谢为目的的 Kodama 途径。

煤炭中的有机硫通常处于煤的杂环结构中或桥键连接部位，采用微生物浸出脱硫工艺时，它们与微生物接触的机会较少，脱除困难。目前，在用微生物脱除煤炭中有机硫的试验研究中，主要以二苯并噻吩作为有机硫的标准化合物。

用微生物分解二苯并噻吩有两条途径，其一是微生物不直接作用于二苯并噻吩的硫原子，而是通过氧化分解煤的结构使二苯并噻吩溶于水；二是微生物只作用于二苯并噻吩的硫原子而不破坏煤的结构，使硫变为水溶性的硫酸根，从而达到脱硫的目的。相比较而言，后者微生物不破坏煤的结构，热量无损失，所以可高效地脱除煤中的有机硫，但很难培养出具有脱除有机硫能力的微生物。

另外，由于煤中的有机硫多存在于煤的多环结构中，与碳、氢、氧等元素牢固地结合，因此，用微生物脱除有机硫的方法与脱除无机硫不同，微生物的种类和脱硫机理也不相同。

6.3.4　煤炭微生物脱硫动力学

对煤炭进行的微生物预处理 - 浮选脱硫的试验研究结果表明，当浮选矿浆中的细菌浓度分别为 10^9、10^8、10^7 和 10^6 数量级、细菌与矿浆作用时间为 20 min 时，随着细菌浓度的增加，黄铁矿与细菌吸附机会增多，由于它们的吸附选择性好、不可逆，因此，当矿浆中细菌浓度增加到 10^8 数量级时，有利于黄铁矿的表面被菌体细胞有效覆盖，其可浮性受到显著抑制，煤与黄铁矿可浮性差别最大，脱硫率最高。当细菌浓度进一步增加时，黄铁矿表面吸附菌体细胞量达到饱和，矿浆中过量的细菌就会吸附在煤粒的表面，在运动的矿浆中煤粒与细菌吸附与解吸不断地发生，随着细菌浓度的增加，煤粒吸附细菌的机会增多，使煤粒与黄铁矿颗粒的可浮性差别变小，导致脱硫率下降。

另一方面，随着细菌与颗粒接触时间的增长，煤中硫的脱除率增高，尤其是当接触时间在 10 min 以内时，硫的脱除率变化较大；接触时间在 10 ~ 40 min 时，硫的脱除率变化较小。细菌与颗粒接触时间越长，越有利于浮选脱硫，表明接触时间长可以使菌体细胞更好地吸附在黄铁矿颗粒表面。

1979 年，美国学者 Detz 及其合作者在室温下考察了美国伊利诺斯一煤炭样品的微生物氧化脱硫过程的动力学，发现黄铁矿硫的溶解速率正比于煤炭样品中黄铁矿的含量。

1983 年，Celal 及其合作者用喜热 TH1 菌种处理土耳其的褐煤，所得实验结果表明，无机硫的脱除率大于 90%，并能脱掉 50% 的有机硫。此喜热菌种 TH1 脱硫反应遵从一级反应动力学。并且认为，黄铁矿的溶解速率反映了黄铁矿含量及其与矿物夹杂物不同空间的排列，并且与煤的风化程度有关。

6.4　煤炭微生物预处理 - 浮选脱硫的影响因素

6.4.1　煤炭颗粒粒度对脱硫效果的影响

在浮选矿浆的固体质量分数为 22%、氧化亚铁硫杆菌细胞的浓度为15 mg/L、pH值为3.2的条件下，对粒度范围分别为-0.2 mm（Ⅰ号样）、0.2~0.5 mm（Ⅱ号样）、-0.5 mm（Ⅲ号样）、0.5~1.0 mm（Ⅳ号样）和-1.0 mm（Ⅴ号样）5个煤炭样品进行的微生物预处理-浮选脱硫试验结果见图6-1。

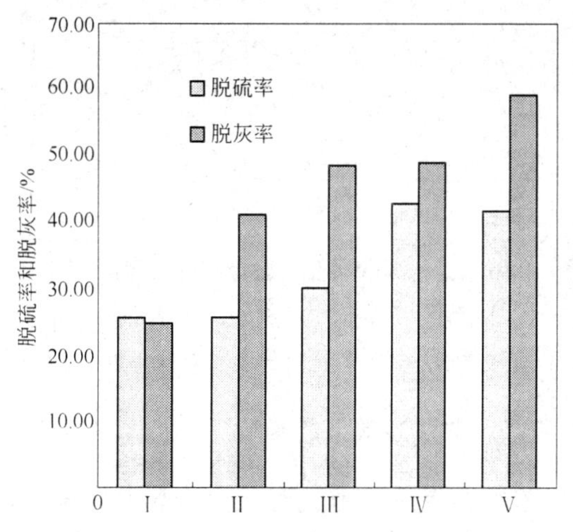

图6-1 煤炭粒度对脱硫脱灰效果的影响

图6-1中的结果表明，随着粒度的增大，脱硫率和脱灰率逐渐增高，到0.5~1 mm时，脱硫率达到最大值，而脱灰率在-1.0 mm时达到最大值，此时脱硫率比-0.5 mm时稍有下降。这说明0.5~1 mm这个粒级是试验用煤样达到最佳脱硫效果的粒级。这是因为煤样粒度过大，降低了黄铁矿颗粒与微生物细胞的接触概率及黏着概率；另外，粒度过大，减弱了细菌在黄铁矿颗粒表面的吸附强度，从而使黄铁矿的抑制减弱，导致脱硫率和脱灰率有所下降。当煤样粒度过细时，由于煤泥罩盖等原因而造成脱硫率和脱灰率下降。

6.4.2 菌体细胞浓度对脱硫效果的影响

浮选矿浆中氧化亚铁硫杆菌细胞浓度对煤样浮选脱硫效果的影响情况如图6-2所示。

由图6-2可知，当菌体细胞浓度达到20 mg/L时，煤样达到最佳脱硫效果，脱硫率由原来的25%上升到60 %。由于随着细胞浓度的增加，煤粒的吸附量逐渐增大，导致浮选体系中絮团的大小与紧密度都增

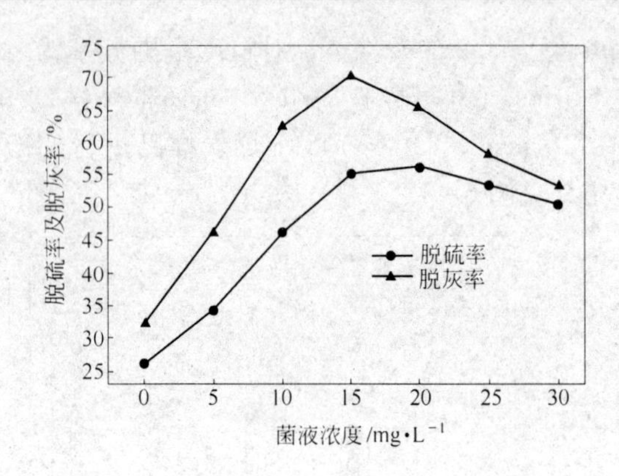

图6-2　不同菌体细胞浓度的浮选脱硫效果

加，这将有利于煤中硫的脱除。当增大到一定程度时，吸附量达到平衡，所以菌体细胞浓度再增加，脱硫率不但不增加，反而有所下降。

6.4.3　矿浆浓度对脱硫效果的影响

不同的矿浆浓度对浮选脱硫也有较大的影响，随着矿浆浓度的增加，脱硫率和脱灰率都呈下降趋势（见图6-3），所以较低的矿浆浓度有利于煤的脱硫，但是矿浆浓度过低，会影响处理量，增加生产成本。

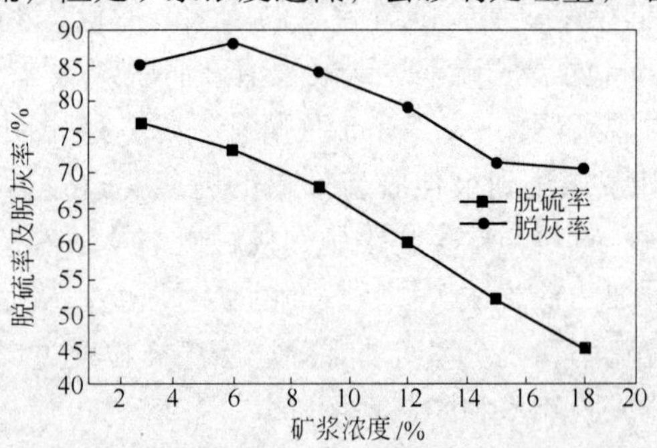

图6-3　浮选矿浆浓度对脱硫效果的影响

6.4.4　矿浆 pH 值对脱硫效果的影响

矿浆 pH 值对浮选脱硫及脱灰的影响，主要是由于矿浆酸碱度的变化影响细菌及悬浮煤粒的表面电荷的性质、数量及中和电荷的能力。当浮选矿浆的固体质量分数为 11.76% 时，获得的试验结果如图6-4所示。

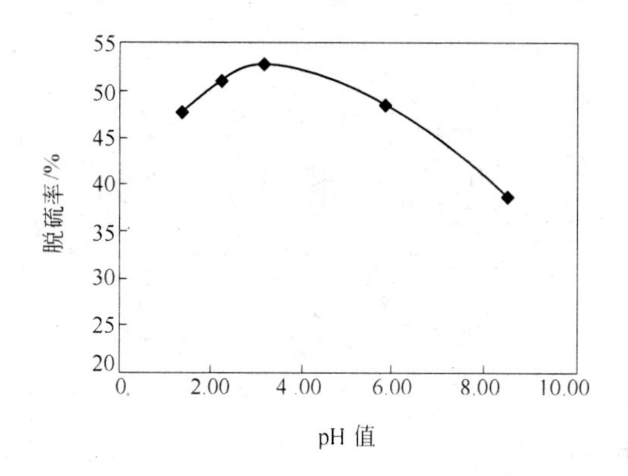

图 6－4 矿浆 pH 值对浮选脱硫效果的影响

从图 6－4 中可知，用 9K 培养基培养的 *T.f* 菌在低 pH 值条件下脱硫效果好，最大值达到了 55.56%。这是因为，一方面黄铁矿属于等轴晶系，在晶体结构中，铁原子占据立方体晶胞的角顶与面中心，硫原子组成哑铃状的对硫离子团 $[S_2]^{2-}$，位于晶胞棱的中心和体中心，每个铁原子被 6 个硫原子围绕形成八面体配位，每个硫原子仅为 3 个铁原子所围绕，黄铁矿的这种晶体构造使其在酸性介质中表面的亲水性增强，从而使黄铁矿受到抑制；另一方面，由于细菌的作用，导致黄铁矿表面的亲水性增强，因为此时的 pH 值为 3.20，与氧化亚铁硫杆菌最佳繁殖 pH 值范围 2.00～3.20 基本上是吻合的。

从图 6－4 中可以看出，pH 值太高对脱硫不利，当 pH 值为 5.86 时，脱硫率为 49.56%，当 pH 值为 8.60 时，脱硫率为 40.89%。

6.4.5 菌种驯化对脱硫效果的影响

用待处理的煤炭样品对氧化亚铁硫杆菌进行驯化，是提高微生物对矿浆环境的适应性、改善浮选脱硫指标的重要措施之一。分别采用一直用 9K 培养基培养的细菌、用煤样驯化 1 个周期的细菌和用煤样驯化 2 个周期的细菌，获得的微生物预处理－浮选脱硫试验结果如图 6－5 所示。

由图 6－5 可知，用煤样驯化培养一次的菌株的脱硫效果比一直用 9K 培养基培养的菌株的稍好一些，当微生物进行 2 个周期的驯化培养

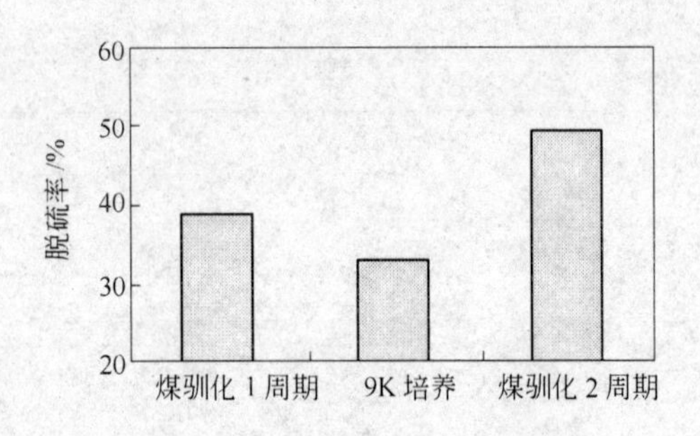

图 6－5　不同驯化菌株的脱硫效果

后，获得的脱硫效果明显比用驯化 1 个周期的菌株和一直用 9K 培养基培养的菌株好。

6.4.6　预处理时间对脱硫效果的影响

当浮选矿浆中的固体质量分数为 11.76%、煤样粒度为－0.5 mm、浮选矿浆的 pH 值为 3.20 时，在不同的微生物预处理时间下，获得的脱硫效果如图 6－6 所示。

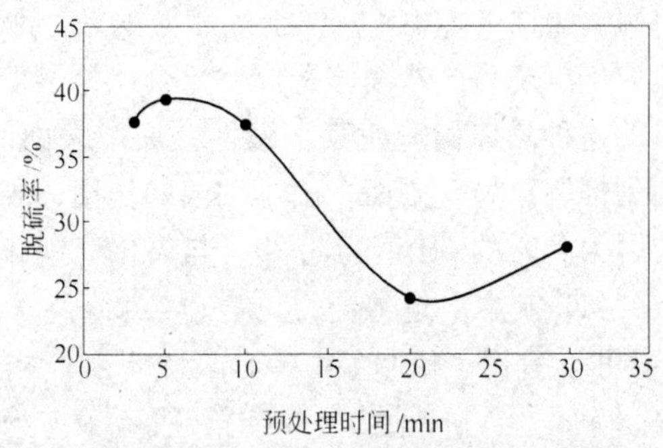

图 6－6　不同预处理时间的脱硫效果

由图 6－6 可以看出，煤样浮选前的预处理时间为 3～10 min 时脱硫率比较高，当预处理时间超过 10 min 后脱硫率反而下降。这主要是因为，在预处理过程中，受趋化性的驱动，微生物细胞首先吸附到黄铁矿颗粒表面，降低其可浮性，从而改善浮选脱硫效果；而当预处理时间超过 10 min 后，一些多糖、多肽等黏性细菌分泌物会吸附到黄铁矿颗粒和煤颗粒的表面，这降低了煤颗粒的可浮性，导致浮选精煤的回收率下降，另外这些黏性分泌物会使煤颗粒与黄铁矿颗粒互相黏附在一起，导致以机械夹杂形式进入浮选精煤中的黄铁矿颗粒的数量增加，这两方面的影响导致煤样的浮选脱硫率下降。当预处理时间超过 20 min 后浮选脱硫率略有回升，这可能是预处理时间过长，有部分黄铁矿氧化，导致与黄铁矿颗粒黏附的煤炭颗粒脱落，使得浮选精煤中的含硫量减少，最终导致脱硫率有所回升。

6.5 煤炭脱硫效果的评定指标

常用的煤炭脱硫效果评定指标有脱硫率、降硫率、精煤中硫的分布率以及精煤回收率（有时称净煤回收率）和精煤可燃体回收率等。有关指标的计算公式如下：

$$\text{脱硫率} = (S_y - \gamma_j S_j)/S_y \tag{6-5}$$

$$\text{降硫率} = (S_y - S_j)/S_y \tag{6-6}$$

$$\text{精煤中硫分布率} = \gamma_j S_j/S_y \tag{6-7}$$

式中 S_y——原煤硫分；

S_j——精煤硫分；

γ_j——精煤回收率，其计算式为：

$$\gamma_j = \gamma_1 P_c/R_0 \tag{6-8}$$

式中 γ_1——脱硫后回收的精煤样与脱硫前煤样的质量比；

P_c——脱硫后回收的煤样中纯煤的质量分数；

R_0——脱硫前煤样中纯煤的质量分数。

显然，脱硫率越高，脱硫效果应该越好。但式 6-5 在实际应用时，也有例外，即在原煤硫分一定的情况下，精煤回收率很低，从而得到高脱硫率，但技术经济指标并不好。式 6-6 则未考虑精煤回收率的影响，显然，太低的精煤产率，精煤硫分再低也没有意义。采用式 6-7 判断脱硫效果时，精煤中硫的分布率越低，脱硫效果越好。然而，该公式中的问题也很明显，两种不同条件下，当原煤和精煤硫分相同时，精煤回收率低，精煤中硫分布率也低。

为了准确评价煤炭的脱硫效果，通常采用脱硫率和精煤中硫的分布率这两个指标，其共同特点是计算简单、使用方便。

脱硫效率 η 是借鉴浮选完善度指标的概念提出的，其表达式为：

$$\eta = \gamma_j (S_y - S_j)/[S_y \cdot (1 - A_y - S_y)] \tag{6-9}$$

式中 A_y——原煤灰分。

其他符号的意义与前面所述相同。

由式 6－9 可知，η 可在 0～100% 之间波动。比如，当 $\eta=0$ 时，也就是 $S_y=S_j$，即未起到脱硫作用。η 值较为明确地体现了脱硫效果随精煤中硫分的降低以及精煤回收率的提高而提高，克服了其他脱硫效果评价指标的弊病。

另外，式 6－9 还充分考虑了煤中灰分对脱硫效果的影响，避免了由于灰分的影响而导致不准确的脱硫效果。

参 考 文 献

1 王力，刘泽常．煤的燃前脱硫工艺［M］．北京：煤炭工业出版社，1996
2 李国辉，胡杰南．煤的微生物法脱硫研究进展［J］．化学进展．1997. 9（1）：79～87
3 刘生玉，赵玉兰，王建等．煤炭微生物脱硫的研究现状和前景［J］．煤炭转化，1997，20（2）：20～24
4 赵彬侠，陈五岭，张小里等．嗜热脱硫杆菌脱除煤炭无机硫的初步研究［J］．西北大学学报（自然科学版），1998，28（3）：225～227
5 赵郁超，周中平，郝吉明．氧化亚铁硫杆菌脱煤中硫的实验研究［J］．重庆环境科学，2000，22（1）：42～44
6 吕一波，王敏欣．微生物脱硫剂的研究［J］．煤炭学报．2001，26（6）：676～679
7 邸进申，赵新巧，耿冰．氧化亚铁硫杆菌分离复壮及固定化的研究［J］．微生物学报，2003，43（4）：487～491
8 周桂英，张强，曲景奎．煤炭微生物预处理浮选脱硫降灰的试验研究［J］．矿产综合利用，2004，（5）：11～14

第7章 重金属离子的生物吸附

随着科学技术的发展，金属、特别是重金属的消耗量不断上升，随之而来的是重金属对环境的污染情况日趋严重。重金属是对生态环境危害极大的一类污染物，它们进入环境后不能被生物降解，大多数参与食物链循环，并最终在生物体内积累，破坏生物体正常生理代谢活动，危害人体健康。

重金属所引起的危害问题早已被人们所认识，已开发了化学沉淀法、电解法、离子交换法、膜分离技术及活性炭吸附法等多种处理方法。然而在工业应用中，这些物理和物理化学的处理方法都存在不同程度的缺陷，导致处理效果不能完全令人满意。为了开发环境友好型、高效、无二次污染的含重金属废水治理工艺，人们逐渐将研究重点转向了重金属的生物吸附技术。

生物吸附重金属的研究开始于20世纪80年代。Tsezos和Volesky（1981）认为海藻细胞壁上的活性基团（如—NH_2、—OH、—COOH、—SH）能与水化金属离子形成螯合物，使重金属在其细胞表面富集，他们通过吸附实验发现死藻和活藻吸附重金属的能力相当。与此同时，Hassett等用20种不同生长时间的藻类（绿藻、蓝藻等，培养11～44 d），在不同pH值和金属浓度条件下，对砷、铜、钙、汞、镍、铅、锌进行了吸收实验研究，结果表明，这些金属去除速度都很快（不大于3 h），但藻类的培养时间越长，金属的去除效果越差。

1982年，Tsezos通过研究发现，少根根酶（*Rhizopus arrhizus*）对钍和铀具有很高的吸附活性。此后，Hosea、Norbeng、Beveridge和Murray、KurekD和Hrancis、王亚雄、Hoyle和Beveridge等人，相继通过实验发现，普通小球藻（*Chlorella vulgaris*）对金有很高的亲和力；动胶菌对Cu^{2+}具有较高的选择性吸附能力；分离出来的*Bacillussubtilis*细胞壁可以从稀溶液中螯合大量的Mg^{2+}、Fe^{3+}、Cu^{2+}、Na^{+}和K^{+}；有些细菌在生长过程中释放出的蛋白物质、能使溶液中可溶性镉、汞、铜、锌离子形成沉淀；类产碱假单胞菌（*pseudomonas pseudoalcaligenes*）和腾黄微球菌（*micrococcus luteus*）对铜、铅的吸附能力较强；*B. subtilts*细胞壁上的肽聚糖层，可以从水溶液中结合大量金属离子，特别是大多数过渡金属离子。

20 世纪 90 年代以后，关于重金属离子生物吸附的研究进入了一个快速发展阶段。人们通过实验研究不断发现对重金属离子具有较强吸附能力的微生物种属，例如，褐藻可作为 Co^{2+} 的吸附剂；米曲霉可作为 Zn^{2+} 的吸附剂；啤酒酵母菌可作为 Cu^{2+}、Pb^{2+}、Zn^{2+}、Cd^{2+}、Hg^{2+} 的生物吸附剂。

与此同时，对生物吸附重金属离子的作用机理研究也不断深入。例如，Tsezos 借助于扫描电子显微镜、X 射线光电子能谱和红外光谱等分析手段，证实了铀的根霉生物吸附过程分 3 个阶段，首先是铀与氮原子发生络合反应，被吸附在细胞壁上的几丁质上，随后铀又被吸附于细胞壁的网状多孔结构中，最后铀 - 几丁质络合物水解形成微沉淀促进铀进一步吸附；Ashkenazy 通过化学修饰和光谱分析手段证明，经丙酮冲洗的酵母吸附铅的主要官能团为强负电性的羧酸基团和几丁质上的胺基，其吸附机理为静电吸附和络合反应；吴涓通过实验证实，黄孢展齿革菌吸附 Pb^{2+} 的过程中，Pb^{2+} 与细胞壁上的氮原子、氧原子、硫原子的络合反应是导致吸附的主要原因，同时伴随有少量 H^{+}、Ca^{2+}、Mg^{2+} 与 Pb^{2+} 的离子交换；汤岳琴等依据研究结果认为，产黄青霉菌（*Penicillumchrysogenrum*）对 Pb^{2+} 的吸附主要发生在细胞壁上，细胞壁中的几丁质和葡聚糖均参与了吸附过程，酰胺基团和羟基协同作用使 Pb^{2+} 被吸附。

7.1　几种生物吸附剂的吸附效果

7.1.1　啤酒酵母菌对重金属离子的吸附

啤酒酵母菌属真菌界、囊菌门、半子囊菌纲、内孢霉目、酵母科、酵母属。它们是单细胞真核微生物，可以以无性方式或有性方式进行繁殖。每一个分裂出的芽都能成长为一个新的啤酒酵母细胞。啤酒酵母细胞正常尺寸为（1 ~ 5）μm ×（5 ~ 30）μm，细胞壁厚约 1 ~ 2 μm。

在显微镜下观察到的啤酒酵母菌的形态如图 7 - 1 和图 7 - 2 所示。

由图 7 - 1、图 7 - 2 可以看出，沉淀酵母菌和悬浮酵母菌的形态相似，均为卵圆形，细胞染色后呈红色。细胞的大小比较均匀。

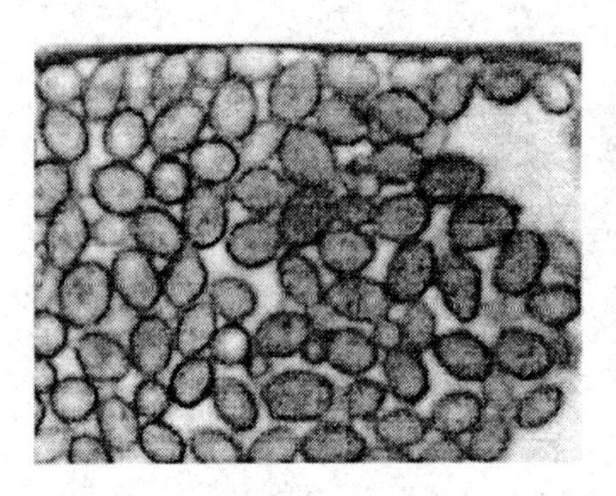

图7-1 悬浮酵母菌的显微结构

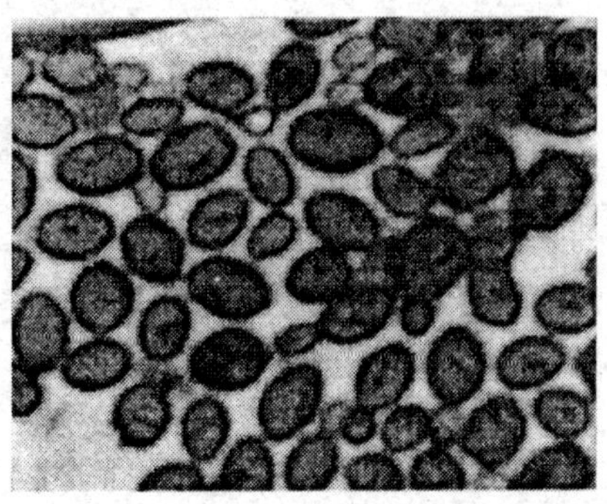

图7-2 沉淀酵母菌的显微结构

在扫描电子显微镜下观察到的啤酒酵母菌的形态如图7-3和图7-4所示。由图7-3和图7-4可以看出，两株啤酒酵母菌的菌体均为卵圆形且表面光滑，相互之间不存在黏连。

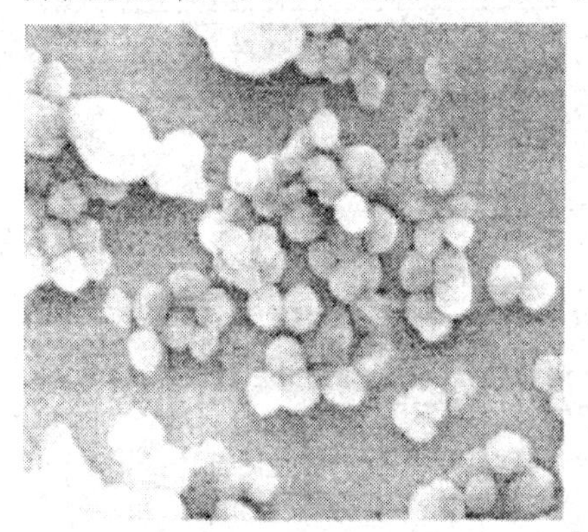

图7-3 悬浮酵母菌的扫描电子显微镜图

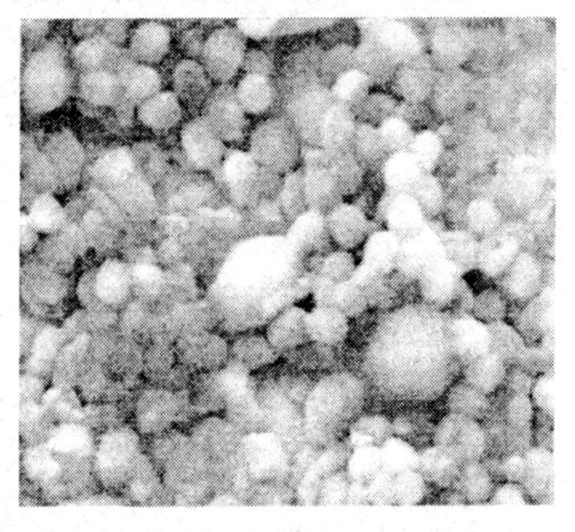

图7-4 沉淀酵母菌的扫描电子显微镜图

啤酒酵母菌中多糖、蛋白质、灰分含量的测定结果如表7-1所示。

表7-1 啤酒酵母菌的成分分析

菌 体	多糖/%	蛋白质/%	灰分/%	其他/%
悬浮酵母菌	36.32	42.63	1.04	20.01
沉淀酵母菌	38.48	39.20	1.23	21.09

悬浮酵母菌和沉淀酵母菌的零电点分别为3.70和3.30（见图7-5）。随着溶液pH值的升高，它们的动电位逐渐降低。

在表7-2所示的条件下，啤酒酵母菌对Cu^{2+}、Pb^{2+}、Hg^{2+}、

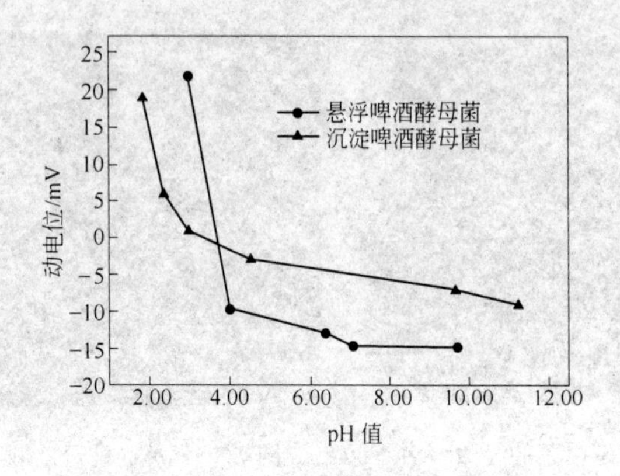

图 7－5 啤酒酵母菌的动电位

Cd^{2+}的吸附效果如图 7－6 和图 7－7 所示。

表 7－2 吸附条件一览表（Ⅰ）

重金属离子	溶液浓度 /mg·L⁻¹	菌量 /g·L⁻¹	溶液初始 pH 值	吸附温度 /℃	转速 /r·min⁻¹
Cu^{2+}	64	20	5.15	20	300
Pb^{2+}	103.5	20	5.24	20	300
Cd^{2+}	200.6	20	3.16	20	300
Hg^{2+}	56.2	20	5.89	20	300

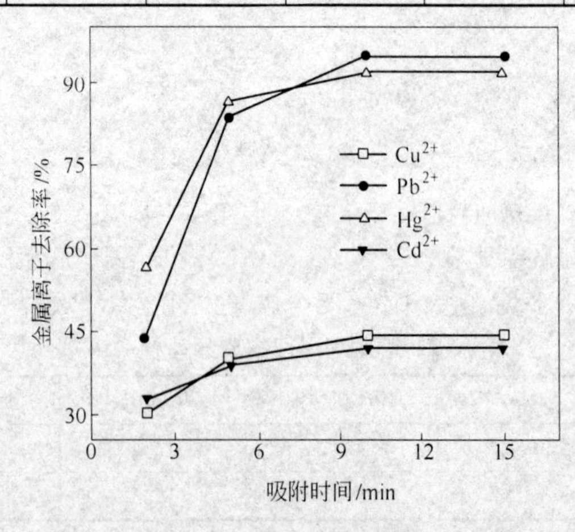

图 7－6 吸附时间对悬浮酵母菌吸附效果的影响

由图 7－6 和图 7－7 可以看出，随着时间的增加，两株啤酒酵母菌对 4 种金属离子的吸附规律几乎相同。在吸附时间 0～5 min 之内，吸附速度很快，在较短时间就达到较好的吸附效果；吸附时间在 5 ~ 10 min 之间时，吸附量增加缓慢；吸附过程超过 10 min 后，吸附量没有明显的变化，这说明吸附过程在 10 min 左右达到了平衡。由此可见，两株啤酒酵母菌对 4 种金属离子的吸附是一个快速的过程。

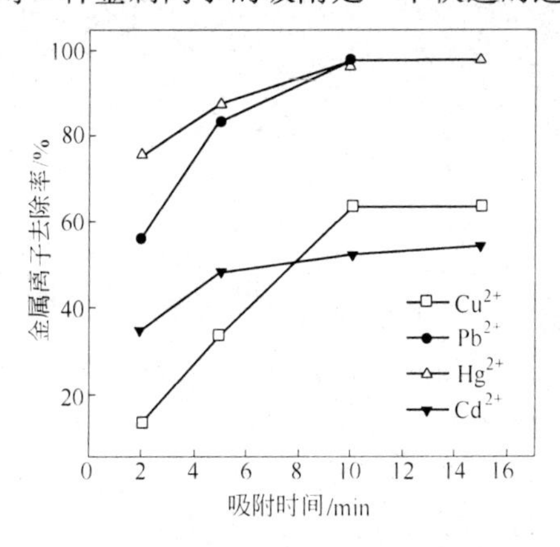

图 7－7 吸附时间对沉淀酵母菌吸附效果的影响

在表 7－3 所示的条件下，啤酒酵母菌对 Cu^{2+}、Pb^{2+}、Hg^{2+}、Cd^{2+} 的吸附效果如图 7－8 和图 7－9 所示。

表 7－3 吸附条件一览表（Ⅱ）

重金属离子	吸附时间 /min	菌量 /g · L^{-1}	溶液浓度 /mg · L^{-1}	吸附温度 /℃	转速 /r · min^{-1}
Cu^{2+}	10	20	64.0	20	300
Pb^{2+}	10	20	103.5	20	300
Cd^{2+}	10	20	200.6	20	300
Hg^{2+}	10	20	56.2	20	300

由图 7－8 可以看出，当溶液初始 pH 值为 1.03 时，溶液中铜离子的去除率只有 11%，随着溶液初始 pH 值的升高，溶液中铜离子的去除率逐渐升高，当溶液初始 pH 值为 4.73 时，铜离子的去除率达到最大值（55%）。此后随着溶液初始 pH 值的升高，溶液中铜离子的去除率逐渐降低。溶液的初始 pH 值大于 5.70 后，铜离子的去除率又有上升的趋势，这是因为当溶液的初始 pH 值大于 5.70 以后，溶液中出现白色絮状沉淀，此时溶液中铜离子的去除率是吸附和沉淀共同作用的结果。

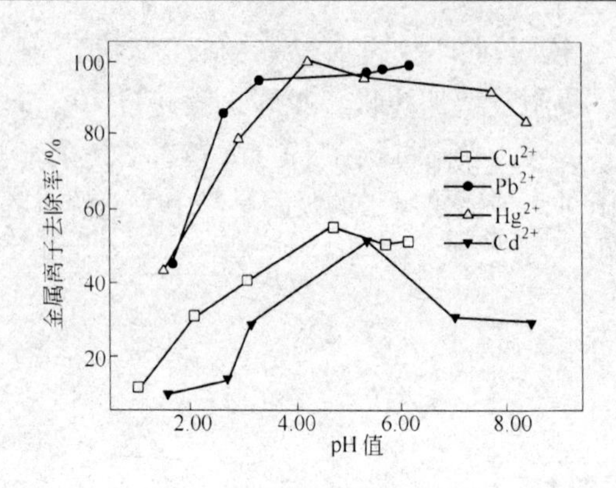

图 7－8　pH 值对悬浮酵母菌吸附效果的影响

由图 7－8 还可以看出，溶液初始 pH 值小于 2.73 时，溶液中镉离子的去除率低于 13.37%，而且增加缓慢；溶液初始 pH 值在 2.73～5.40 范围内时，溶液中镉离子的去除率上升较快，当溶液初始 pH 值为 5.40 时，溶液中镉离子的去除率达到最大值（50.92%），此后随着溶液初始 pH 值的升高，溶液中镉离子的去除率迅速下降，然而当溶液的初始 pH 值大于 7.03 后，溶液中镉离子的去除率下降的趋势缓慢。

图 7－8 中的结果表明，溶液初始 pH 值在 1.49～4.33 范围内时，溶液中汞离子的去除率呈现出快速上升趋势；当溶液初始 pH 值为 4.33 时，溶液中汞离子的去除率最大，几乎达到 100%。此后随着溶液初始 pH 值的升高，溶液中汞离子的去除率缓慢下降。

图 7－8 中的结果还表明，溶液初始 pH 值在 1.66～5.74 范围内时，溶液中铅离子的去除率随溶液初始 pH 值的升高而迅速增大；当溶液初始 pH 值为 5.74 时，溶液中铅离子的去除率达到最大值（97.54%）；此后随着溶液初始 pH 值的升高，溶液中出现白色沉淀，虽然溶液中铅离子的去除率缓慢升高，但此时溶液中铅离子的去除率是吸附和沉淀共同作用的结果。

由图 7－9 可以看出，溶液初始 pH 值在 1.34～2.75 范围内时，溶液中铜离子的去除率很小，此时溶液中铜离子的最大去除率为 13.36%；随溶液初始 pH 值升高，溶液中铜离子的去除率逐渐升高，当溶液初始 pH 值为 5.78 时，溶液中铜离子的去除率达到最大值（45.60%），此后随着溶液初始 pH 值的升高，溶液中出现了白色絮状沉淀，虽然溶液中铜离子的去除率不断升高，但这是沉淀和吸附共同作用的结果。

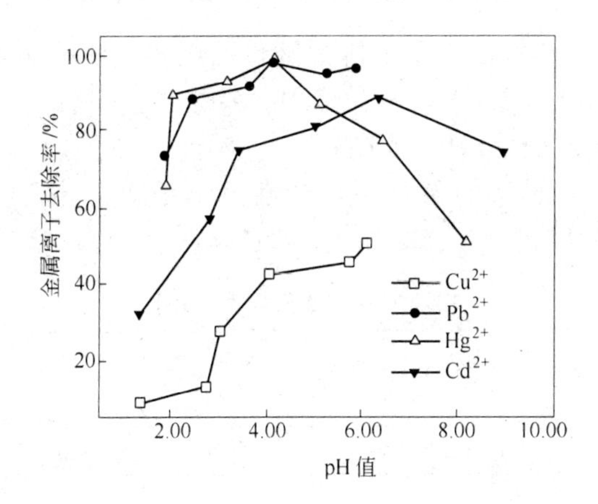

图 7－9 pH 值对沉淀酵母菌吸附效果的影响

由图 7－9 还可以看出，溶液初始 pH 值在 1.34～3.45 范围内时，溶液中镉离子的去除率随溶液初始 pH 值的升高快速上升；溶液初始 pH 值在 3.45～6.38 范围内时，溶液中镉离子的去除率呈缓慢上升趋势；当溶液初始 pH 值为 6.38 时，溶液中镉离子的去除率达到最大值（88.57%）；溶液初始 pH 值大于 6.38 后，溶液中镉离子的去除率随溶液初始 pH 值的升高而降低，但在整个 pH 值范围内溶液中并未出现沉淀。

图 7－9 中的结果表明，溶液初始 pH 值小于 2.05 时，溶液中汞离子的去除率随 pH 值的升高而显著升高；溶液初始 pH 值在 2.05～4.17 范围内时，溶液中汞离子的去除率随溶液 pH 值的升高而缓慢上升；当溶液的 pH 值为 4.17 时，溶液中汞离子的去除率达到最大值（98.60%），此后随溶液 pH 值的升高，溶液中汞离子的去除率迅速下降，在整个 pH 值范围内同样未出现沉淀。

图 7－9 中的结果还表明，溶液初始 pH 值在 1.87～2.45 范围内时，溶液中铅离子的去除率急剧上升；溶液初始 pH 值在 2.45～4.14 范围内时，溶液中铅离子的去除率随溶液初始 pH 值的升高缓慢上升；当溶液初始 pH 值为 4.14 时，溶液中铅离子的去除率达到最大值（98.02%），此后随溶液初始 pH 值的升高，溶液中铅离子的去除率呈下降趋势，当溶液初始 pH 值大于 5.80 以后，溶液中出现沉淀。这时，由于沉淀的作用，溶液中铅离子的去除率有上升的趋势。

溶液初始 pH 值直接影响啤酒酵母菌细胞表面金属吸附位点的活性，同时也影响重金属离子在溶液中的存在状态。所以不同的重金属离子的最佳的溶液初始 pH 值不同。

在表 7－4 所示的条件下，啤酒酵母菌对 Cu^{2+}、Pb^{2+}、Hg^{2+}、Cd^{2+} 的吸附效果如图 7－10 和图 7－11 所示。

表 7－4　吸附条件（Ⅲ）

重金属离子	吸附时间 /min	菌量 /g·L⁻¹	吸附温度 /℃	转速 /r·min⁻¹	pH 值
Cu^{2+}	10	20	20	300	5.15
Pb^{2+}	10	20	20	300	5.24
Cd^{2+}	10	20	20	300	3.16
Hg^{2+}	10	20	20	300	5.89

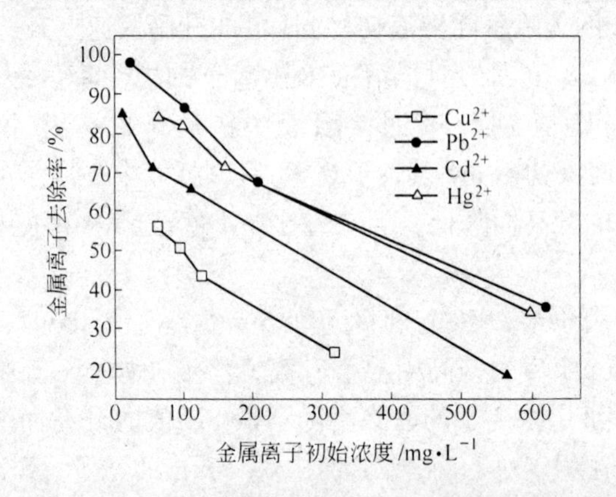

图 7－10　离子浓度对悬浮酵母菌吸附效果的影响

由图 7－10 和图 7－11 可以看出，两株啤酒酵母菌对 4 种重金属离子的吸附效果变化趋势相同。随着溶液中重金属离子初始浓度的升高，4 种重金属离子的去除率逐渐降低。溶液中 4 种重金属离子的初始浓度较小时，随着溶液初始浓度的增加，溶液中重金属离子的去除率急剧下降，此时吸附曲线的斜率很大；随着溶液中重金属离子初始浓度的升高，溶液中重金属离子的去除率缓慢降低，吸附曲线的斜率很小。吸附曲线的斜率与吸附剂表面的吸附活性位点息息相关，吸附曲线的斜率大，表明吸附剂表面的吸附活性位点多，反之亦然。

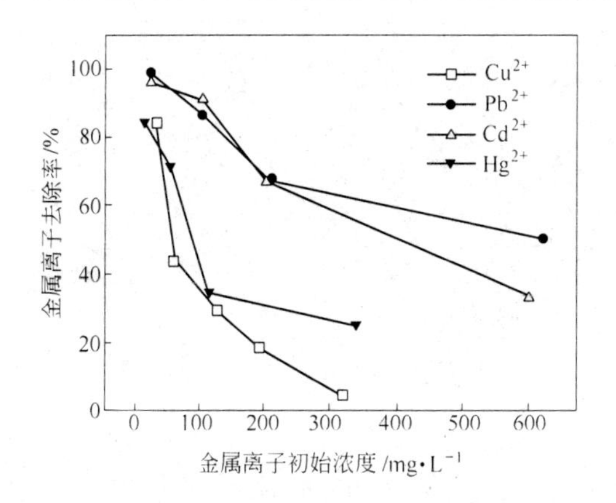

图7－11 离子浓度对沉淀酵母菌吸附效果的影响

比较图7－10和图7－11可以看出，随着溶液初始浓度的增加，悬浮酵母菌对重金属离子的去除率呈直线降低，而沉淀酵母菌对重金属离子的去除率在溶液初始浓度较小时急剧下降，此后随着溶液初始浓度的升高，溶液中金属离子的去除率缓慢降低。

在表7－5所示的条件下，啤酒酵母菌对 Cu^{2+}、Pb^{2+}、Hg^{2+}、Cd^{2+} 的吸附效果如图7－12和图7－13所示。

表7－5 吸附条件一览表（Ⅳ）

重金属离子	吸附时间 /min	溶液初始度 /mg·L^{-1}	溶液的初始 pH 值	吸附温度 /℃	转速 /r·min^{-1}
Cu^{2+}	10	64.0	5.15	20	300
Pb^{2+}	10	103.5	5.02	20	300
Cd^{2+}	10	200.6	2.50	20	300
Hg^{2+}	10	56.2	5.89	20	300

由图7－12和图7－13可以看出，随着菌用量的增大，溶液中重金属离子的去除率逐渐增大。在重金属离子浓度一定的体系中，随着啤酒酵母菌用量的增加，溶液中吸附重金属离子的活性基团增加，因此对重金属的吸附量增加。但是当溶液中菌体的浓度达到一定值后，溶液中重金属离子的去除率增加缓慢，这是因为，随着啤酒酵母菌用量的增加，啤酒酵母菌表面活性基团之间将产生氢键，使啤酒酵母菌相互黏合在一起，减少啤酒酵母菌与重金属离子之间的接触，从而减少了啤酒酵母菌表面的活性吸附基团，抑制了啤酒酵母菌对重金属离子的吸附。

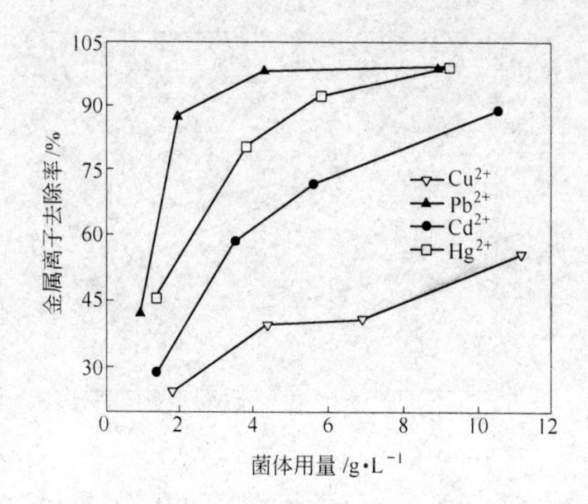

图7-12　菌体用量对悬浮酵母菌吸附效果的影响

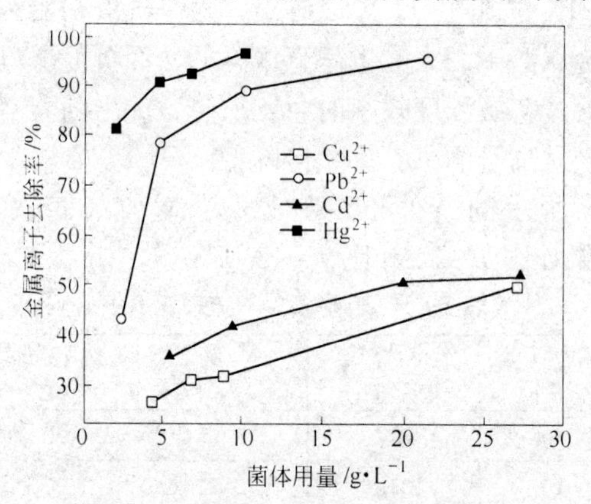

图7-13　菌体用量对沉淀酵母菌吸附效果的影响

在表7-6所示的条件下，啤酒酵母菌对 Cu^{2+}、Pb^{2+}、Cd^{2+}、Hg^{2+} 的吸附效果如图7-14和图7-15所示。

表7-6　吸附条件一览表（V）

重金属离子	吸附时间 /min	溶液初始浓度 /mg·L⁻¹	溶液的初始pH值	转速 /r·min⁻¹	菌量 /g·L⁻¹
Cu^{2+}	10	64.0	5.15	300	20
Pb^{2+}	10	103.5	5.02	300	20
Cd^{2+}	10	200.6	2.50	300	20
Hg^{2+}	10	56.2	5.89	300	20

由图7-14和图7-15可以看出，温度对两株啤酒酵母菌吸附4种

重金属离子的影响效果相似，溶液中重金属离子的去除率均随温度的升高而升高。温度从30℃升高到80℃时，悬浮酵母菌吸附4种重金属离子的过程中，溶液中Cu^{2+}、Pb^{2+}、Cd^{2+}、Hg^{2+}的去除率变化分别为20.95%、4.32%、14.11%、14.91%；沉淀酵母菌吸附4种重金属离子过程中，溶液中Cu^{2+}、Pb^{2+}、Cd^{2+}、Hg^{2+}的去除率变化分别为43.31%、16.94%、27.42%、29.84%。由此可以看出，温度对Cu^{2+}的吸附效果影响最大，对其他离子的吸附效果影响相对较小。

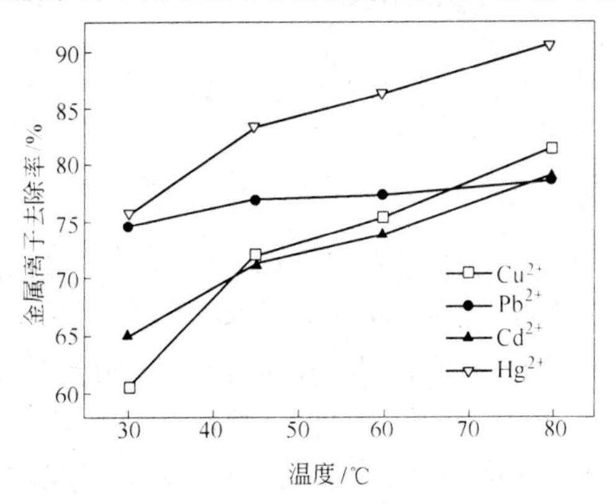

图7-14 温度对悬浮酵母菌吸附效果的影响

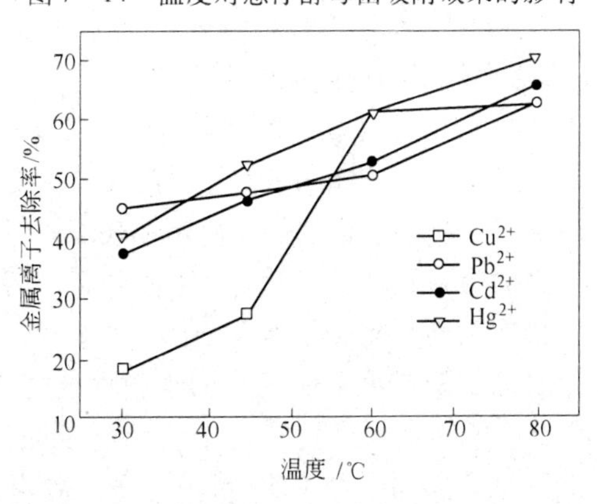

图7-15 温度对沉淀酵母菌吸附效果的影响

7.1.2 浮游球衣菌对重金属离子的吸附

在菌用量为0.6 g/L、金属离子初始浓度为20 mg/L、pH = 5的条件下，吸附时间对金属离子去除率的影响情况如图7－16所示。

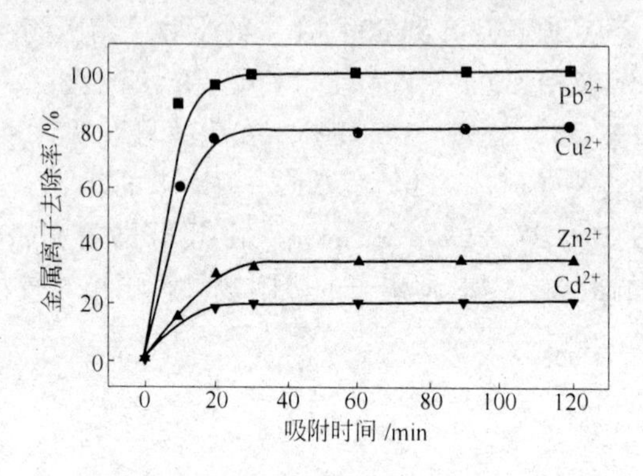

图7－16　吸附时间对金属离子去除率的影响

由图7－16可知，浮游球衣菌对这4种重金属离子的吸附非常迅速，在20 min时已基本达到吸附平衡。同时，图7－16中的曲线还表明，浮游球衣菌对 Pb^{2+} 和 Cu^{2+} 具有非常强的吸附能力，吸附20 min即可以使 Pb^{2+} 的去除率几乎达到100%，而对 Zn^{2+} 和 Cd^{2+} 的吸附能力则相对较差，尤其是对 Cd^{2+} 的吸附能力非常弱，Cd^{2+} 的最大去除率仅有20%左右。

在菌用量为0.6 g/L、金属离子初始浓度为100 mg/L的条件下，pH值对金属离子去除率的影响情况如图7－17所示。

从图7－17中可以看出，因pH值影响菌体表面有机基团的状态，所以对吸附过程影响较大。当溶液的pH值过低时，大量氢离子与重金属离子竞争菌体表面上的有限结合部位，使菌体表面质子化，增加菌体表面的静电斥力，因而吸附量减少。随着pH值升高，菌体表面负电荷量增加，金属离子去除率逐渐增加。当pH值小于4时，由于菌体表面的负电性降低，浮游球衣菌对重金属离子的吸附性能随之减弱，同时，游离 H^+ 与金属离子竞争结合位点也降低了金属离子的去除率。当pH值大于6.0时，部分重金属离子与 OH^- 形成氢氧化物沉淀，此时重金属离子的去除率较高已不完全是菌体吸附作用的结果。

在菌用量为0.6 g/L、pH值分别为4、5和5.5的条件下，浮游球衣菌对4种重金属离子的吸附结果如表7－7所示。由表7－7可见，在pH值为4～5.5、重金属离子初始浓度一定的条件下，重金属离子的去

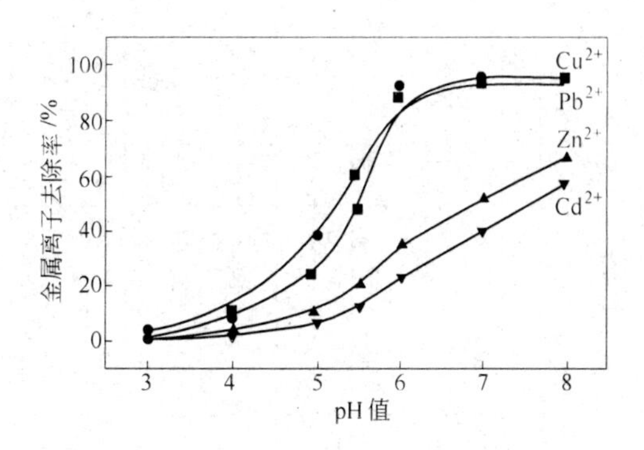

图 7-17 pH 值对金属离子去除率的影响

除率和菌体的单位吸附量均随 pH 值的升高而增大，吸附的最佳 pH 值为 5.5。浮游球衣菌对 Pb^{2+}、Cu^{2+}、Zn^{2+}、Cd^{2+} 的最大吸附量分别为 0.51 mmol/g、1.29 mmol/g、0.60 mmol/g、0.21 mmol/g。这 4 种重金属离子在浮游球衣菌上吸附选择性为：$Pb^{2+} > Cu^{2+} > Zn^{2+} > Cd^{2+}$。

在 Pb^{2+} 和 Cu^{2+} 初始浓度为 40 mg/L、Zn^{2+} 和 Cd^{2+} 初始浓度为 10 mg/L、pH = 5 的条件下，浮游球衣菌的用量对吸附效果的影响情况如图 7-18 所示。

由图 7-18 可见，菌用量为 0.5 g/L 时，单位吸附量虽然较大，但重金属离子去除率相对较低，此时菌体吸附已达到饱和。随着菌用量的增加，去除率逐渐增大，单位吸附量逐渐降低。这是由于浮游球衣菌表面羧基、羟基等的数量随菌用量增加而增加，有利于金属离子在菌体表面的吸附。当菌用量大于 1.5 g/L 时，由于菌体聚集使得部分活性吸附位点不能暴露出来，导致金属离子去除率基本不变或略有下降；同时，随着菌用量的增加，使得体系可接受金属离子的吸附位点增多，菌体的单位吸附量下降。

在菌用量为 0.6 g/L、金属离子初始浓度为 10 mg/L 的条件下，浮游球衣菌对 Cr（Ⅵ）的吸附情况如图 7-19 和图 7-20 所示。

由图 7-19 可知，浮游球衣菌对 Cr（Ⅵ）的吸附是一个十分迅速的过程，在 20 min 时已基本达到吸附平衡。

由图 7-20 可知，在 pH = 2 时，浮游球衣菌对 Cr（Ⅵ）的吸附效果最好；pH 值再增大，吸附效果变差。这是因为浮游球衣菌细胞的等电点为 pH = 3.78，pH < 3.78 时，浮游球衣菌细胞带正电荷，对阴离子

表 7-7　不同 pH 值条件下浮游球衣菌对金属离子的吸附结果

pH值	铅				铜				锌				镉			
	c_0 /mg·L^{-1}	c_m /mg·L^{-1}	Q/%	q /mmol·g^{-1}	c_0 /mg·L^{-1}	c_m /mg·L^{-1}	Q/%	q /mmol·g^{-1}	c_0 /mg·L^{-1}	c_m /mg·L^{-1}	Q/%	q /mmol·g^{-1}	c_0 /mg·L^{-1}	c_m /mg·L^{-1}	Q/%	q /mmol·g^{-1}
4	5	0.371	92.58	0.03725	5	0.995	80.1	0.105118	10	7.275	27.25	0.06987	10	8.39	16.1	0.023958
	20	7.695	61.53	0.09905	20	12	40	0.209974	20	16.5	17.5	0.08975	20	17.74	11.3	0.033631
	40	24.96	37.61	0.12115	40	31.52	21.2	0.222572	30	26.45	11.83	0.09102	30	27.54	8.2	0.036607
	60	43.8	27	0.13045	60	50.34	16.1	0.253543	40	36.1	9.75	0.1	40	37.4	6.5	0.03869
	80	59.24	25.95	0.16715	80	69.28	13.4	0.281365	50	45.19	9.62	0.12334	50	47.25	5.5	0.040923
	100	79.26	20.74	0.167	100	89.29	10.71	0.281102	60	55.19	8.02	0.1233	60	57.27	4.55	0.040625
5	5	0	100	0.04025	5	0	100	0.131234	10	4.99981	50	0.12821	10	5.97	40.3	0.05997
	20	0	100	0.16105	20	3.92	80.4	0.422047	20	13.12976	34.35	0.17616	20	14.42	27.9	0.083036
	40	9.308	76.73	0.2471	40	18.72	53.2	0.55853	30	21.01479	31.9	0.23039	30	23.91	20.3	0.090625
	60	24.45	59.26	0.28625	60	37.14	38.1	0.6	40	29.64004	25.9	0.26564	40	33.44	16.4	0.097619
	80	43.47	45.67	0.29415	80	56.24	29.7	0.623622	50	38.75006	22.5	0.28846	50	43.2	13.6	0.10119
	100	63.49	36.51	0.294	100	76.27	23.73	0.622835	60	48.75006	18.75	0.28846	60	53.22	11.3	0.10089
5.5	5	0	100	0.04025	5	0	100	0.131234	10	0.905	90.95	0.23321	10	2.17	78.3	0.116518
	20	0	100	0.16105	20	0	100	0.524934	20	7.465	62.68	0.32141	20	9.82	50.9	0.151488
	40	2.04	94.9	0.30565	40	4.36	89.1	0.935433	30	14.74	50.87	0.39128	30	17.61	41.3	0.184375
	60	5.42	90.97	0.43945	60	15.42	74.3	1.170079	40	20.23	49.43	0.50694	40	26.6	33.5	0.199405
	80	17.34	78.33	0.5045	80	30.64	61.7	1.295538	50	26.65	46.7	0.59872	50	36.1	27.8	0.206845
	100	37.28	62.72	0.505	100	50.7	49.3	1.293963	60	36.65	38.92	0.59872	60	46.16	23.07	0.206

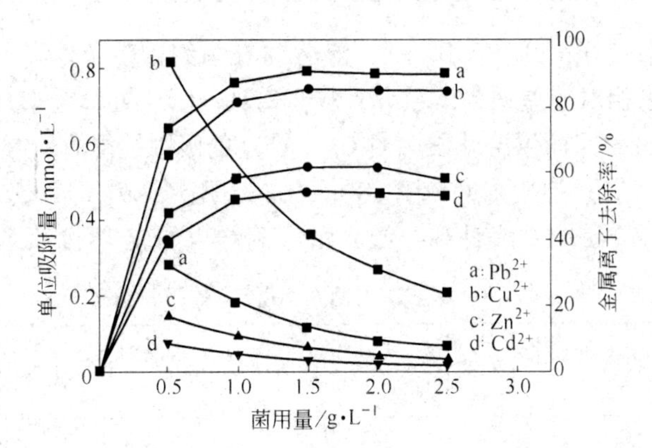

图 7-18 菌用量对重金属离子吸附的影响

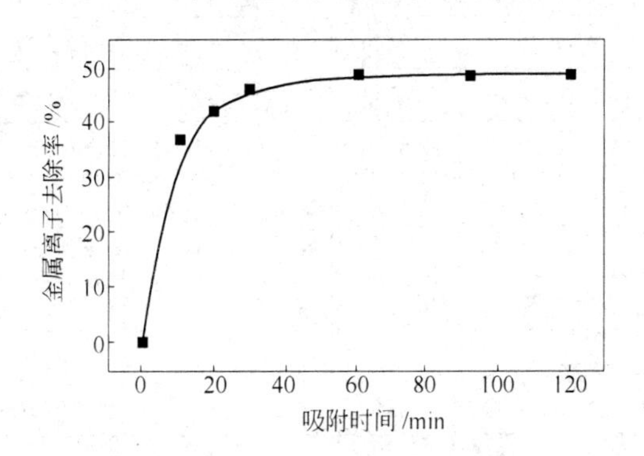

图 7-19 吸附时间对 Cr（Ⅵ）吸附效果的影响（pH=2.5）

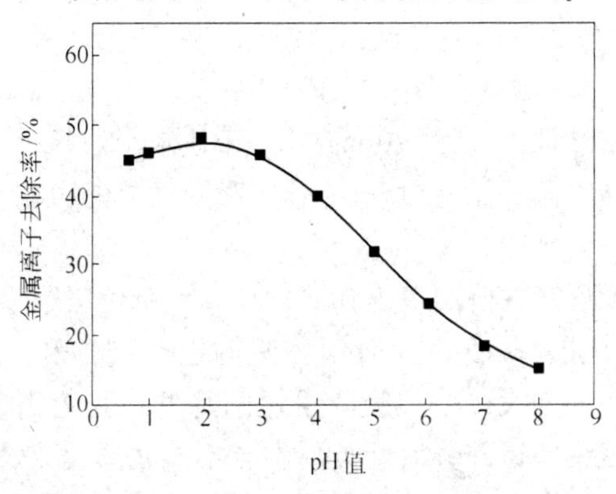

图 7-20 pH 值对 Cr（Ⅵ）吸附效果的影响

的吸附效果较好；pH > 3.78 时，浮游球衣菌细胞带负电荷，对阴离子的吸附效果相对较差；当体系 pH 小于 2 时，Cr（Ⅵ）会形成铬酸分子（中性分子），因而浮游球衣菌对 Cr（Ⅵ）的吸附性能有所减弱。

在 Cr（Ⅵ）初始浓度 10 ~ 80 mg/L、菌用量为 0.6 g/L、pH = 1 ~ 4 的条件下，浮游球衣菌对 Cr（Ⅵ）的吸附结果如表 7 – 8 所示。

表 7 – 8　浮游球衣菌对 Cr(Ⅵ)的吸附结果

pH 值	c_0/mg · L^{-1}	c_m/mg · L^{-1}	Q/%	q /mmol · g^{-1}	pH 值	c_0/mg · L^{-1}	c_m/mg · L^{-1}	Q/%	q /mmol · g^{-1}
1	10	6.11	38.90	0.1246	3	10	5.81	41.90	0.1342
	20	14.1	29.50	0.1891		20	13.2	34.00	0.2179
	40	29.3	26.75	0.3429		40	28.9	27.75	0.3557
	60	45.2	24.66	0.4743		60	44.1	26.50	0.5096
	80	64.1	19.87	0.5096		80	62.6	21.75	0.5576
2	10	5.3	47.00	0.1506	4	10	7.21	27.90	0.0894
	20	12.9	35.50	0.2275		20	16.1	19.50	0.1250
	40	27.1	32.25	0.4134		40	33.2	17.00	0.2179
	60	42.2	29.66	0.5705		60	51.2	14.66	0.2820
	80	60.2	24.75	0.6346		80	72.1	9.87	0.2532

由表 7 – 8 可见，在 pH = 2 ~ 4 时，Cr（Ⅵ）的去除率和菌体的单位吸附量均随 pH 值的升高而降低，浮游球衣菌对 Cr（Ⅵ）的最大吸附量为 0.63 mmol/g，吸附的最佳 pH 值为 2 ~ 3。

在 Cr（Ⅵ）初始浓度为 20 mg/L、菌用量 0.5 ~ 2.5 g/L、pH = 2 的条件下，浮游球衣菌的用量对 Cr（Ⅵ）吸附效果的影响情况如图 7 – 21 所示。

由图 7 – 21 可知，菌用量为 0.5 g/L 时，单位吸附量虽然较大，但 Cr（Ⅵ）去除率相对较低，此时菌体吸附已达到饱和。随着菌用量的增加，去除率逐渐增大，单位吸附量逐渐降低。当菌用量大于 1.5 g/L 时，由于菌体聚集使得部分活性吸附位点不能暴露出来，导致 Cr（Ⅵ）去除率略有下降；同时，随着菌用量的增加，使得体系可接受 Cr（Ⅵ）的吸附位点增多，菌体的单位吸附量下降。

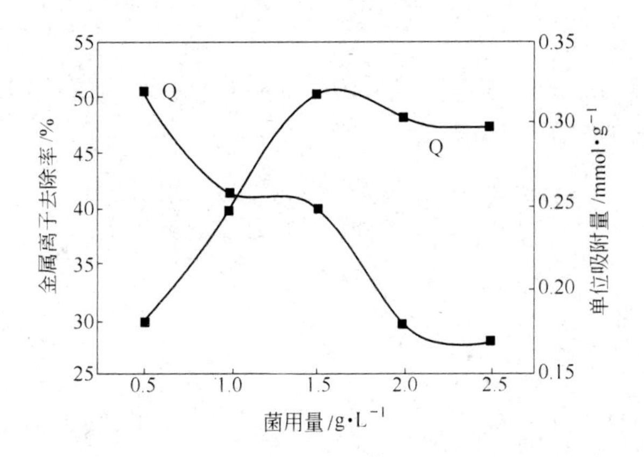

图 7－21　菌用量对 Cr（Ⅵ）吸附效果的影响

7.1.3　沟戈登氏菌等对 Pb^{2+} 的吸附

沟戈登氏菌（*Gordona amarae*，简写为 *G. a*）、草分枝杆菌（*Mycobacterium phlei*，简写为 *My. p*）和胶质芽孢杆菌（*Bacillus mucilayinosus*，简写为 *B. m*）对 Pb^{2+} 的吸附等温线如图 7－22 所示。

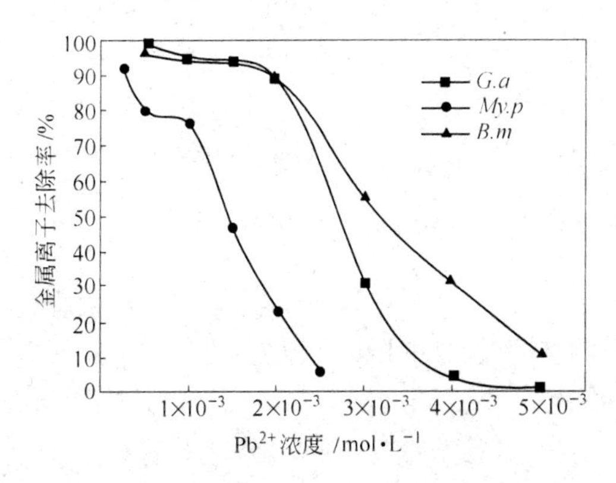

图 7－22　微生物对 Pb^{2+} 的吸附等温线

由图 7－22 可以看出，随着 Pb^{2+} 浓度的增加，Pb^{2+} 的去除率有明显下降的趋势。在 Pb^{2+} 浓度超过 2×10^{-3} mol/L 以后，重金属的去除率迅速降低，此时，草分枝杆菌的去除率只有 22% 左右，另外两种吸附剂的去除率为 90% 左右。通过比较发现，在 Pb^{2+} 浓度小于 2×10^{-3} mol/L 的范围内，3 种吸附剂对 Pb^{2+} 的吸附能力大小顺序为：*G. a* ＞

B. m > *My. p*。

当溶液初始 Pb^{2+} 浓度为 1×10^{-3} mol/L 时，吸附率随 pH 值变化的吸附等温线如图 7－23 所示。

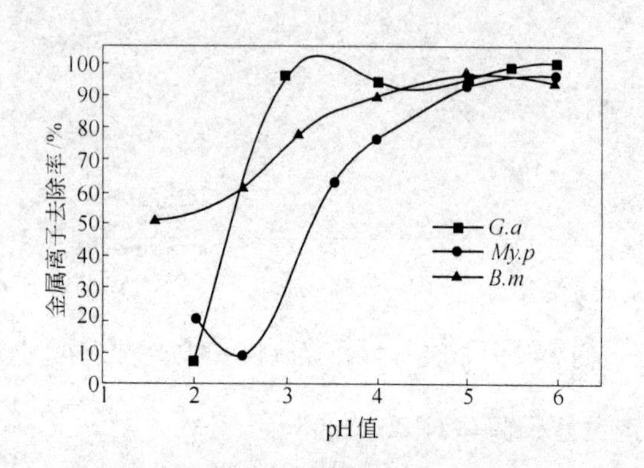

图 7－23　pH 值与金属离子去除率的关系

由图 7－23 可以看出，在 pH 值较低时，对 Pb^{2+} 去除率也较低，这是由于细胞表面所带正电荷较多，与 Pb^{2+} 的静电作用较弱；当 pH 值超过 3 以后，去除率开始迅速增加；在 pH 值为 5 左右时，胶质芽孢杆菌的去除率最大，为 96%，当 pH 值升至 6 左右时，沟戈登氏菌和草分枝杆菌的去除率达到最大值，分别为 99% 和 95%。

7.1.4　废啤酒酵母菌对 Cd^{2+} 的吸附

啤酒生产过程中产生大量的废啤酒酵母，经实验研究发现，废啤酒酵母对重金属离子具有较强的吸附活性。图 7－24 ~ 图 7－28 是废啤酒酵母对电镀废水中 Cd^{2+}（浓度约为 26 mg/L）的吸附情况。

图 7－24 的吸附实验条件为废啤酒酵母用量 15 g/L、水洗废啤酒酵母用量 40 g/L（湿重）、搅拌速度 800 r/min、温度为室温（约 18℃）、搅拌吸附时间为 10 min。

由图 7－24 可知，pH 值对废啤酒酵母吸附 Cd^{2+} 的效果具有显著影响，当 pH 小于 4 时，废啤酒酵母对电镀废水中 Cd^{2+} 的吸附效果较差；当 pH＝4 ~ 8 时，废啤酒酵母对电镀废水中的 Cd^{2+} 具有较好的吸附效果。

图 7－25 的吸附实验条件为 pH＝6 ~ 7、搅拌速度 800 r/min、温度

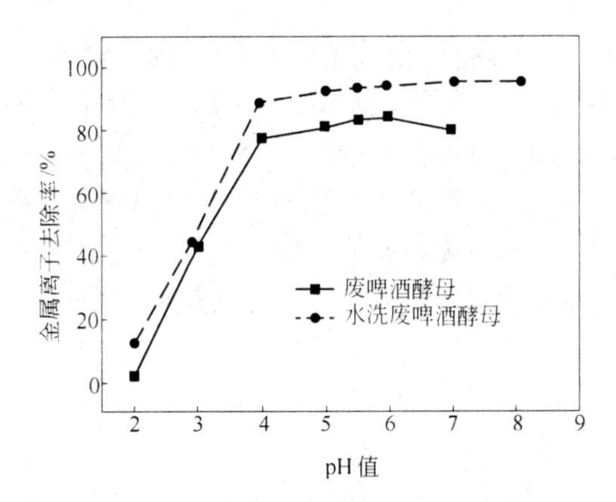

图 7－24 pH 值对吸附效果的影响

为室温（约 18℃）、搅拌吸附时间为 10 min。由图 7－25 可知，随着废啤酒酵母菌用量的增加，Cd^{2+} 的去除率呈上升趋势，当废啤酒酵母的用量为 16.25 g/L 时，Cd^{2+} 的去除率达到 86.44%；当水洗废啤酒酵母的用量为 11.4 g/L 时，Cd^{2+} 的去除率达到 95%。

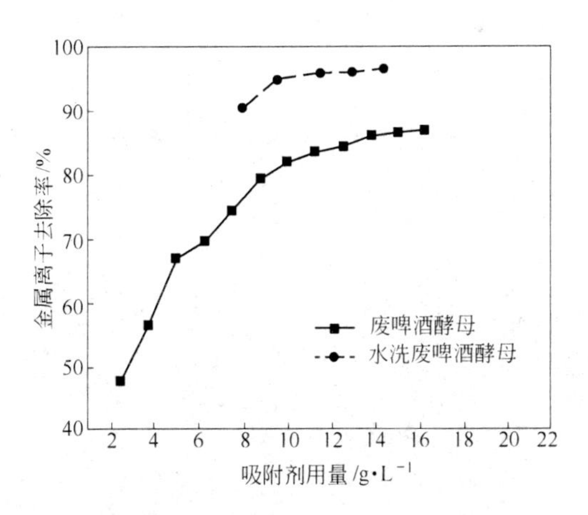

图 7－25 吸附剂用量对吸附效果的影响

图 7-26 的吸附实验条件为 pH = 6 ~ 7、废啤酒酵母的用量为 16.25 g/L（水洗后湿重40 g/L）、温度为室温（约 18℃）、搅拌吸附时间为10 min。由图 7－26 可知，搅拌转数从 400 r/min 增至 800 r/min

时，随着搅拌转数的增加，电镀废水中 Cd^{2+} 的去除率呈增加趋势。

图 7 - 27 的吸附实验条件为 pH = 6 ~ 7、搅拌速度 800 r/min、废啤酒酵母的用量为 16.25 g/L（水洗后湿重 40 g/L）、搅拌吸附时间为 10 min。由图 7 - 27 可知，温度在 16℃至 36℃之间时，提高温度有利于提高 Cd^{2+} 的去除率，但提高幅度不是很大；在 22 ~ 28℃的温度下，废啤酒酵母对 Cd^{2+} 的去除率达 87% 以上，水洗废啤酒酵母对 Cd^{2+} 的去除率达 95%。

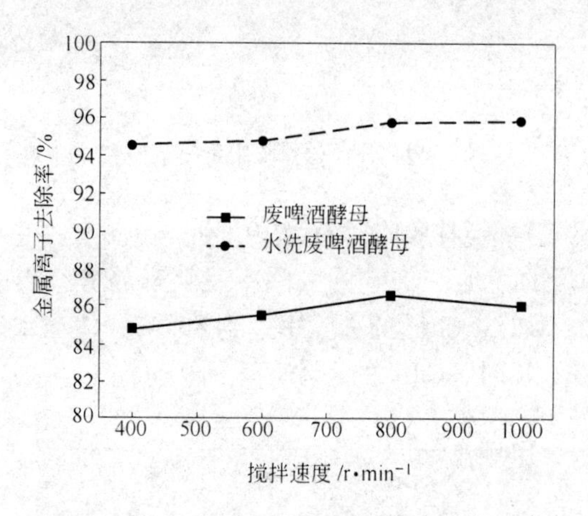

图 7 - 26　搅拌转数对吸附效果的影响

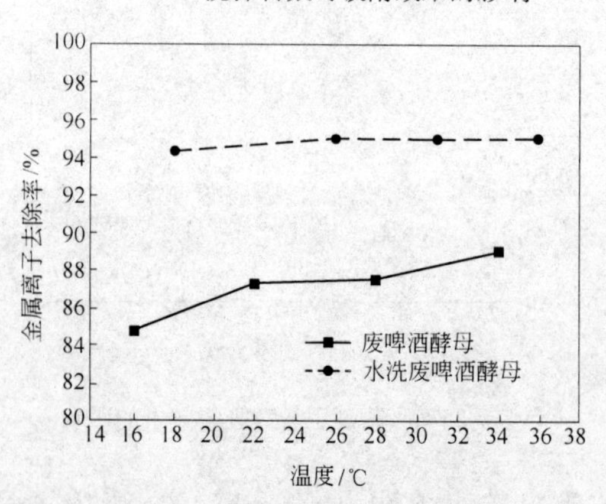

图 7 - 27　温度对吸附效果的影响

图 7 - 28 的吸附实验条件为 pH = 6 ~ 7、搅拌速度 800 r/min、温度

为室温（约 18℃）、废啤酒酵母的用量为 16.25 g/L（水洗后湿重 40 g/L）。由图 7－28 可知，废啤酒酵母菌对电镀废水中 Cd^{2+} 的吸附速度很快，吸附 3 min，废啤酒酵母及水洗废啤酒酵母对 Cd^{2+} 的去除率已达 83% 和 92% 以上；随着搅拌吸附时间的增加，废啤酒酵母对 Cd^{2+} 的吸附率呈增加趋势，在 3～10 min 时，Cd^{2+} 的去除率增加幅度较大，吸附 10 min 时，Cd^{2+} 的去除率达到 87.64% 和 95%；吸附 30 min 时，Cd^{2+} 的去除率为 89.85% 和 96.18%。

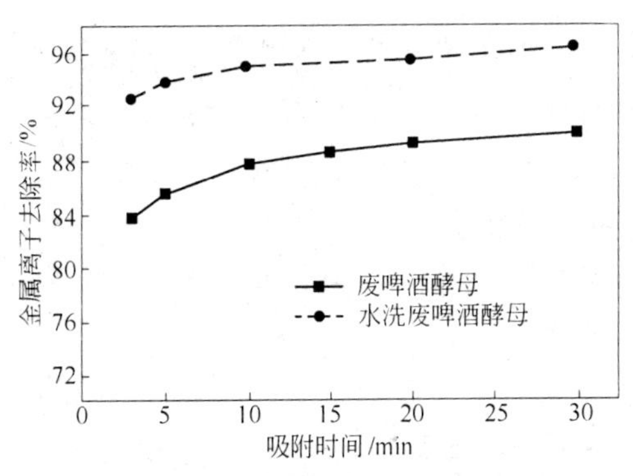

图 7－28 吸附时间对吸附效果影响

7.1.5 苦味诺卡氏菌对重金属离子的吸附

在 pH＝5.5～5.9、温度为 15～16℃、菌用量为 40～42 g/L、吸附时间为 10 min 的条件下，当 Hg^{2+}、Pb^{2+}、Cu^{2+}、Zn^{2+}、Ni^{2+} 的浓度分别为 100 mg/L、103 mg/L、64 mg/L、65 mg/L、69 mg/L 时，不同生长时期的苦味诺卡氏菌对这 5 种重金属离子的吸附效果如图 7－29 所示。

从图 7－29 中可以看出，培养 1～7 d 的细菌都有一定的吸附效果，培养 3～7 d 的细菌对 Pb^{2+} 的吸附效果都较好；培养 6 d 的细菌吸附效果最好。

在 pH＝5.5～5.9、温度为 14～15℃、菌用量为 40～48 g/L 的条件下，当 Hg^{2+}、Pb^{2+}、Cu^{2+}、Zn^{2+}、Ni^{2+} 的浓度分别为 200 mg/L、207 mg/L、124 mg/L、130 mg/L、138 mg/L 时，吸附时间与苦味诺卡氏菌对这 5 种重金属离子的吸附效果的关系如图 7－30 所示。

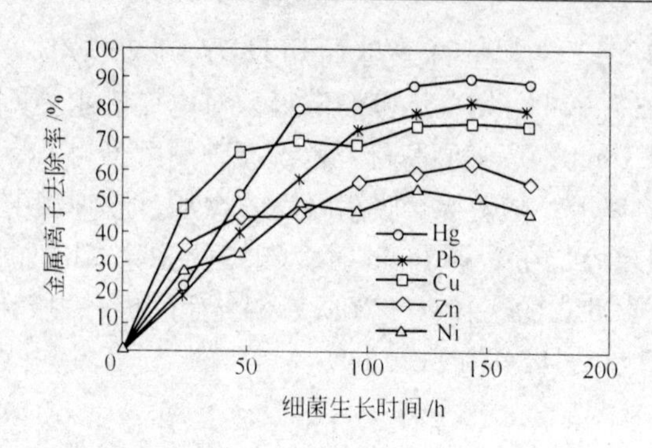

图 7－29　菌龄对吸附效果的影响

图 7－30 中的结果显示，在 1 min 之内，金属离子去除率增加很快，在 5 min 之内，就已经达到吸附平衡，金属离子去除率增加到最大值。随着吸附时间的继续增加，Pb^{2+}、Hg^{2+}、Zn^{2+} 的去除率增加不大；Cu^{2+}、Ni^{2+} 的去除率略有降低。这表明苦味诺卡氏菌对这 5 种重金属离子的吸附是一个快速过程。

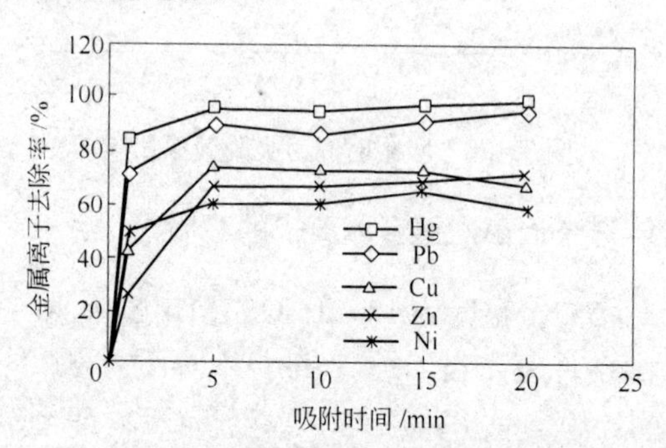

图 7－30　吸附时间对吸附效果的影响

在温度为 15～16 ℃、菌用量为 40～45 g/L、吸附时间为 20 min 的条件下，当 Hg^{2+}、Pb^{2+}、Cu^{2+}、Zn^{2+}、Ni^{2+} 的浓度分别为 200 mg/L、207 mg/L、128 mg/L、130 mg/L、138 mg/L 时，pH 值对苦味诺卡氏菌吸附 5 种重金属离子效果的影响如图 7－31 所示。

从图 7－31 中可以看出，在 pH＝2. 0 左右时，金属离子的去除率都比较低。当 pH 值升至 3. 0 时，对 Hg^{2+} 和 Pb^{2+} 离子的去除率急剧升高至 90% 以上，对 Cu^{2+}、Zn^{2+} 和 Ni^{2+} 离子的去除率也有所升高。随着 pH 值的进一步升高，对 Hg^{2+} 和 Pb^{2+} 离子的去除率一直都保持在 95%

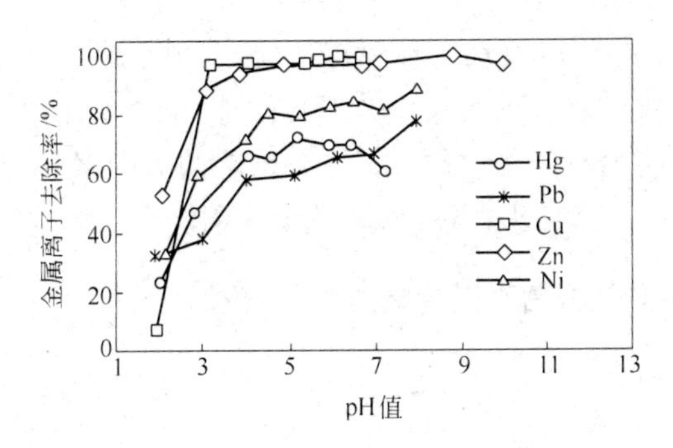

图7－31　pH值对吸附效果的影响

以上，对 Cu^{2+}、Zn^{2+} 和 Ni^{2+} 离子的去除率则缓慢增加。pH值继续增加至碱性时，对 Cu^{2+}、Ni^{2+} 的去除率则随着pH值的增加而增加，直至沉淀产生；对 Zn^{2+} 的去除率则随着pH值的增加而降低，这可能是由于此时 Zn^{2+} 的存在形式为 $Zn(OH)_4^{2-}$ 的缘故。

结果显示，在强酸性条件下，苦味诺卡氏菌体对金属离子的吸附效果不佳；在弱酸性和中性范围内，其吸附效果很好；中性或中性偏碱乃至碱性条件下，沉淀反应与吸附同时发生，两者共同作用使得金属离子去除率很高。

在pH＝4.5～5.8、菌用量为40g/L、吸附时间为20 min的条件下，当 Hg^{2+}、Pb^{2+}、Cu^{2+}、Zn^{2+}、Ni^{2+} 的浓度分别为600 mg/L、207 mg/L、128 mg/L、130 mg/L、138 mg/L时，温度对苦味诺卡氏菌吸附5种重金属离子效果的影响如图7－32所示。

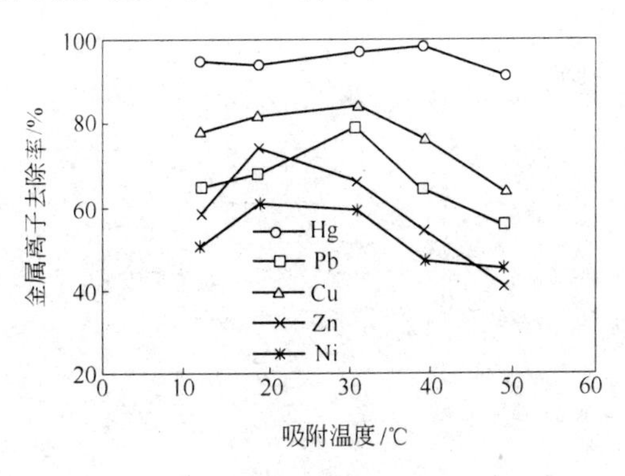

图7－32　温度对吸附效果的影响

从图 7-32 中可以看出，在温度为 10～50℃时，Pb^{2+} 的去除率均在 90% 以上，温度对吸附效果影响不大；对 Hg^{2+}、Cu^{2+}、Zn^{2+}、Ni^{2+} 吸附效果的影响相对较大，对 Hg^{2+}、Cu^{2+} 的去除率在 30℃时达最大值，对 Zn^{2+}、Ni^{2+} 的去除率在 20℃达最大值。

7.1.6　草分枝杆菌对重金属离子的吸附

在 pH = 4.5～5.9、温度为 16～19℃、吸附时间为 10 min 的条件下，当 Hg^{2+}、Pb^{2+}、Cu^{2+}、Zn^{2+}、Ni^{2+} 的浓度分别为 200 mg/L、207 mg/L、128 mg/L、130 mg/L、138 mg/L 及菌用量为 40 g/L 时，草分枝杆菌对这 5 种重金属离子的吸附效果如图 7-33～图 7-36 所示。其中图 7-33 的测定条件为 pH = 5.5～5.9、温度为 18～19℃、吸附时间为10 min；图 7-34 的测定条件为 pH = 5.0～5.9、温度为 18～19℃；图 7-35 的测定条件为温度为 16～17℃、吸附时间为 10 min；图 7-36 的测定条件为 pH = 4.5～5.8、吸附时间为 10 min。

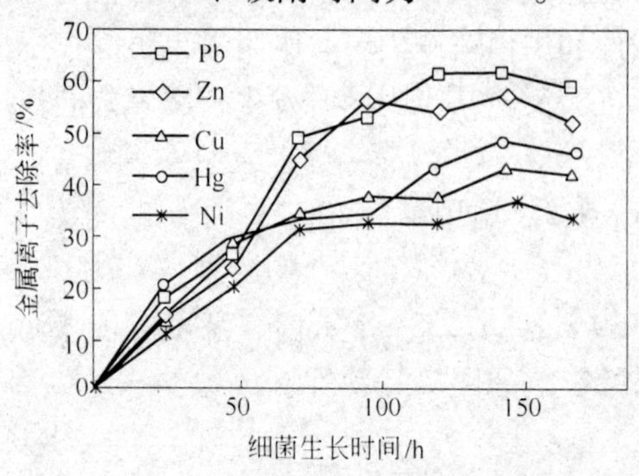

图 7-33　菌龄对吸附效果的影响

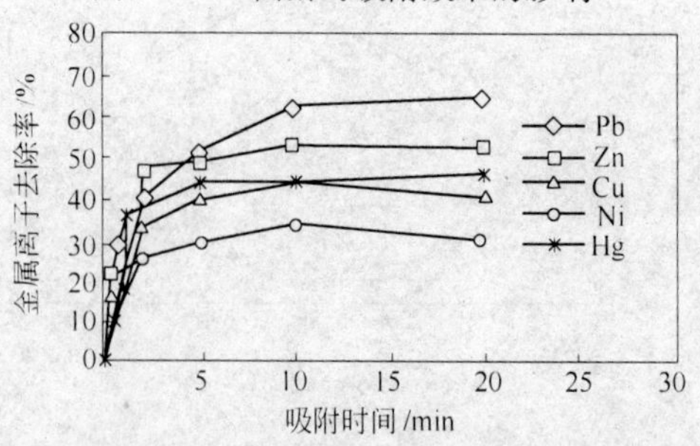

图 7-34　吸附时间对吸附效果的影响

从图7－33中可以看出，培养1～7 d的细菌均具有一定的吸附性；培养3～7 d的细菌对Pb^{2+}的吸附效果都较好；培养6 d的细菌对各种离子均具最佳吸附效果。在培养的前2 d内，草分枝杆菌生长繁殖快，但细胞并未发育完全，表面的荚膜和黏液层还未形成，因此吸附效果不好；到第4 d以后细菌细胞个体长大成熟，细胞荚膜生长完好，这说明吸附效果与细胞表面的荚膜和黏液层的形成有关。

图7－34中的结果表明，在0～2 min之内，金属离子去除率增加很快；在2～10 min之内，金属离子去除率增加到最大；此后，虽然吸附时间增加，但所有离子的去除率都没有明显的变化，说明在吸附10 min以后，就达到了吸附的动态平衡。

由图7－35可以看出，在pH＝2时，金属离子的吸附率较低；当pH值继续升高时，金属离子的去除率增加；当pH值为5～6时，吸附

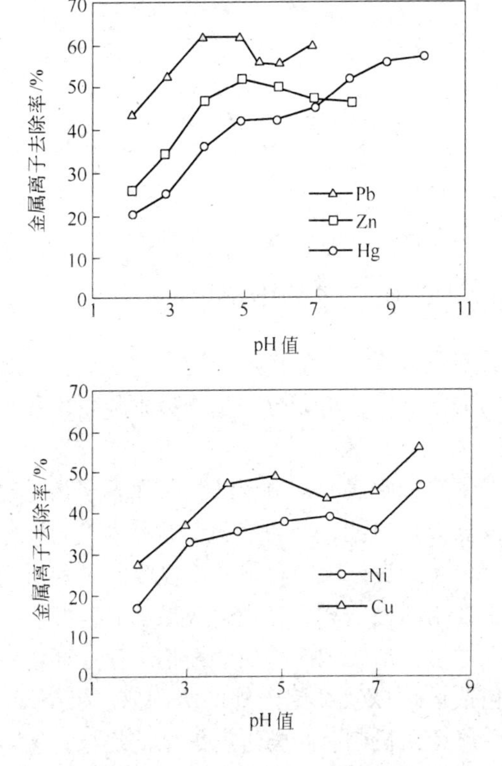

图7－35　pH值对吸附效果的影响

率开始降低。当继续增加溶液的 pH 值直至溶液呈碱性时，由于生成氢氧化物，金属离子的去除率又开始升高。由此可见，在 pH 值 4 ~ 8 范围内，草分枝杆菌对这几种重金属离子都有一定的吸附效果。

从图 7 – 36 可以看出，随着温度从 15℃升高至 45℃，草分枝杆菌对 Pb^{2+}、Cu^{2+}、Zn^{2+} 的去除率总的趋势在减小；对 Pb^{2+} 的去除率在 19℃时达最大值，对 Cu^{2+}、Zn^{2+} 的去除率都在 28℃时达最大值。随着温度升高，草分枝杆菌对 Hg^{2+} 的去除率总的趋势是增加，对 Hg^{2+} 的去除率在 35℃时达最大；草分枝杆菌对 Ni^{2+} 的去除率起初是随着温度升高而增加，后趋于平缓，总体来说温度影响不大。

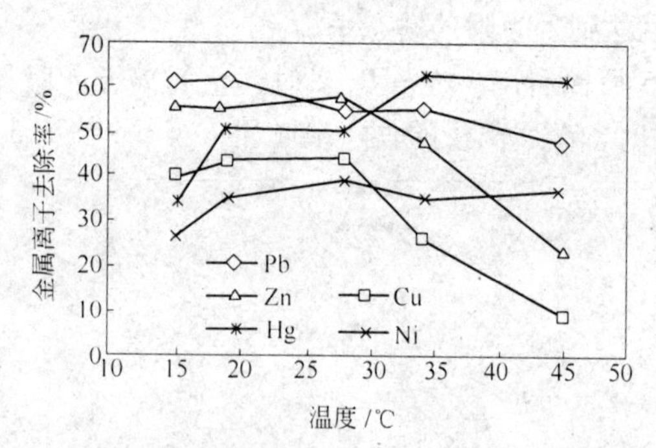

图 7 – 36 温度对吸附效果的影响

7.2 生物吸附重金属离子的作用机理

生物细胞吸附重金属离子的作用机理十分复杂。依据细胞与重金属离子发生作用的部位不同，可以分为生物吸附和生物积累两个不同的生物化学过程。

生物吸附发生在细胞表面，由于细胞表面多聚物是复杂多孔的网络结构，具有极大表面自由能，并含有大量提供孤电子对的有机官能团，因此生物体是重金属的良好吸附材料，不仅吸附过程进行迅速，而且无论生物细胞是否处于活性状态，其吸附效果都非常好。

生物积累仅发生在活细胞内，当活细胞生存在环境中时，它可以通过多种机理，包括运输以及细胞内外的吸附来“提高”本身的金属含量。已提出的金属运送机制有脂类过度氧化、复合物渗透、载体协助及离子泵等。生物累积是一个主动过程，它比生物吸附慢得多，是通过微生物的新陈代谢伴随着能量的消耗进行的。由于这一过程和细胞代谢直接相关，因此，许多影响生物活性的因素都能影响它们对金属的吸附效果。

依据重金属离子与生物体所发生的作用的性质，还可以将重金属离子的生物吸附分为物理吸附、配位吸附、离子交换吸附和酶促作用等。

7.2.1 物理吸附

这里所说的物理吸附是指生物吸附剂与重金属离子通过静电作用结合在一起。通常生物吸附剂表面呈负电性，而且随着环境 pH 值的变化而变化。当生物吸附剂表面所带的电荷与重金属离子的电荷异性时，两者便借助于静电引力发生吸附。

图 7－37 是草分枝杆菌和苦味诺卡氏菌的动电位与 pH 值的关系。从图 7－37 中可以看出，草分枝杆菌细胞的零电点为 pH = 3.89，pH < 3.89 时，草分枝杆菌细胞带正电荷，pH > 3.89 时，草分枝杆菌细胞带负电荷；苦味诺卡氏菌细胞的零电点为 pH = 2.10；pH < 2.10 时，苦味诺卡氏菌细胞带正电荷；pH > 2.10 时，苦味诺卡氏菌细胞带负电荷。随着 pH 值的升高，两种微生物的动电位不断下降。同时，在 pH > 3 以后，苦味诺卡氏菌细胞所带的负电量大于草分枝杆菌的。结合图7－31 和图 7－35 中的曲线可知，随着微生物细胞表面的电负性增加，它们吸附金属阳离子的能力随之增强。这表明，在微生物吸附重金属离子的过程中，存在着静电吸附作用。

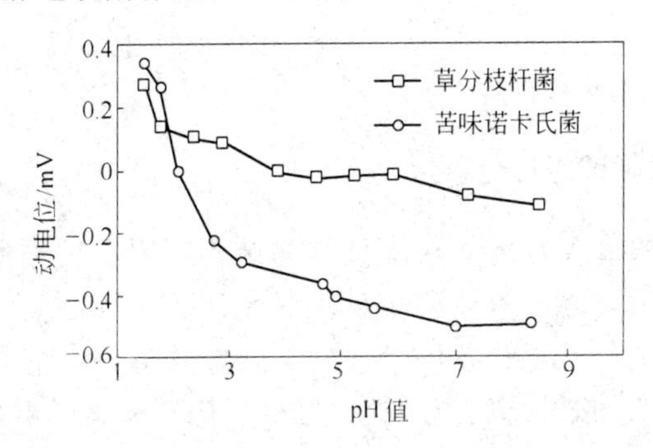

图 7－37 pH 值对细胞表面荷电情况的影响

7.2.2　表面螯合作用

螯合作用是指在一个配体上有两个或多个配位原子与中心的重金属原子结合。微生物细胞表面物质为糖类、脂类、磷脂类、蛋白质和多肽等，它们都是具有多个配位原子的配合物，因此在微生物吸附重金属离子的过程中，必然伴有螯合作用。当螯合物生成时，伴随从配位层释放出非螯合配体，熵值增加，其结果使金属螯合物有异常的稳定性。

研究结果表明，真菌 *P. chrysogenum* 的细胞壁对重金属离子有很高的络合特性。经 X 射线吸收精细光谱分析发现，在 $2.6 \times 10^{-3} \sim 1.5 \times 10^{-1}$ mmol/g 的吸附量范围内，Zn^{2+} 主要以四面体构型配位到 4 个磷酰基上；当 Zn^{2+} 浓度达到饱和状态时，小部分 Zn^{2+} 与—COOH 形成络合物。而细胞对 Pb^{2+} 的吸附，则在较低的吸附量下（5.6×10^{-3} mmol/g），首先与—COOH 发生络合，形成 $(COO)_n-Pb$ 络合物，然后再形成 $(PO_4)_n-Pb$ 络合物。

Hg^{2+}、Pb^{2+}、Ni^{2+}、Cu^{2+}、Zn^{2+} 的价层电子构型分别为 $5d^{10}6s^0$、$6s^26p^2$、$3d^86s^0$、$3d^96s^0$、$3d^{10}6s^0$，价层轨道能级为 $(n-1)d^5 ns^1 np^3$，因此这几种重金属离子的价层常有未填满电子的空轨道。另一方面，绝大多数细菌是单细胞生物，其细胞表面的超微结构为细胞壁 + 荚膜，由于细胞壁的成分主要是肽聚糖、磷壁酸、脂磷壁酸、蛋白质和各种多糖，红外光谱分析结果已经证实，细胞壁含有的主要官能团包括—OH、—SH、—NH_2、—OP、C═O、P═O、S═O 等，其中的氮、氧、硫、磷等原子都可以提供孤对电子与金属离子配位。所以是重金属离子的主要累积场所。

7.2.3　软硬酸碱理论

生物体中的重金属离子对配位体的结合倾向受软硬酸碱理论的制约。这里的“软”意味着体积大易被极化；而“硬”意味着体积小且不易被极化。重金属离子是 Lewis 酸，与重金属离子配位的细菌表面基团则是 Lewis 碱。按重金属离子的价层电子构型和离子半径大小，可将重金属离子分为：Cr^{3+}、Fe^{3+} 等为硬酸，Ni^{2+}、Zn^{2+}、Cu^{2+} 等为交界酸，Pb^{2+}、Hg^{2+}、Cd^{2+} 为软酸。同样根据细胞表面基团极化难易程度，配体—OH、—OR、$ROPO_3^{2-}$、$(RO)_2PO_2^-$ 为硬碱，RNO_2、—NH_2 等为交界碱，—SH、RS—、R_3P、RNC、$(RS)_2PO_2^-$、RCO—等为软碱。在微生物细胞体中，提供这些基团配体的有蛋白质侧链、核酸的碱基、小细胞的细胞质成分以及有机辅助因子（黄素、喋呤、咕啉、卟啉、烟酰胺腺嘌呤二核苷酸、米唑基组氨酸侧链等）。

在酸碱结合时，一般规律是：硬酸亲硬碱、软酸亲软碱。因此，Ni^{2+}、Zn^{2+}、Cu^{2+}等交界酸易与RNO_2、—NH_2等交界碱发生螯合反应；Pb^{2+}、Hg^{2+}、Cd^{2+}等软酸易与—SH、RS—、R_3P、RNC、$(RS)_2PO_2^-$、RCO—等软碱发生螯合反应。这也是细菌对重金属离子有选择性地吸附的原因之一。

7.2.4 离子交换机理

在重金属离子溶液中加入微生物细胞以后，重金属被微生物体吸附到菌体表面，而微生物体内的K^+、Na^+、Mg^{2+}、Ca^{2+}、H^+有可能被置换下来，发生离子交换。细菌中释放出来的K^+、Na^+、Mg^{2+}、Ca^{2+}量的大小，反映了吸附过程中发生离子交换的程度。

在表7-9所示的条件下，啤酒酵母菌吸附重金属离子后，溶液中离子浓度的变化情况如表7-10和表7-11所示。

表7-9 啤酒酵母菌吸附重金属离子的条件

重金属离子	菌量 /g·L⁻¹	溶液的初始浓度 /mg·L⁻¹	温度 /℃	搅拌速度 /r·min⁻¹	pH值
Cu^{2+}	20	32.0	25	300	5.15
Pb^{2+}	20	100.3	25	300	5.24
Cd^{2+}	20	112.4	25	300	5.89

由表7-10可以看出，悬浮酵母菌对重金属离子吸附的过程中存在离子交换吸附，悬浮酵母菌对Cu^{2+}吸附的离子交换率为46.81%，其中K^+的变化量占Cu^{2+}吸附量的35.18%，H^+的变化量占Cu^{2+}吸附量的6.81%；悬浮酵母菌对Pb^{2+}吸附的离子交换率为17.13%，其中K^+的变化量占Pb^{2+}吸附量的11.72%，H^+的变化量占Pb^{2+}吸附量的1.76%；悬浮酵母菌对Cd^{2+}吸附的离子交换率为29.78%，其中H^+的变化量占Cd^{2+}吸附量的18.83%。

表7－10　悬浮酵母菌对重金属离子吸附后溶液中离子浓度的变化

项　目	吸附 Cu^{2+} 后的溶液	吸附 Pb^{2+} 后的溶液	吸附 Cd^{2+} 后的溶液
H^+ 的变化量/mg · L^{-1}	0.3237	0.1109	0.4334
Na^+ 的变化量/mg · L^{-1}	0.0636	0.0634	0.0673
Ca^{2+} 的变化量/mg · L^{-1}	0.0821	0.165	0.0614
K^+ 的变化量/mg · L^{-1}	1.6726	0.7368	0.0166
Mg^{2+} 的变化量/mg · L^{-1}	0.0839	0.0002	0.1101
Cu^{2+} 的吸附量/mg · L^{-1}	4.7546		
Pb^{2+} 的吸附量/mg · L^{-1}		6.2849	
Cd^{2+} 的吸附量/mg · L^{-1}			2.3012
离子交换率/%	46.81	17.13	29.78

表7－11　沉淀酵母菌对重金属离子吸附后溶液中金属离子浓度的变化

项　目	吸附 Cu^{2+} 后的溶液	吸附 Pb^{2+} 后的溶液	吸附 Cd^{2+} 后的溶液
H^+ 的变化量/mg · L^{-1}	0.1671	0.1518	0.2691
Na^+ 的变化量/mg · L^{-1}	0.0583	0.0501	0.0700
Ca^{2+} 的变化量/mg · L^{-1}	0.0363	0.0485	0.0257
K^+ 的变化量/mg · L^{-1}	1.0657	0.5495	0.0491
Mg^{2+} 的变化量/mg · L^{-1}	0.2692	0.5330	0.2455
Cu^{2+} 的吸附量/mg · L^{-1}	3.8433		
Pb^{2+} 的吸附量/mg · L^{-1}		6.1867	
Cd^{2+} 的吸附量/mg · L^{-1}			3.3955
离子交换率/%	41.54	21.54	19.42

由表7－11可以看出，沉淀酵母菌吸附重金属离子的过程中也同样存在离子交换吸附，沉淀酵母菌对 Cu^{2+} 吸附的离子交换率为41.54%，其中 K^+ 的变化量占 Cu^{2+} 吸附量的27.73%，H^+ 的变化量占 Cu^{2+} 吸附量的4.35%；沉淀酵母菌对 Pb^{2+} 吸附的离子交换率为21.54%，其中 K^+ 的变化量占 Pb^{2+} 吸附量的8.88%，H^+ 的变化量占 Pb^{2+} 吸附量的2.45%，Mg^{2+} 的变化量占 Pb^{2+} 吸附量的8.62%；沉淀酵母菌对 Cd^{2+} 吸附的离子交换率为19.42%，其中 H^+ 的变化量占 Cd^{2+} 吸附量的7.92%，Mg^{2+} 的变化量占 Cd^{2+} 吸附量的7.23%。

上述结果表明，两株啤酒酵母菌对4种重金属离子吸附的过程中，Cu^{2+}主要与啤酒酵母菌表面的K^+和H^+进行置换；Pb^{2+}主要与啤酒酵母菌表面的K^+、H^+、Ca^{2+}置换；Cd^{2+}主要与啤酒酵母菌表面的H^+和Mg^{2+}置换。

7.2.5 生物酶的作用

微生物的新陈代谢过程（如呼吸、发育、大量的代谢、神经传递、信号传导等）都需要金属离子，金属离子作为细菌的电子载体、结合和活化底物的中心、原子和基团的转移剂，在特定的生物环境中起关键作用。表7－12中给出了几种金属离子的生物功能。

表7－12 几种金属离子的生物功能

金属	生物功能	金属	生物功能
镍	加氢酶、水解酶	钠	电荷载体、渗透压平衡
铜	氧化酶、双氧输运	钙	结构、触发剂、电荷携带
锌	结构、水解酶	镁	结构、水解酶、异构酶
钾	电荷载体、渗透压平衡	铁	氧化酶、双氧输运、电子转移

当这些金属离子处于痕量水平时，可促进微生物的生长，并且菌体会通过各种生理代谢机制维持所需金属离子在体内的动态平衡；因此细菌为了某一具体目的而需要一个特定金属离子的时候，在酶的作用下，通过细胞内的驱动能量过程来富集金属离子，这就是酶促反应。

7.2.6 吸附模型

通过系统的试验研究发现，在沟戈登氏菌（*Gordona amarae*，简写为*G. a*）和胶质芽孢杆菌（*Bacillus mucilayinosus*，简写为*B. m*）表面细胞壁和细胞膜中存在着大量的蛋白质、多糖等表面化学组分，它们与Pb^{2+}之间可以发生化学吸附。由于化学吸附的不可逆性，这些表面组分的吸附强度通常都比较高。此外，细胞表面以化学吸附为中心的吸附微区也可以通过细胞壁表面肽聚糖层的规律排列而形成一个相互扶持、相互依存的吸附层整体。这种吸附层结构可以用具有“栅栏状结构”的吸附模型（见图7－38）形象地表示。在这里化学吸附不仅是部分吸附微区的中心，而且对于整个吸附层起着如栅栏网中应力点的固定作用。

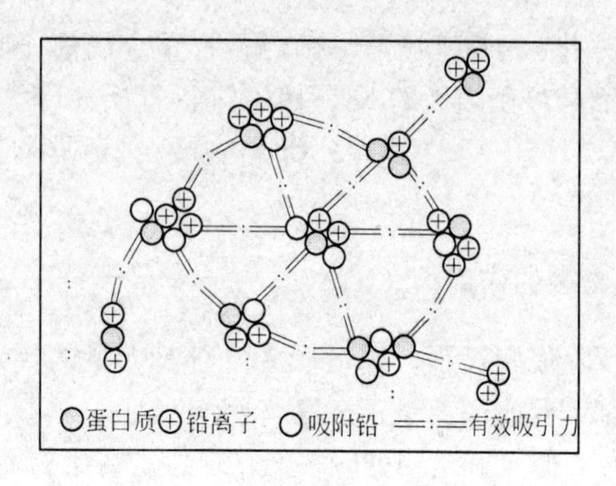

图7-38　“栅栏状”吸附模型

对于以枝菌酸为细胞表面主要成分的草分枝杆菌（*Mycobacterium phlei*，简写为 *My. p*）的吸附层结构可以用图7-39表示，可称之为“孤岛状结构”。产生这种差异的主要原因是：

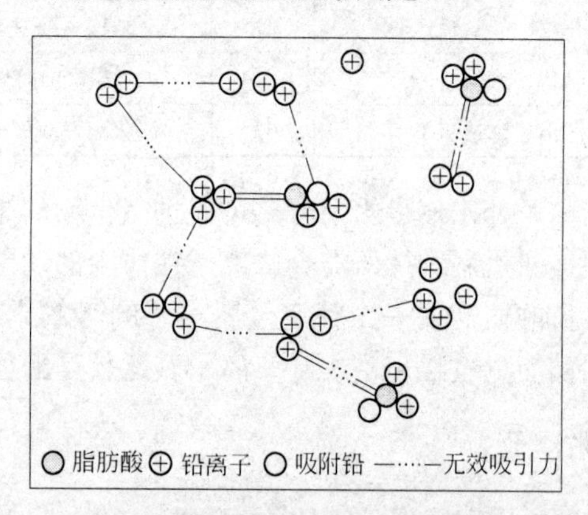

图7-39　“孤岛状”吸附模型

（1）*My. p* 菌表面主要组分枝菌酸是分子量最高的天然脂肪酸，其碳原子数范围在70～90，其结构与一般脂肪酸不同，在 α 位具有很长的烷基侧链，是一种 β-羟基脂肪酸，这种结构在强酸性或高温下是不稳定的，使得细胞表面与 Pb^{2+} 离子之间的化学吸附作用较弱，达不到“应力点”的固定作用；

（2）这种长烃链脂肪酸的分布不均匀，无法形成完整的“栅栏网”，只能在局部以“孤岛状”吸附微区存在；

（3）在没有化学吸附作为“应力点”时，非化学吸附微区之间的吸附引力非但不能提高吸附层强度，反而会在受到解吸作用时相互牵连一同脱附。这种吸附力在图 7 – 39 中被称为无效吸引力。

7.3 生物吸附重金属离子的主要影响因素

生物吸附剂吸附金属是一个非常复杂的过程，受 pH 值、温度、溶液中的竞争离子、有机物质（如络合物）、细胞代谢产物（会引起金属沉降）等环境因素的影响，也受到吸附剂本身性质的影响。

7.3.1 pH 值的影响

由于 H^+ 与被吸附金属阳离子之间存在竞争吸附现象，水溶液的 pH 值成为了影响微生物细胞饱和吸附量的主要因素。所谓竞争吸附作用是指当溶液的 pH 值很低时，H_3O^+ 会占据大量的吸附活性位点，从而阻止了金属阳离子与吸附活性位点的接触，导致吸附量的下降。但是 pH 值过高也不利于生物吸附，原因是当 pH 值过高时，很多金属离子会生成氢氧化物沉淀，从而使生物吸附过程无法顺利进行。一般认为，对大多数金属离子而言，生物吸附的最佳 pH 值范围为 5 ~9。

对大多数吸附过程而言，体系 pH 值是影响吸附量的决定因素。众多研究表明，吸附量随 pH 值升高而增大，但金属吸附量与 pH 值之间并不呈简单的线性关系，而且 pH 值也不能无限制地增高。

Brady 通过系统的研究工作指出，酿酒酵母对 Cu^{2+} 的吸附最适 pH 值范围为 5 ~9。在任何极限状态下都会降低 Cu^{2+} 的吸附量，尤其在 pH 值较低的情况下。另有实验结果表明，黑根霉菌在 pH 值小于 3 时，对 Cu^{2+}、Pb^{2+} 等 4 种金属离子的吸附量均很低；当 pH 值升高至 3 时，对金属吸附量却急剧上升。

Volesky 认为，生物吸附过程中 pH 值会自发改变，并导致吸附量下降。pH 值的变化幅度与细胞生长期有关，“老”的细胞在吸附过程中伴随着更大幅度的 pH 值变化。但也有报道认为，一定范围内的 pH 值对金属的吸附量影响不大。

一般来说，溶液 pH 值对微生物细胞表面的金属吸附位点和金属离子的存在状态都有一定程度的影响。pH 值低时，细胞壁的连接基团会被水合氢离子（H_3O^+）占据，由于斥力作用而阻碍金属离子向细胞靠近，pH 值越低，阻力越大。当溶液中 H^+ 的浓度减少时，会暴露出更多的吸附基团，有利于金属离子的接近并吸附在细胞表面上。另一方面，当 pH 值降低时，会降低金属离子的溶解度，增强其流动性，从而减少金属离子和微生物细胞接触的机会，金属吸附量自然会减少。

7.3.2 温度的影响

对不同生物吸附剂，温度对金属吸附量的影响有所不同。温度过高或过低都会使饱和吸附量略有降低。但是，总的来说，温度对生物吸附的影响不如 pH 值那么明显。并且由于升温会增加运行成本，因此在生物吸附过程中通常不采用高温操作。

Brady 的实验结果表明，当温度在 5 ~ 10℃之间变化时，酿酒酵母对 Cu^{2+} 的吸附量无明显改变，最适温度为 25 ~ 30℃。Yu 等的研究表明，温度变化（25℃，35℃）对 Cu^{2+}、Cd^{2+} 两种金属离子吸附量的影响很小。

对于生物累积过程，其过程与细胞代谢机制有关，这时低温对吸附量有较大影响，而高温也可影响细胞膜的结合阻力，阻止金属离子的传输，降低吸附量。

7.3.3 共存离子的影响

当体系中存在多种金属离子或阳离子时，微生物细胞对其中任何一种重金属离子的吸附都会受到其他阳离子的影响。由于共存离子对吸附位点的占据，而往往导致微生物细胞对任何一种重金属离子的吸附能力，与单一重金属离子体系的比较，都会发生不同程度的变化。

在 Pb^{2+} 浓度为 1×10^{-3} mol/L、吸附 pH = 6、菌用量为 10 mg/mL 的 条件下，KCl、NaCl、NH_4Cl、$CaCl_2$、$MgCl_2$ 对沟戈登氏菌吸附 Pb^{2+} 的影响情况如图 7 – 40 所示。

由图 7 – 40 可以看出，当加入的 KCl 和 NH_4Cl 用量在（0.6 ~ 3.3）$\times 10^{-4}$ mol/L 范围内时，可以促进沟戈登氏菌体对 Pb^{2+} 的吸附，使吸附率提高的最大幅度为 2% 和 5%；在此用量下，NaCl、$MgCl_2$ 和 $CaCl_2$ 的存在则会抑制菌体对 Pb^{2+} 的吸附，$CaCl_2$ 的抑制作用最明显。

在 Pb^{2+} 浓度为 1×10^{-3} mol/L、吸附 pH = 5、菌用量为 10 mg/mL 的 条件下，KCl、NaCl、NH_4Cl、$CaCl_2$、$MgCl_2$ 对草分枝杆菌吸附 Pb^{2+} 的影响情况如图 7 – 41 所示。

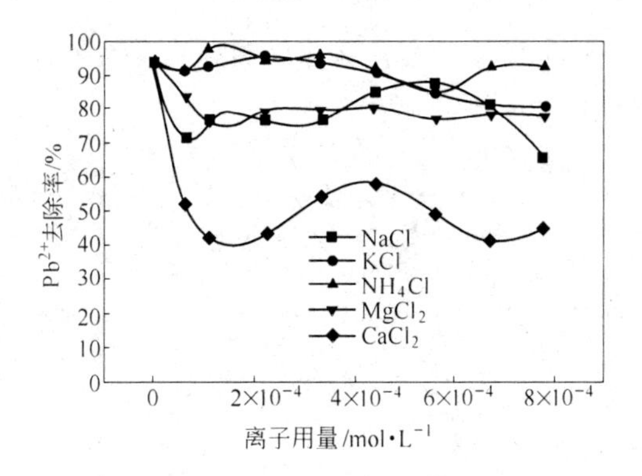

图 7-40 阳离子对沟戈登氏菌吸附过程的影响

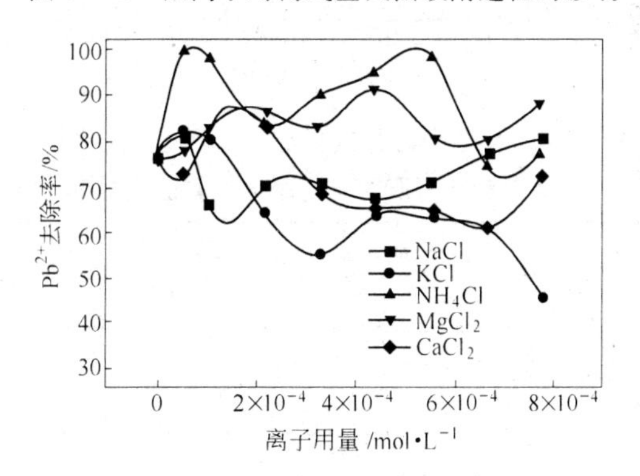

图 7-41 阳离子对草分枝杆菌吸附过程的影响

由图 7-41 可以看出，加入微量阳离子时，只有 $CaCl_2$ 对吸附过程有抑制作用，而 NH_4Cl 对吸附过程有明显的促进作用，加入量为 0.6×10^{-4} mol/L 时，可以使 Pb^{2+} 的吸附率提高 22% 左右；随着共存离子用量的增多，NaCl 和 KCl 的抑制作用也逐渐明显。

在 Pb^{2+} 浓度为 1×10^{-3} mol/L、吸附 pH = 6、菌用量为 10 mg/mL 的 条件下，KCl、NaCl、NH_4Cl、$CaCl_2$、$MgCl_2$ 对胶质芽孢杆菌吸附 Pb^{2+} 的影响情况如图 7-42 所示。

由图 7-42 可以看出，当 NH_4Cl 和 NaCl 的加入量为 4.4×10^{-4} mol/L 时，对胶质芽孢杆菌的吸附有一定的促进作用，使 Pb^{2+} 的去除率提高了 4%，而加入 $CaCl_2$ 和 KCl 对吸附有一定的抑制作用。

表 7-13 ~ 表 7-16 分别是 Pb^{2+} 浓度为 1×10^{-3} mol/L、吸附 pH =

6、菌用量为 10 mg/mL 时，多元共存体系对草分枝杆菌吸附过程的影响情况。

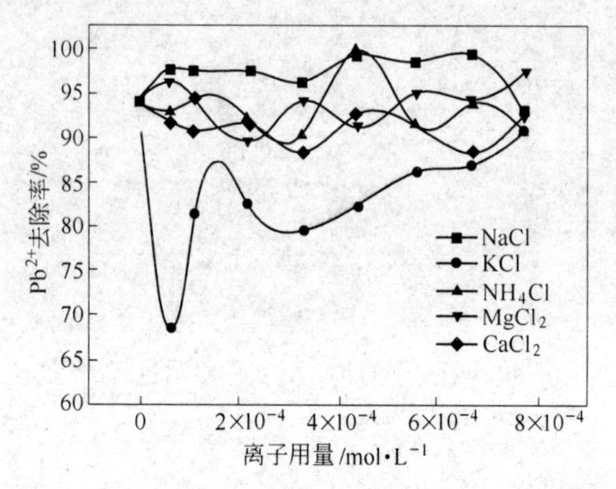

图 7－42 阳离子对胶质芽孢杆菌吸附过程的影响

表 7－13 三元共存体系阳离子对草分枝杆菌吸附 Pb^{2+} 的影响

三元共存体系	Pb^{2+} 去除率/%	三元共存体系	Pb^{2+} 去除率/%
K^+、Ca^{2+}	35.02	Ca^{2+}、Mg^{2+}	93.99
K^+、Na^+	65.59	Ca^{2+}、NH_4^+	90.28
K^+、Mg^{2+}	52.98	Na^+、Mg^{2+}	91.85
K^+、NH_4^+	71.36	Na^+、NH_4^+	88.28
Ca^{2+}、Na^+	93.01	Mg^{2+}、NH_4^+	85.31

由表 7－13 可以看出，与无其他离子时 Pb^{2+} 的去除率（76.14%）比较，当 Pb^{2+} 与阳离子三元共存时，K^+ 与其他 4 种阳离子的组合溶液均对草分枝杆菌吸附 Pb^{2+} 过程产生抑制；而 Ca^{2+}、Mg^{2+} 与 Pb^{2+} 存在时，则能使 Pb^{2+} 的去除率提高 18% 左右。

表 7－14 四元共存体系中阳离子对草分枝杆菌吸附 Pb^{2+} 的影响

四元共存体系	Pb^{2+} 去除率/%	四元共存体系	Pb^{2+} 去除率/%
K^+、Ca^{2+}、Na^+	57.82	K^+、Mg^{2+}、NH_4^+	91.34
K^+、Ca^{2+}、Mg^{2+}	65.41	Ca^{2+}、Na^+、Mg^{2+}	91.37
K^+、Ca^{2+}、NH_4^+	70.00	Ca^{2+}、Na^+、NH_4^+	86.58
K^+、Na^+、Mg^{2+}	84.09	Ca^{2+}、Mg^{2+}、NH_4^+	81.69
K^+、Na^+、NH_4^+	93.66	Na^+、Mg^{2+}、NH_4^+	82.03

表7-15 五元共存体系阳离子对草分枝杆菌吸附 Pb^{2+} 的影响

五元共存体系	Pb^{2+} 去除率/%	五元共存体系	Pb^{2+} 去除率/%
K^+、Ca^{2+}、Na^+、Mg^{2+}	65.00	K^+、Na^+、Mg^{2+}、NH_4^+	82.10
Ca^{2+}、Na^+、Mg^{2+}、NH_4^+	71.78	Ca^{2+}、Na^+、Mg^{2+}、NH_4^+	83.33

由表7-14可以看出，与无其他离子时 Pb^{2+} 的去除率（76.14%）比较，当 Pb^{2+} 与阳离子四元共存时，K^+、Ca^{2+} 与其他3种阳离子的组合对草分枝杆菌吸附 Pb^{2+} 的过程均产生抑制；而 K^+、Na^+ 和 NH_4^+ 的组合能使 Pb^{2+} 的去除率提高18%左右。

由表7-15可以看出，与无其他离子时 Pb^{2+} 的去除率（76.14%）比较，当 Pb^{2+} 离子与阳离子五元共存时，K^+、Ca^{2+}、Na^+ 和 Mg^{2+} 的组合对草分枝杆菌吸附 Pb^{2+} 的过程抑制最明显；而 Ca^{2+}、Na^+、Mg^{2+} 和 NH_4^+ 的组合能使 Pb^{2+} 的去除率提高7%左右。

表7-16 共存阳离子对草分枝杆菌吸附 Pb^{2+} 的影响

六元共存体系	Pb^{2+} 去除率/%
K^+、Ca^{2+}、Na^+、Mg^{2+}、NH_4^+	81.04
单一体系	76.14

注：草分枝杆菌单独对 Pb^{2+} 离子的去除率为76.14%。加入量（$\times 10^{-4}$ mol·L^{-1}）为：KCl（0.6）、NaCl（5.6）、NH_4Cl（0.6）、$MgCl_2$（3.3）、$CaCl_2$（2.2）。

由表7-16可以看出，与无其他离子时 Pb^{2+} 的去除率（76.14%）比较，当 Pb^{2+} 离子与阳离子六元共存时，可以使 Pb^{2+} 的去除率能提高5%左右。

参考文献

1 孟祥和，胡国飞．重金属废水处理．北京：化学工业出版社，2000

2 Matheickal J T, Yu Q. Biosorption of lead from aqueous solution by marine alga Ecklonia radita [J]. Wat Sci Tech, 1996, 34 (1): 1~7

3 Wang J L. Biodegradation of plasticizer di-butyl phthalate (DBP) by immobilized microbial cells. Toxicological and Enviromental Chemistry, 2000, 74: 195~202

4 Fawzi Babat. Competitive adsorption of phenol, copper ions, and nickel ions on to heat-treated bentonite [J]. Adsorption Science and Technology, 2002, 20 (2): 33~37

5 Susan E B, Trudy J O. A review of potentially low-cost sorbents for heavy metals [J]. Water Research, 1999, 33 (11): 2469~2479

6 Dimov N K, Kolew V L, P Kralchevsky A. Adsorption of ionic surfactants on solid particles determined by zeta - potential measurements: Competitive binding of counterions [J]. Journal of Colloid and Interface Science, 2001, 242 (10): 1 ~ 10

7 Brian E R, Mark R M, James N J. Physicochemical processes [J]. Water Environment Research, 1998, 70 (4): 449 ~ 451

8 Papson M G, Marie S. An analytical study of molecular transport in a zeolite crystallite bed [J]. Journal of the International Adsorption Society, 2002, 8 (1): 53 ~ 44

9 Volesky B. Detoxification of metal-bearing effluents: Biosorption for the next century [J]. Hydrometallugy, 2000, 59 (2 ~ 3): 203 ~ 216

10 Figueira M M, Volesky B, Ciminelli V S T. Biosorption of metals in brown seaweed biomass [J]. Water Research, 2000, 34 (1): 196 ~ 204

11 Groudev S N, Bratcova S G, Komnitsas K. Treatment of waters polluted with radioactive elements and heavy metals by means of a laboratory passive system [J]. Materials Engineering, 1999, 12 (3): 261 ~ 270

12 Tsezos M. Biosorption of metals: The experience accumulated and the outlook for technology development [J]. Hydrometallurgy, 2001, (59): 241 ~ 243

13 Lee H S, Volesky B. Evaluation of aluminum and copper biosorption in a two-metal system using algal biosorbent [J]. Environment Science, 1999, 2 (2): 149 ~ 158

14 Wiliams C J, Aderhold D, Edyvean R G J. Comparison between biosorbents for the removal of metal ions from aqueous solutions [J]. Water Research, 1998, 32 (1): 216 ~ 224

15 刘刚,李清彪. 重金属生物吸附的基础和过程研究 [J]. 水处理技术, 2002, 28 (1): 17 ~ 21

16 刘瑞霞,潘建华, 汤鸿宵. Cu (Ⅱ) 离子在 Micrococcus *luteus* 细菌上的吸附机理, 环境化学, 2002, 21 (1): 50 ~ 55

17 曹德菊,程培. 3种微生物对 Cu、Cd 生物吸附效应研究 [J]. 农业环境科学学报, 2004, 23 (3): 471 ~ 474

18 王艳红,孙津升. MTB 培养基富集培养的活性污泥对重金属离子的生物吸附 [J]. 化学工业与工程, 2005, 22 (4): 255 ~ 258

19 魏德洲,朱一民, 周东琴. *Norcardia Amarae* 菌吸附 Hg^{2+} 的研究 [J]. 东北大学学报 (自然科学版), 2003, 24 (9): 903 ~ 906

20 朱一民,周东琴, 魏德洲. *Norcardia Amarae* 菌对水相中 Pb^{2+} 吸附特性 [J]. 东北大学学报 (自然科学版), 2003, 24 (10): 975 ~ 981

21 冯咏梅,常秀莲, 王文华等. pH 值对海藻吸附镍离子的影响研究 [J]. 离子交换与吸附, 2003, 19 (1): 67 ~ 71

22 王嫱,陈智, 陈永强等. γ - 多聚谷氨酸吸附铜离子的研究 [J]. 四川大学学报 (自然科学版), 2005, 42 (3): 571 ~ 574

23 李清彪,吴涓, 杨宏泉等. 白腐真菌菌丝球形成的物化条件及其对铅的吸附 [J]. 环境科学, 1999, 20 (1): 33 ~ 38

24 徐宁宁,许燕滨，张子间等．磁场对重金属废水生物吸附效果的影响［J］．江苏化工，2004，32（1）：40 ~ 56

25 张汉波,王力，沙涛等．从铅锌矿渣分离的微生物对重金属吸附特性研究［J］．微生物学杂志，2004，24（5）：34 ~ 37

26 陈保冬,李晓林，朱永官．丛枝菌根真菌菌丝体吸附重金属的潜力及特征［J］．菌物学报，2005，24（2）：283 ~ 291

27 李天成,李鑫刚，王大为等．电沉积 - 生物膜复合工艺处理含 Cr^{3+} 废水［J］．农业环境保护，2002，21（6）：549 ~ 552

28 刘学虎,张清，马伟．非活性藻类吸附重金属的研究［J］．山东化工，2002，31（3）：15 ~ 17

29 周东琴,朱一民，魏德洲．沟戈登氏菌吸附 Cu^{2+}，Pb^{2+}，Hg^{2+} 的重金属抗性研究［J］．东北大学学报（自然科学版），2005，26（3）：304 ~ 306

30 胡罡,张利，童明容等．龟裂链霉菌对废水中 Pb^{2+} 的吸附作用［J］．南开大学学报（自然科学），2000，33（2）：28 ~ 31

31 张秀丽,刘月英．贵、重金属的生物吸附［J］．应用与环境生物学报，2002，8（6）：668 ~ 671

32 钱爱红,王宪，邓永智等．海带对重金属的吸附位点研究［J］．海洋技术，2004，23（3）：97 ~ 104

33 叶反帝,熊裕华，朱艳君等．海泡石与 *T. emersonii* CBS814. 70 吸附剂处理含铀废水［J］．南昌大学学报（理科版），2002，26（2）：132 ~ 134

34 赵玲,尹平河，齐雨藻等．海洋赤潮生物原甲藻对重金属的富集机理［J］．环境科学，2001，22（4）：42 ~ 45

35 马卫东,顾国维，Yu Qiming. 海洋巨藻（*Durvilaea potatorum*）生物吸附剂对 Hg^{2+} 的吸附动力学研究［J］．应用与环境生物学报，2001，7（4）：344 ~ 347

36 马卫东,顾国维．海洋巨藻生物吸附剂对 Hg^{2+} 的吸附性能的研究［J］．上海科学研究，2001，20（10）：489 ~ 509

37 尹平河,赵玲．海藻生物吸附废水中铅、铜和镉的研究［J］．海洋环境科学，2000，19（3）：11 ~ 15

38 尹华,黄富荣，彭辉等．红螺菌 R 04 吸附多种重金属的研究［J］．环境污染治理技术与设备，2004，5（6）：24 ~ 26

39 黄富荣,尹华，彭辉等．红螺菌吸附重金属红外光谱及原子力成像比较研究［J］．离子交换与吸附，2005，20（1）：121 ~ 126

40 陈坚,金桂英，唐龙飞．红萍在植物治污方面的应用研究进展［J］．环境污染治理技术与设备，2002，3（4）：74 ~ 77

41 董德明,杨帆，李鱼等．湖水中的颗粒物对水体生物膜吸附铅、镉的影响［J］．高等化学学报，2004，25（7）：1240 ~ 1244

42 韩润平,李建军，杨贯羽等．化学修饰与酵母菌对铅离子的吸附研究［J］．郑州大学学报（自然科学版），2000，32（3）：72 ~ 75

43 徐磊辉,黄巧云，陈雯莉．环境重金属污染的细菌修复与检测［J］．应用与环境生物学报，2004，10（2）：256～262

44 吴海锁,张爱茜，王连生．活性污泥对重金属离子混合物的生物吸附［J］．环境化学，2002，21（6）：528～532

45 谢冰,奚旦立，陈季华．活性污泥工艺对重金属的去除及微生物的抵制机制［J］．上海环境科学，2003，22（4）：283～292

46 陈玉成,熊双莲，熊治廷．基于表面活性剂的重金属去除技术［J］．环境科学与技术，2004，27：162～165

47 刘慧君,龚仁敏，张小平．极大螺旋藻（*Spirulina maxima*）对六种重金属离子的生物吸附作用［J］．安徽师范大学学报（自然科学版），2004，27（1）：68～70

48 李明春,姜恒，侯文强等．酵母菌对重金属离子吸附的研究［J］，菌物系统，1998，17（4）：367～373

49 马提斯 K A 等. 金属离子吸附浮选回收［J］．国外金属矿选矿，2004：40～43

50 邱廷省,江乐勇，唐海峰．矿山含铜重金属废水微生物处理试验研究［J］．矿冶工程，2005，25（3）：50～57

51 吴启堂,蒋成爱，林毅等．利用剩余活性污泥的生物吸附降低城市污水污泥重金属含量［J］．环境科学学报，2000，20（5）：651～653

52 冯咏梅,王文华，常秀莲，王安静．马尾藻对水中重金属 Ni^{2+} 的吸附研究［J］．烟台大学学报（自然科学与工程版），2004，17（1）：28～32

53 陈勇生,孙启俊，王大力．啤酒酵母菌、盐泽螺旋藻对重金属离子的吸附研究［J］．上海环境科学，1998，17（7）：14～16

54 周东琴,朱一民，魏德洲．啤酒酵母菌对 Pb^{2+} 与 Zn^{2+} 的生物吸附规律［J］．东北大学学报（自然科学版），2004，25（9）：911～913

55 朱一民,周东琴，魏德洲．啤酒酵母菌对汞离子（Ⅱ）的生物吸附［J］．东北大学学报（自然科学版），2004，25（1）：89～91

56 徐惠娟,廖生，龙敏南等．啤酒酵母生物吸附镉的研究［J］．工业微生物，2004，34（2）：10～14

57 竺建荣,许玲．啤酒酵母吸附 Cu^{2+} 的模拟实验［J］．应用与环境生物学报，1998，4（4）：400～404

58 昝逢宇,赵秀兰．啤酒酵母吸附去除水中 Cr（Ⅵ）的研究［J］. 2004，23：146～150

59 刘恒,王建龙，文湘华．啤酒酵母吸附重金属离子铅的研究［J］．环境科学研究，2002，15（2）：26～29

60 佘晨兴,许旭萍，沈雪贤等．球衣菌对重金属离子的耐受性及其吸附能力［J］．应用与环境生物学报，2005，11（1）：90～92

61 王焰新. 去除废水中重金属的低成本吸附剂：生物质和地质材料的环境利用［J］．地学前缘，2001，8（2）：301～307

62 冯咏梅,王文华，常秀莲等．裙带菜吸附重金属镍离子的研究［J］．水处理技术，2004，30（5）：276～278

63 王翠苹,徐伟昌，庞红顺．榕树叶对铀吸附的研究［J］．环境科学与技术，27（2）：19～21

64 韩润平,石杰，李建军，朱路，鲍改玲．生物材料对重金属离子的吸附富集作用[J]．化学通报，2000，7：25～28

65 胡厚堂,王海宁．生物吸附法处理水体中的重金属的现状与展望［J］．新疆环境保护，2003，25（4）：22～25

66 邱廷省,唐海峰．生物吸附法处理重金属废水的研究现状及发展［J］．南方冶金学院学报，2003，24（4）：65～69

67 李霞,李风亭，张如冰．生物吸附法去除水中重金属离子［J］．工业水处理，2004，24（3）：1～5

68 田建民.生物吸附法在含重金属废水处理中的应用［J］．太原理工大学学报，2000，31（1）：74～78

69 王雅静,戴惠新．生物吸附法在去除废水中重金属离子的应用研究［J］．云南冶金，2004，33（6）：6～16

70 况金蓉.生物吸附技术处理重金属废水的应用［J］．武汉理工大学学报（交通科学与工程版）2002，26（3）：401～403

71 冯咏梅,王文华，常秀莲等．生物吸附剂——海黍子吸附镍［J］．城市环境与城市生态，2003，16（6）：4～6

72 昝逢宇,赵秀兰．生物吸附剂及其吸附性能研究进展［J］．青海环境，2004，14（1）：16～18

73 王翠苹,徐伟昌．生物吸附剂在含重金属的废水处理的研究进展［J］．南华大学学报（理工版），2002，16（3）：46～50

74 刘萍,曾光明，黄瑾辉等．生物吸附在含重金属废水处理中的研究进展［J］．工业用水与废水，2004，35（5）：1～5

75 张洪玲,吴海锁，王连军．生物吸附重金属的研究进展［J］．污染防治技术，2003，16（4）：53～56

76 梁想,尹平河，赵玲等．生物载体除藻剂去除海洋赤潮藻［J］．中国环境科学，2001，21（1）：15～17

77 蒋成爱,吴启堂，林毅等．剩余活性污泥生物吸附重金属的动态试验［J］．华南农业大学学报（自然科学版），2003，24（1）：20～23

78 陶成,邓天龙，李泽琴．水体重金属污染的微生物治理研究与应用［J］．化学工程师，2003，95（2）：46～51

79 魏俊峰,吴大清，彭金莲等．铜（Ⅱ）在高岭石表面的吸附［J］．矿物岩石，2000，20（3）：19～22

80 王竞,陶颖，周集体等．细菌胞外高聚物对水中六价铬的生物吸附特性［J］．水处理技术，2001，27（3）：145～147

81 吴海锁,张洪玲，张爱茜等．小球藻吸附重金属离子的试验研究［J］．环境化学，2004，23（2）：173～177

82　李映苓,王若南，赵逸云．斜生栅藻和汉氏菱形藻对 Ag（Ⅰ）离子吸附的比较研究[J]．贵金属，2004，25（1）：7～10
83　陶颖,王竞，周集体．新型生物吸附剂去除水中六价铬的研究［J］．上海环境科学，2002，19（12）：572～574
84　何占航,陈纯，白素贞．驯化活性污泥富集高盐度废水中金属离子的研究［J］．郑州大学学报（理学版），2005，37（2）：104～108
85　李天成,李鑫钢，王大为等．一种处理含重金属离子有机废水的新工艺［J］．化工进展，2002，21（8）：604～606
86　田建民.用微生物外红硫螺菌属形成的生物聚合物去除废水中的重金属［J］．太原理工大学学报，1999，30（2）：175～178
87　吴晓林,王磊，桂晓琳等．优化细胞表面组分与结构以提高 *P. putida*5－x 细胞的重金属吸附能力［J］．工业微生物，2004，34（4）：23～28
88　王文华,冯咏梅，常秀莲等．玉米芯对废水中铅的吸附研究［J］．水处理技术，2004，30（2）：95～98
89　杨芬.藻类对重金属的生物吸附技术研究及其进展［J］．曲靖师范学院学报，2002，21（3）：47～49
90　王维,刘彬，邓南圣．藻类在污水净化中的应用及机理简介［J］．重庆环境科学，2002，24（6）：41～49
91　甘一如.重金属的生物吸附［J］．化工工业与工程，1999，16（1）：19～25
92　刘瑞霞,汤鸿霄，劳伟雄．重金属的生物吸附机理及吸附平衡模式研究［J］．化学进展，2002，14（2）：87～92
93　陈勇生,孙启俊，陈钧等．金属的生物吸附技术研究［J］．环境科学进展，1997，5（6）：34～43
94　叶锦韶,尹华，彭辉等．重金属的生物吸附研究进展［J］．城市环境与城市生态，2001，14（3）：30～32
95　马少健,李长平，莫伟．重金属废水处理技术进展［J］．云南环境科学，2004，23（3）：54～57
96　张建梅.重金属废水处理技术研究进展（综述）［J］．西安联合大学学报，2003，6（2）：55～59
97　张建梅,韩志萍，王亚军．重金属废水的生物处理技术［J］．环境污染治理技术与设备，2003，4（4）：75～78
98　刘刚,李清彪．重金属生物吸附的基础和过程研究［J］．水处理技术，2002，28（1）：17～21
99　葛小鹏,潘建华，刘瑞霞等．金属生物吸附研究中蜡状芽孢杆菌菌体微观形貌的原子力显微镜观察与表征［J］．环境科学学报，2004，24（5）：753～760
100　邱海源,王宪．自然水体生物膜及其对常规重金属吸附的基本特性研究［J］．科学技术与工程，2004，4（11）：916～920
101　李川,古国榜．硅载生物吸附剂的制备及性能研究［J］．工业用水与废水，2003，34

(6)：43～45

102 安成强，崔作兴．电镀三废治理技术［M］．北京：国防工业出版社，2002，33～69

103 陈坚，任洪强，堵国成等．环境生物技术应用与发展［M］．北京：中国轻工业出版社，2001，199～227

104 Volesky B. Detoxification of Metal-bearing Effluents: Biosorption for the Next Century［J］. Hydrometallurgy, 2000, 59（2～3）：203～216

105 Tsezos M. Biosorption of metals: The experience accumulated and the outlook for technology development［J］. Hydrometallurgy, 2001, 59：241～243

106 Wiliams C J, Aderhold D, Edyvean R G J. Comparison between Biosorbents for the Removal of Metal Ions from Aqueous Solutions［J］. Water Research, 1998, 32（1）：216～224

107 Lee H S, Volesky B. Evaluation of aluminum and copper biosorption in a two-metal system using algal biosorbent［J］. Environment Science, 1999, 2（2）：149～158

108 徐期勇，李后强．环境生物技术的现状与发展趋势［J］．上海环境科学，1999，18（7）：28～30

109 维戈利奥 F．综述回收金属的生物吸附法［J］．国外金属矿选矿，1998，12（3）：27～35

110 Yin P, Yu Q, Jin B. Biosorption removal of cadmium from aqueous solution by using pretreated fungal biomass culture from atarch wastewater［J］. Wat Res, 1999, 33（9）：1960～1963

111 Figueira M M, Volesky B, Ciminelli V S T. Biosorption of Metals in Brown Seaweed Biomass［J］. Water Research, 2000, 34（1）：196～204

112 刘月英，付锦坤，李仁忠．细菌（*Bacillus licheniformis*）吸附 Pd^{2+} 的研究［J］，微生物学报，2000，40（5）：535～539

113 汤岳琴，牛慧，林军．产黄青酶废菌体对铅的吸附机理研究［J］．四川大学学报（工程科学版），2001，33（3）：50～54

114 Sadowski Z. Technical Note: Effect of Biosorption of Pb（Ⅱ）、Cu（Ⅱ）and Cd（Ⅱ）on the Zeta Potential and Flocculation of *Novardia* sp.［J］. Minerals Engineering, 2001, 14（5）：547～552

115 Aldrich C, Feng D. Removal of Heavy Metals From Wastewater Effluents by Boisorptive Flotation［J］. Minerals Engineering, 2000, 13（10～11）：1129～1138

116 吴启堂，蒋成爱，林毅．利用剩余活性污泥的生物吸附降低城市污水污泥重金属含量［J］．环境科学学报，2000，20（9）：185～187

117 徐期勇，李后强．环境生物技术现状与发展趋势［J］．上海环境科学，1999，18（7）：28～30

118 Barba D, Beolchini F, Veglio F. A simulation study on biosorption of heavy metals by confined biomass in UF/MF membrane reactors［J］. Hydrometallurgy, 2001, 59（1）：89～99

119 Esposito A, Pagnaneli F, Lodi A, et al. Biosorption of heavy metals by pH aerotilus natans: an equilibrium study at different pH and biomass concentrations［J］. Hydrometallurgy, 2001, 60（2）：129～141

120 陈明，赵永红．微生物吸附重金属离子的实验研究［J］．南方冶金学院学报，2001，22

(3)：168 ~ 173
121　马放,任南琪，杨基先．污染控制微生物学实验［M］．哈尔滨工业大学出版社，2002，212 ~ 268
122　方惠群,于俊生，史坚．仪器分析［M］．北京：科学出版社，2002，345 ~ 346
123　岑沛霖,蔡谨．工业微生物学［M］．北京：化学工业出版社，2000，71 ~ 72
124　Lippard S J，Berg J M．生物无机化学原理［M］．席振峰，姚光庆等译．北京：北京大学出版社，2000，14 ~ 25
125　Henderson B，Poole S，Vilson M．细胞微生物学［M］．陈复兴，江学成译．北京：人民军医出版社，2001，6 ~ 9